U0355201

水声目标智能[illegible]方法

Intelligent Perception Methods of Underv[illegible]coustic Targets

韦正现　何　鸣　王建峰　著

国防工業出版社

·北京·

图书在版编目(CIP)数据

水声目标智能感知方法/韦正现,何鸣,王建峰著.
—北京:国防工业出版社,2023.1
ISBN 978-7-118-12698-3

Ⅰ.①水… Ⅱ.①韦… ②何… ③王… Ⅲ.①智能技术-应用-水下目标识别-研究 Ⅳ.①U675.7

中国版本图书馆 CIP 数据核字(2022)第 225009 号

※

国防工業出版社 出版发行
(北京市海淀区紫竹院南路 23 号 邮政编码 100048)
三河市腾飞印务有限公司印刷
新华书店经售

*

开本 710×1000 1/16 **插页** 4 **印张** 14¾ **字数** 253 千字
2023 年 1 月第 1 版第 1 次印刷 **印数** 1—2000 册 **定价** 108.00 元

国防书店:(010)88540777 书店传真:(010)88540776
发行业务:(010)88540717 发行传真:(010)88540762

致 读 者

本书由中央军委装备发展部**国防科技图书出版基金**资助出版。

为了促进国防科技和武器装备发展,加强社会主义物质文明和精神文明建设,培养优秀科技人才,确保国防科技优秀图书的出版,原国防科工委于 1988 年初决定每年拨出专款,设立国防科技图书出版基金,成立评审委员会,扶持、审定出版国防科技优秀图书。这是一项具有深远意义的创举。

国防科技图书出版基金资助的对象是:

1. 在国防科学技术领域中,学术水平高,内容有创见,在学科上居领先地位的基础科学理论图书;在工程技术理论方面有突破的应用科学专著。

2. 学术思想新颖,内容具体、实用,对国防科技和武器装备发展具有较大推动作用的专著;密切结合国防现代化和武器装备现代化需要的高新技术内容的专著。

3. 有重要发展前景和有重大开拓使用价值,密切结合国防现代化和武器装备现代化需要的新工艺、新材料内容的专著。

4. 填补目前我国科技领域空白并具有军事应用前景的薄弱学科和边缘学科的科技图书。

国防科技图书出版基金评审委员会在中央军委装备发展部的领导下开展工作,负责掌握出版基金的使用方向,评审受理的图书选题,决定资助的图书选题和资助金额,以及决定中断或取消资助等。经评审给予资助的图书,由国防工业出版社出版发行。

国防科技和武器装备发展已经取得了举世瞩目的成就,国防科技图书承担着记载和弘扬这些成就,积累和传播科技知识的使命。开展好评审工作,使有限的基金发挥出巨大的效能,需要不断摸索、认真总结和及时改进,更需要国防科技和武器装备建设战线广大科技工作者、专家、教授,以及社会各界朋友的热情支持。

让我们携起手来,为祖国昌盛、科技腾飞、出版繁荣而共同奋斗!

国防科技图书出版基金

评审委员会

国防科技图书出版基金
2019年度评审委员会组成人员

前　言

感知系统通过特征提取或者模型建立，形成对感兴趣信息的提取或认知。对于复杂的水下环境和声学目标来说，对目标的感知大多是基于目标与背景的辐射、反射或散射的差异(对比度)来发现、识别、跟踪和监视目标的。对于水中声学目标而言，目标感知要求基于声纳信号数据分析来辨识目标有无、探测目标方位、确定目标距离、识别目标类型、跟踪监视目标。因此，广义上，水声目标感知包括目标有无辨识、目标探测、识别、跟踪及定位等方面；狭义上，水声目标感知主要指在复杂的噪声信号中辨识目标的有无。

日益复杂的海洋声场环境及越来越低的目标辐射噪声，导致声纳信号中的目标特征十分微弱和稀疏，信号具有很强的非平稳、非高斯、非线性等特征。面对这样的目标特征，采用传统方法，根据水声信号中目标特征的变化来感知辨识目标，变得越来越困难。众所周知，深度学习具有从大体量、低价值数据中寻找模糊稀疏特征的天然优势，在处理非线性问题上显示出巨大的潜力。采用深度学习分析水声信号及其包含微弱、稀疏目标特征的变化来感知辨识目标，将成为扩大声纳设备(水声传感器)感知范围的新方法。在复杂的海洋环境中，采用被动方式的单声纳节点或水声传感器节点对目标探测发现很不稳定，难以准确地对目标进行定位跟踪。将多个水声传感器节点部署在一定海域并自动组织成为网络，通过多节点自主协同实现对目标的稳定探测发现和持续定位跟踪，这样就可以从两个方面实现水声目标智能感知。

本书共 10 章，第 1 章是绪论，从基于深度学习的感知和多节点协同感知两个部分探讨水声目标智能感知方法。

第 2~5 章论述了基于单个声纳(单节点)信号的水声目标感知。利用深度学习对声纳采集的水声信号及其变化进行探索性分析，具体是基于卷积神经网络结构构建适合水声信号分析的矢量化表示、辨识特征提取、辨识模型设计与信号分类识别等方法，实现在复杂的水下噪声环境中感知辨识目标。在噪声信号矢量化表示中，提出幂律归一化倒谱系数的抗噪改进方法；在辨识特征提取中，建立特征加权层结构；在辨识模型设计中，提出基于模型注意力快速降维的卷积神经网络模型；在信号分类识别中，建立基于聚类的增量集成方法。

第 6~10 章论述了采用多个节点对水声目标进行协同感知的方法。首先，将漂浮或潜浮水声传感器节点、可自移动（UUV、AUV）节点和主节点（船舶）自动组织成为水下无线传感器网络，建立水下无线传感器网络的节点部署过程模型和组网算法，提出水声目标感知信息数据自适应快速获取机制和方法，建立水下无线传感器网络整体性能度量计算模型和网络动态优化方法，为采用多个节点对水声目标进行协同感知提供了基础支撑；然后，建立面向运动目标的多节点协同感知发现概率模型，提出非线性加权最小二乘的多节点信息融合的目标快速定位方法，从而实现采用多个节点对水声目标进行自主协同感知。

本书具有重要的理论和实践价值，主要的读者对象是高等院校的教师、研究生，及从事相关专业科研机构的工程技术人员。

本书在撰写过程中，得到了赵安邦、王念滨、邓廷权教授和马雪飞、王红滨、周连科老师的支持与帮助。皇甫立、何元安、靳云姬、鞠鸿彬、张晓亮、李江乔等提出中肯的建议，书中一些材料参考了有关单位和个人的书籍和论文，在此一并深表谢意。本书是作者近几年研究水声目标感知方法的总结，书中部分内容还属于探索阶段，有许多问题有待进一步研究。加上作者水平有限，虽然经过多方讨论和几经改稿，书中难免存在错误之处，恳请读者不吝赐教。

著者

2022 年 8 月

目　录

Contents

第1章

绪 论

1.1 引 言

随着社会经济的高速发展与科学技术的日益进步,人类对海洋开发与利用的需求越来越强,在经济全球化的影响下,人类对占地球面积高达70%的海洋的开发与争夺日益加剧。船舶、舰艇等水中航行工具作为人类对海洋开发利用的必要设备,在人类的海洋开发过程中扮演着极其重要的角色。如今,人类对海洋的开发已经从浅海过渡到深远海,甚至是向大洋的深处进发,无论对于民用船舶还是军用舰艇来说,对水下目标进行预警侦察、跟踪识别和状态监测,都是确保其安全适航、海上作业及指挥控制的基本前提和重要基础。

现阶段对水下目标预警、探测、跟踪与识别所依赖的设备主要有雷达、声纳及红外设备。对于雷达与红外设备来说,电磁波在水下传播时受介质的影响较大,在水中的传播能量衰减极大。相比于电磁波在空气介质中的传播距离,声音信号在水介质中的传播距离受介质的影响微乎其微。因此,现阶段主要通过分析目标在水介质中辐射、反射或散射的声学信号,来实现目标的预警、探测、跟踪与识别。在水介质中采集目标声音信号的设备主要是声纳设备,声纳设备是利用声波对水下物体进行探测与定位识别的电子设备总称,是声音导航与测距的英文(sound navigation and ranging)缩写SONAR的音译词,是水声学中应用最广泛的声电转换与信息处理装置[1-2]。依据声纳设备的工作方式,一般分为主动方式和被动方式。主动方式所依托的载体设备是主动声纳,通过分析主动声纳设备发出声波遇到目标反射回波的强度、波形及多普勒信息等进行目标特征分析;被动方式通过分析被动声纳接收的包含环境背景噪声与目标辐射噪声的声音信号,测定其参量,从而进行目标特征分析。与主动方式相比,被动方式只需要监听水下环境中的声音即可完成目标有无判定、目标类型识别和目标状态监测等,具有隐蔽性强的特点,在实际场景中应用非常广泛。

感知系统通过特征提取或者模型建立,形成对感兴趣信息的提取或认知。对于复杂的水下环境和声学目标来说,对目标的感知大多是基于目标与背景的辐射、反射或散射的差异(对比度)来发现、识别、跟踪和监视目标。对于水中声学目标而言,目标感知要求基于声纳信号数据分析来辨识目标属性,探测目标方位,确定目标距离,识别目标类型,跟踪监视目标。因此,广义上,水声目标感知包括目标有无辨识、目标探测、属性识别、跟踪定位等方面;狭义上,水声目标感知主要是在复杂的噪声环境中辨识目标有无。本书涉及的水声目标感知主要是论述基于被动声纳采集的水声信号来进行水声目标感知的相关方法。

目前,海洋环境背景噪声正变得越来越复杂,水声目标感知变得越来越困难。一方面,人类活动使全球气候变化,导致海洋风、雨、浪、涌等噪声变得更加复杂,同时海上航行的船只、海上资源勘探和科学考察等人为活动噪声不断增加,使得海洋环境背景噪声逐年递增,十分复杂;另一方面,随着减振降噪技术的不断发展,目标的辐射噪声逐年递减,有的甚至接近海洋环境噪声,声学信号的信噪比不断降低使得水声目标感知的难度加大。

水声目标感知分为两个模式:一种是单节点感知,即采用单个水声传感器节点或声纳设备对目标进行感知(简称单节点水声目标感知);另一种是多个水声信号传感器节点或声纳设备对目标进行协同感知,即通过融合所有节点或设备的感知结果进行综合辨识判断(简称多节点协同水声目标感知)。本书从两个方面开展水声目标感知研究:一方面,针对单节点水声目标感知,基于深度学习具有从大体量低价值数据中寻找模糊稀疏特征的天然优势,及其在处理非线性问题上显示出巨大的潜力,通过建立合适的深度学习算法对大体量水声信号进行分析处理来辨识判断目标,实现狭义上的水声目标感知;另一方面,基于单节点水声目标感知结果,通过多水声传感器节点部署与自主组网、自动事件发现和数据传递、多源信息融合实现目标探测发现、定位跟踪和状态监视,实现广义上的水声目标感知。

1.1.1 基于深度学习的水声目标感知

现代舰船理论认为,水下目标在水介质中航行时会发出无规律的水动力噪声、模糊的机械噪声及有节奏感的螺旋桨噪声[3-4]。其中机械噪声来自水下目标内部,当水下目标以较低速度在水介质中航行时,机械噪声是目标水下辐射噪声的主要成分;当水下目标以较高速在水介质中航行时,水下辐射噪声的主要组成是水动力噪声和螺旋桨的空化噪声,水动力噪声与航速呈正比关系。除了航速与动力的关系外,目标在介质中的辐射噪声与其自身特征、运动姿态等有很大关系。多项试验表明,不同目标在水介质中表现出的辐射噪声具有明显的差异性。

海洋环境背景噪声场是海洋环境中普遍存在而又不期望出现的背景声场,包括海洋动力噪声、生物噪声、交通噪声、工业噪声、地质噪声和热噪声等。海洋环境背景噪声具有复杂的时、空、频域等相干特征和很强的时空变异性,同一地点,气候、环境噪声会随时间发生变化。海洋环境背景噪声具有很强的随机性,不同海区的环境噪声谱级、指向性和垂直相关性等极为复杂。

在海洋中,由于海面的随机波动、海床的不平整性、水体的非均匀性、海流的不确定性、温度盐度的变化性等因素,使海洋中存在多种声传播信道。例如,我国南海、一岛链外太平洋和印度洋等深海存在会聚区、声影区、深海声道等多种声学效应场,在不同声学效应场中,声音的传播途径差别很大。在浅海中,目标辐射噪声可能通过直达声、海底反射声或海面反射声等方式传播而到达接收点。

因此,对于声纳和远距离的目标而言,水声信号特征实际上是目标辐射噪声、海洋环境背景噪声和水下传输信道三者的非线性作用结果。由于海洋环境的复杂性,至今尚未能建立精确的能够反映这三者相互作用的物理理论模型。复杂的海洋环境背景噪声及越来越低的目标辐射噪声,导致水声信号中的目标特征十分微弱和稀疏,信号具有很强的非平稳、非高斯、非线性等特征,根据水声信号及其变化来感知辨识目标变得越来越困难。众所周知,深度学习是近几年发展起来的新技术,具有从大体量低价值数据中寻找模糊稀疏特征的天然优势,并在处理非线性问题上显示出巨大的潜力。这为在水声信号中感知辨识目标提供了新的途径。

由于不同目标的辐射噪声具有明显的差异性,事实上水声信号中包含了特定目标的微弱、稀疏的特征。因此,采用深度学习对大体量的水声底层信号进行学习训练,生成面向海洋环境背景噪声水声信号和包含不同目标辐射噪声的水声信号的分类模型,然后以实时接收到的水声信号作为输入,与水声信号分类模型进行快速比对分析,从而判定实时获取的水声信号是否包含特定目标的微弱、稀疏特征,实现对水声目标的实时智能感知。

基于深度学习的水声目标感知重点是水声信号分类模型的生成,首先需要对水声信号进行预处理,其次分析提取适合于深度学习训练的特征,再次设计深度学习网络结构与模型,最后构建水声信号分类器。针对多路水听器阵采集到的水声信号数据,这里采用深度卷积神经网络模型进行分析处理。

水声信号数据预处理工作,属于模型训练之前的工作。对于深度卷积神经网络模型来说,由于模型优化需要大量数据支持参与,而包含特定目标的水声信号由于其获取成本高、采集难度大,一般情况下数据集样本量有限。针对这一矛盾,数据扩充作为解决样本量有限的有效方法,从而为基于深度学习的水声目标感知奠定基础。从水声信号分类模型的生成和应用过程来看,数据扩充也是在模型训练之前必须要解决的问题。因此,水声信号数据预处理分成数据处理与数据扩充两个部分,在比较了梅尔频率倒谱系数(Mel-Frequency Cepstral Coefficients,MFCC)、线性预测倒谱系数(Linear Prediction Cepstral Coefficients,LPCC)和功率归一化倒谱系数(Power-Normalized Cepstral Coefficients,PNCC)等多种噪声信号表示方式后,提出抗噪幂归一化倒谱系数(improved anti-noise PNCC,ia-PNCC)特征表示方法,它可以很好地与卷积神经网络(CCNN)相结合,实现基于卷积神经网络处理水声信号。数据扩充部分主要解决水声信号数据量不足的问题。由于深度学习模型的训练是一个基于数据驱动的模型优化过程,目前的水声信号数据集在体量与覆盖条件上都较为有限,针对数据量缺少的问题,源于对抗生成思想提出对称学习数据扩充模型,基于对现有样本数据的学习训练,获得当前样本集的数据分布特点,利用孪生网络结构生成新的样本数据,以达到数据扩充的目的。

特征提取是模型识别中的一个重要操作,也是深度学习训练不可缺少的一个环节,良好的特征可以有效地服务于分类器,从而完美地实现分类任务。利用卷积神经网络实现水声信号的特征提取,利用模型优化时的迭代过程自动地提取样本特征,通过在卷积神经网络处理水下目标噪声数据的过程中引入特征加权层,保留特征在特征图内的平面位置信息与特征图之间的通道空间信息,解决卷积神经网络在将特征输入全连接层时丢失特征的位置信息问题。特征加权层在保留特征位置信息的同时增加了模型对特征的利用率,降低特征提取步骤对专家的依赖程度,有效减少人工参与后无谓的错误的引入,获取更高的准确率。

分类过程是深度学习的决策过程,水声信号分类由于水声环境的复杂多变,其样本获取困难成本居高不下,在有限的训练样本数量下建立准确高效的特征集并基于特征集进行快速精准的判别,是水声信号分类的关键所在。这里基于人类观察事物时的注意力机制,采用注意力机制这一生物学结论对卷积神经网络的池化操作加以改进。利用卷积操作得到的特征映射作为模型观察数据的注意力,并在池化操作过程中利用卷积操作形成的注意力进行有效的面向应用任务降维,从而可以有效加速模型的收敛速度。

水声信号分类任务中,通常情况下,水下目标数目不定,而且由于海洋环境背景噪声使得目标辐射噪声的特征差异较小,水声信号分类需要精细化的分类模型或分类网络。这里针对水声信号分类器的需要,根据捕获到的特征,动态地调整其对重要特征的区分能力,提出基于聚类的水声信号增量分类方法。通过聚类和排序的选择方法实现对信号特征的敏感度调整。同时,利用基分类器的分类错误的概率,计算分类器间的距离,使得模型可以直接参与深度学习模型训练过程,实现深度学习模型对增量数据学习的支持。基于聚类的水声信号增量分类模型可以有效解决在模型训练时隐藏层节点个数不易确定、训练时间过长的问题,有效保持模

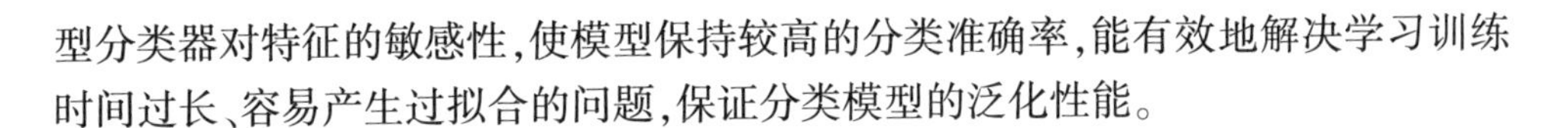

型分类器对特征的敏感性，使模型保持较高的分类准确率，能有效地解决学习训练时间过长、容易产生过拟合的问题，保证分类模型的泛化性能。

1.1.2　多节点协同水声目标智能感知

随着水下传感器、水下通信技术的发展与应用，将多水声传感器节点部署在特定的海域，并组织成为水下无线传感器网络（Underwater Wireless Sensor Networks，UWSN）对水声目标进行预警探测、跟踪监视，已经成为一个新的应用研究热点。水下无线传感器网络通过在特定的海区部署多水声传感器节点并自主组网，节点自主对水声目标进行探测，网络能够自动发现相关事件（节点状态监测、某个节点感知目标存在等），并将相关数据传递给处理中心，处理中心进行多源信息融合，从而实现目标探测发现、定位跟踪和状态监视，实现广义上的水声目标感知。水下无线传感器网络能够对相应海域内的舰艇、潜艇、鱼（水）雷、微小型航行器及蛙人等进行高效的预警、侦察探测和识别定位等，实践证明，进入网络的低噪声目标不被感知发现的概率极低。

水下传感器网络根据使用目的、所处环境、工作范围的不同，在网络组成、部署方案和工作模式上有很大差异。其中，能够实际应用于水声目标感知的水下无线传感器网络根据任务需求，由漂浮或潜浮传感器节点、自移动水下无人潜航器（UUV）、自主式水下潜航器（AUV）节点和主节点（主要指船只，也称为观测节点或汇聚节点）组成网络系统，传感器节点自主实时监测、采集分布区域内的水声信号并进行处理，当有事件发生时（感知发现目标或自身状态发生变化），则自动通过水声通信或无线通信的方式将相关信息数据传输到移动节点或主节点。自移动（水下无人潜航器、自主式水下潜航器）节点可携带传感器节点，具有重新部署、配置传感器节点，及感知监测、通信、数据收集与处理等功能。主节点负责传感器节点部署，同时能够高效发现、获取各传感器节点监测的有效事件和数据，并将数据收集汇聚后进行多源信息融合，实现水声目标感知。

多节点协同水声目标智能感知过程中，首先，传感器网络的节点需要部署在大范围的水域，不同类型的节点在水下能够自动组织成为有机的网络整体，并对所覆盖的区域进行有效的警戒监测，因此，组网技术是水下无线传感器网络完成相关任务的基础。水下无线传感器网络通信主要依靠水声通信，水声通信具有带宽较低、通信延时大、误码率高等特点，同时传感器节点部署在动态的海洋环境中（浪和流的作用）会发生位置迁移，由于水下环境恶劣，传感器节点可能频繁地失效或恢复，因此，网络需要具有较强的自主适应性。通过改进扩展拓扑生成算法进行水下传感器网络节点的部署，提出能够全覆盖监视水域的三维立体水下传感器网络部署模型，建立基于 K-连通 K-支配集（K-Connected K-Dominating Set，K-CDS）的适用于水下通信能力较差的环境自主组网方法。

水下无线传感器网络的传感器节点感知到的数据需要高效存储,并且要求尽快收集相关事件的数据,以尽可能低的延时进行自动传输、汇聚和处理。水下数据在传感器网络中长距离、长时间传输的能量消耗巨大,会缩短网络整体寿命,并且会增加网络背景噪声。在事件发现、数据存储和查询过程中,要求尽可能减少、平衡数据传输能量消耗,以延长网络寿命。因此,水下无线传感器网络数据存取机制需要在事件发现和数据传输效率与网络寿命之间达到一个良好的平衡及动态优化。采用元数据和环结构研究建立一种基于数据导引地图的水下无线传感器网络数据自主存储和查询机制,能够快速获取所需数据和事件,同时能够大幅度降低网络能量的消耗,有效延长水下无线传感器网络的寿命。

水下无线传感器网络处于动态水下环境,网络拓扑处于不断变化,水下通信带宽较低、误码率高等因素,给网络覆盖范围、节点连通情况、网络有效工作时间等网络整体性能分析带来了不确定性。另外,网络的性能之间存在一定的关联性,它们共同受到节点单项性能参数的影响,如覆盖范围和节点连通情况都受传感器节点数量、探测半径的影响;网络有效工作时间受传感器节点能量总量和消耗速度、传感器通信半径和连通度的影响;节点工作时间、覆盖范围等也受能量的影响;同时水下信息通信方式也会影响水下无线传感器网络的性能。因此,需要建立能够评价和度量水下无线传感器网络整体性能的计算模型和方法,为水下无线传感器网络自主动态优化调整提供支持。为此,通过分析这些参数与性能要素之间的关系,提出覆盖性、连通性、耐久性和快速反应性的水下无线传感器网络整体性能四测度计算模型,建立面向整体性能动态优化的组网参数调整方法,通过多目标优化策略对组网参数进行调整,使得水下无线传感器网络的整体性能够实现自适应的变化,这样网络在不同任务要求和环境下具有最大性能,或者在达到任务要求的情况下付出最小的代价。

由于单个节点对目标的作用范围有限,并且精度低,需要在水下无线传感器网络的多节点协同对目标进行警戒探测和跟踪监视等;同时在被动方式下,单个节点难以对水声目标进行精确定位。因此,需要分析多节点协同对目标感知的发现概率,并能够由网络自主组织相关节点对目标进行跟踪监视和较精确的定位。为此,建立了水下无线传感器网络的目标发现概率数学模型。该模型主要从不同的网络部署层次和部署位置,按照目标均匀分布地进入网络部署监视区域,将整个区域细分成为更小的区域,并建立每个小区域的目标发现概率模型,有效简化了水下无线传感器网络的目标发现效果计算。

采用多个节点对水声目标进行协同感知,不仅需要发现目标,而且需要对目标进行持续的定位跟踪。水下无线传感器网络可以通过多个节点之间的协同,实现被动方式下对目标进行较为精确的定位和持续的跟踪。在海洋环境中,温度、盐度等随着深度的改变而改变,导致声音在海洋中并不是以直线形式传播,需要根据实际应用场景,选择合适的海洋声学传播理论模型,建立有效的多节点水声目标定位跟踪方法。基于声线模型,建立了非线性加权最小二乘的多节点信息融合的目标定位方法,并对该方法的误差进行了理论分析,给出了多节点协同目标定位的误差结果。

1.2　本书结构

本书结构如图 1-1 所示。

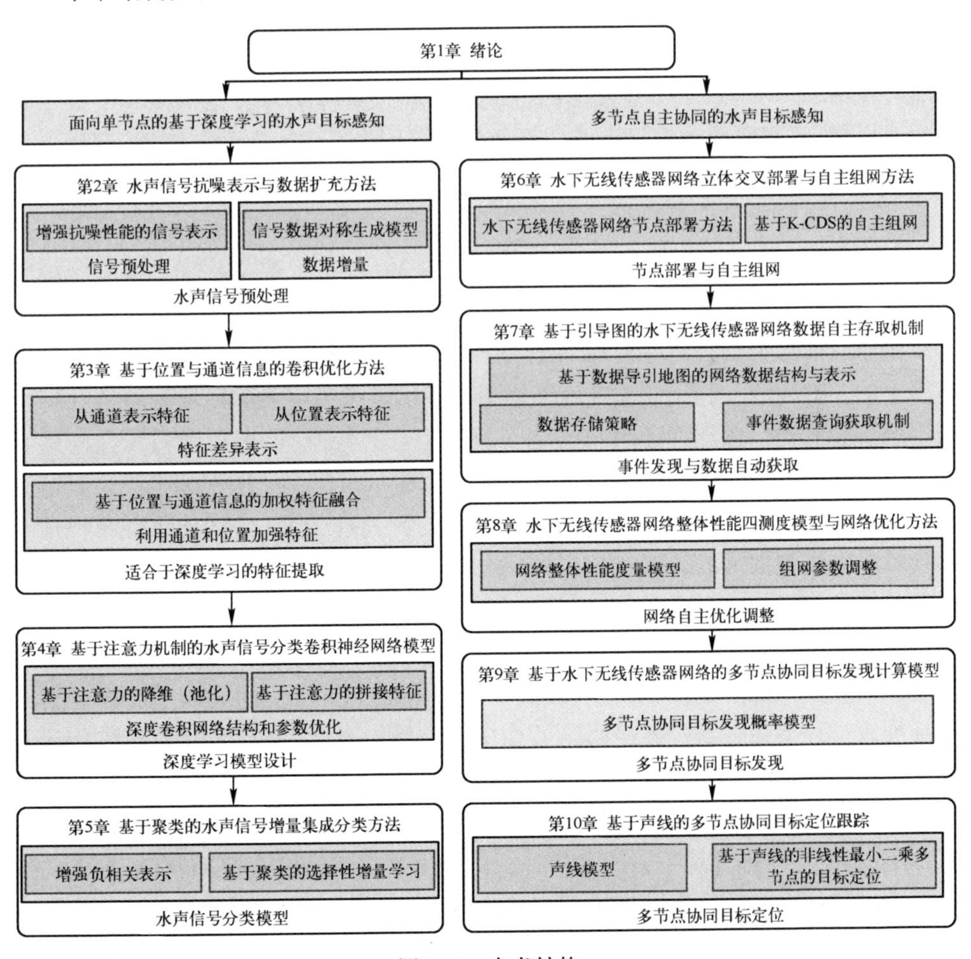

图 1-1　本书结构

本书第 1 章是绪论，介绍了全书的研究内容与相关技术研究动向。

第 2~10 章为全书的主体内容，主体内容为两大部分，第一部分（第 2~5 章）主要阐述了基于深度学习面向单节点的水声目标智能感知，第二部分（第 6~10 章）主要阐述了多节点自主协同的水声目标智能感知。

第 2 章水声信号抗噪表示与数据扩充方法。水声信号的数据预处理分成数据处理与数据扩充两个部分。数据处理部分，将听觉感知特征表示引入水声信号预处理中，对 PNCC 进行改进，首先去除 PNCC 原始处理过程中的预加重部分，以保留水声信号低频部分的特征，然后利用多正交窗与归一化 Gammatone 滤波器组来增强 PNCC 在水声信号上低频部分的抗干扰能力，从而实现在去除背景噪声的同时能够保留辐射噪声通过信道传输后的大部分特征，形成了 ia-PNCC 特征表示方法。数据扩充部分主要解决水声信号数据量不足的问题，基于孪生网络架构提出一种易实现的对称学习数据扩充模型（Symmetric Learning Data Augmentation Model，SLDAM）用于水声信号数据的生成与扩容。对称学习数据扩充模型基于对抗生成思想，利用原始数据集训练的最优分类器作为生成数据的判别器，利用分类器的相似结构构建数据生成器，从而生成与初始数据集相似的数据以实现数据扩充。

第 3 章基于位置与通道信息的卷积优化方法。特征提取是基于机器学习的水声目标感知的重要环节，水声信号是典型的非线性时频域信号，如何更有效地提取并使用非线性水声信号的时频域特征，是使算法以更高的准确率进行水声信号分类识别的关键问题。利用卷积神经网络在卷积运算过程中能够提取到特征在特征图内的平面位置信息与特征图间的空间通道信息的特征，提出在卷积神经网络结构中引入特征空间加权层（FWL）的卷积优化方法。根据特征所在的平面位置信息和空间通道信息对卷积神经网络所提取得到的特征进行加权处理，使得卷积神经网络可以在模型训练的迭代过程中完成分类器对特征提取的反馈，从而持续改进提取特征的效果，并强化特征图内特征的位置信息与特征图所在空间信息。这样解决了卷积神经网络提取到的特征进入全连接层时，由于一维化操作而引起的特征位置信息丢失的问题，从而有效提高特征提取效率与特征的利用率。同时由于特征加权过程不会在卷积神经网络结构中引入额外参数，而且能够参与模型优化的自训练过程，因此特征加权层的引入不会增加原有卷积神经网络的训练负担。

第 4 章基于注意力机制的水声信号分类卷积神经网络模型。在水声目标智能感知中，由于在实际环境下各式各样目标的大量数据集难以收集和获取，更多的情况要求在只能以有限数据进行模型训练，同时在基于深度学习的水声目标感知过程中，还需要对提取的特征进行降维。如何保证在降维过程中尽可能地使特征不丢失是一个难题。为此，将深度学习模型与结合注意力机制相结合，提出一种可快速降维的注意力卷积神经网络模型(Faster Reduced Dimensional Convolution Model with Attention,FRD-CMA)。FRD-CMA 基于卷积核与特征图对应关系形成注意力描述并以此进行快速降维,从而降低模型在小数据集上应用时存在的过拟合风险。同时,利用 FMCC 对模型输入单个水听器采集的信号进行预处理,将水听器阵中多路水听器采集的信号依照其时序关系进行矢量化处理和拼接,并将生成的矢量化数据处理成热力图形式作为模型训练的输入数据,从而既保持信号特征不被破坏又保持模型对特征的刻画能力。

第 5 章基于聚类的水声信号增量集成分类方法。在水下目标感知应用中,由于目标辐射噪声受环境背景噪声影响严重,导致输入数据质量不高的情况下,需要利用特定目标的典型特征实现对目标高准确率感知识别。同时,模型还要能够应对出现未知样本数据的情况,即模型应对未知样本数据具有健壮性,为此,采用基于聚类的增量分类(Under Target Incremental Classification based on Clustering, UTICC)方法实现水声信号增量分类。该方法通过聚类选择实现对信号特征的敏感度调整,同时,利用各基分类器的错误分类结果来计算分类器所标识出的不同样本类别间的距离,并解决传统增量学习在模型训练时隐藏层节点个数不易确定、训练时间过长等问题,从而实现水下目标感知深度学习模型对未知样本数据的支持,使模型在分类过程中充分增大各基分类器间差异,保证整体分类模型的泛化性能。

第 6 章水下无线传感器网络立体交叉部署与自主组网方法。通过改进扩展拓扑生成(ETG)算法进行水下传感器网络节点的部署,将 ETG 算法的体心立方格结构由规则排列的球一层一层正向叠加结构,转变为其上一层格点叠放在下一层格点的空隙处(交叉叠加结构),实现了将监视空间自上而下分层进行监视。在此基础上提出能够全覆盖监视区域的三维立体水下传感器网络节点部署过程模型,形成了稳定网络物理拓扑结构。然后通过建立基于 K-CDS 的密集水下无线传感器网络组网算法,形成了适用于水下通信能力较差的自主组网方法。

第 7 章基于引导图的水下无线传感器网络数据自主存取机制。采用元数据和环结构研究提出了一种基于数据导引地图的水下无线传感器网络数据存储和查询机制,该机制根据全网平均查询路径最短建立存储元数据的中心环结构,元数据描述了数据内容摘要和数据位置摘要。将整个网络划分为不同区域,传感器节点感知生成数据后,基于地理位置散列确定传感器所在区域的存储节点,通过多跳通信将数据传输到该节点存储后生成元数据,元数据被发送到离存储节点最近的中心环节点,并在中心环进行扩散与同步,这样在每个中心环节点都存储整个网络的元数据,形成网络全局的数据导引地图。在主节点查询数据过程中(主节点作为查询者),选择距离自己最近的中心环节点处理查询请求,从而实现用户能够快速获取所需数据和事件,同时当网络中产生事件时(发现目标或传感器状态发生变化)自主将相关数据传输到主节点，这样能够大幅度降低网络能量的消耗，有效延长水下无线传感器网络的寿命。

第8章水下无线传感器网络整体性能四测度模型与网络优化方法。根据任务需求，将水下无线传感器网络整体性能划分为覆盖性、连通性、耐久性和快速反应性四个方面，并将影响水下无线传感器网络整体性能的参数划分为约束参数、设备参数和组网参数三大类，分析了这些参数与性能要素之间的关系，提出覆盖性、连通性、耐久性和快速反应性的水下无线传感器网络整体性能四测度计算模型。由于组网参数的改变可以使网络整体性能发生改变，建立面向整体性能动态优化的组网参数调整方法，通过多目标优化策略对组网参数进行调整，使得水下无线传感器网络的整体性能够实现适应性的变化，这样网络在不同任务要求和环境下具有最大性能，或者在达到任务要求的情况下付出最小的代价，更好地符合水声目标感知预警、定位跟踪和监视等任务要求。

第9章基于水下无线传感器网络的多节点协同目标发现计算模型。采用多个节点对水声目标进行协同感知，基本前提是能够发现目标。水下无线传感器网络的一个重要作用是尽可能发现进入监视区域的运动目标，目标发现概率是衡量水下无线传感器网络使用效果的重要指标。为此，研究建立水下无线传感器网络的目标发现概率数学模型。该模型主要从不同的网络部署层次和部署位置，按照目标均匀分布地进入网络监视区域，将整个区域细分成为更小的区域，并建立每个小区域的目标发现概率模型，然后集成为整个监视区域的目标发现概率，有效简化了水下无线传感器网络的目标感知发现效果计算。

第10章基于声线的多节点协同目标定位跟踪。采用多个节点对水声目标进行协同感知，不仅要求发现目标，而且需要对目标进行持续的定位跟踪。在海洋环境中，由于温度、盐度等随着海水深度的改变而改变，导致声音在海洋中并不是以直线形式传播，需要根据实际应用场景，基于合适的海洋声传播理论模型，建立有效的多节点水声目标定位跟踪方法。由于水下无线传感器网络传感器节点之间的作用距离比水下固定警戒声纳或舰载声纳相对小，因此基于声线模型，建立非线性加权最小二乘的多节点信息融合的目标定位方法，并对该方法的误差进行了理论分析。

1.3 相关知识

水声目标感知可以分为狭义的目标感知和广义的目标感知两方面。狭义的目标感知重点面向单声纳设备或传感器节点，通过建立基于深度学习的水声信号分类模型，对海洋环境背景噪声水声信号和包含目标辐射噪声与海洋环境背景噪声的水声信号进行辨识分类,实现目标有无辨识判断。广义的目标感知是将多水声传感器节点部署广大海域中自组织成为无线传感器网络,节点自主对水声目标进行警戒探测,网络能够自动发现相关事件并将相关数据传递给处理中心,处理中心进行多源信息融合,从而实现目标探测发现、定位跟踪和状态监视。

1.3.1 目标辐射噪声

舰船辐射噪声的声源主要有机械噪声、螺旋桨噪声和水动力噪声。机械噪声是船上的各种机械设备产生的噪声,由各种传导过程通过船体辐射到海水介质中。它是以各种机械振动的基频和谐波的单频分量组合的强线谱,以及由机械摩擦,泵、管道中流体的空化,湍流及排气等产生的弱连续谱。螺旋桨噪声是由螺旋桨在海水中转动产生的噪声,如螺旋桨空化、螺旋桨旋转和桨叶振动等产生的噪声。虽然螺旋桨是整个推进系统的一个组成部分,但由于它是在海水中运动,其产生噪声的方式具有特殊性,在舰船噪声中占有重要地位。水动力噪声是由不规则和起伏的海水作用于航行舰船,引起船体及其附件的共振产生的噪声。

在多数情况下,前两类噪声是主要的舰船噪声。螺旋桨噪声产生于船体外,空化噪声具有连续的频谱。在高频段,其谱级随频率大约按 6dB/oct 下降;在低频段却随频率而增加,因此空化噪声具有一个峰值。对于舰船、潜艇来说,这个峰值在 100~1000Hz 范围内。此外,水流通过螺旋桨产生单频分量,一种是频率较高的叶片共振谱,另一种是频率较低的叶片速率谱,其频率为

$$f_m = nms \tag{1-1}$$

式中:f_m为叶片速率谱的 m 次谐波(Hz);n 为螺旋桨叶片数;s 为转速(r/s),即轴频。

一般来说,直接测量获得轴频谱很难,因为在低频段还有很多其他强噪声将轴频噪声淹没。但在高频端存在轴频的调制现象,对高频端信号进行解调即可获得轴频信息。

宽带谱中低频段主要的噪声是机械噪声。舰船辐射噪声中的线谱分量主要集中在 1000Hz 以下的低频段。产生线谱的噪声源有往复运动的机械噪声、螺旋桨叶片共振线谱和叶片速率线谱、水动力引起的共振线谱三类。螺旋桨叶片被海流激励发生共振可以产生很强的线谱噪声。螺旋桨叶片速率线谱在 1~1000Hz 频带内是潜艇辐射噪声的主要成分。对于一定的深度和航速,潜艇噪声存在一个临界频率,低于此频率主要是机械噪声和螺旋桨噪声线谱,高于此频率主要是空化产生的宽带连续谱。一般临界频率在 100~1000Hz 的范围。测量表明,对低速舰船,线谱强度可高于附近连续谱 10~25dB,其稳定度可达 10min 以上。实际测量舰船辐射噪声的连续宽带谱中有时并不存在空化噪声的峰值,这是因为在低频端还有其他

噪声源产生的噪声,如机械振动的噪声等。

通常,舰艇辐射噪声主要包括机械噪声、螺旋桨噪声和水动力噪声,具体分类如下:

- 舰艇辐射噪声
  - 机械噪声
    - 主机(柴油机、电动机、减速器)
    - 辅机(发动机、泵、空调设备)
  - 螺旋桨噪声
    - 螺旋桨上或其附近的空化
    - 螺旋桨引起的船壳共振
  - 水动力噪声
    - 水流辐射噪声
    - 空腔、板和附件的共振
    - 在支柱和附件上的空化

机械噪声的频率主要集中在低频段。螺旋桨拍击叶片和切割水流的时候会产生"唱音",它主要集中在低频段。螺旋桨空化噪声常常出现在高频段。对水动力噪声求功率谱得到的是线谱,并且水动力噪声是主要的噪声源。舰艇的噪声谱主要有:连续谱的宽带噪声,噪声级在频率上是连续函数;非连续谱的单频噪声,是离散频率上的线谱。舰艇噪声在 5000Hz 以下频带覆盖了其总能量的 95%,其中 1000Hz 以下是其信息最丰富的频段。

机械噪声包含推进系统噪声和辅机噪声,主要产生在船的内部,由舰艇本身众多不同部件的机械振动产生机械噪声,经历各种传导和传播过程通过船壳到达海水,是舰艇噪声的主要来源。推进噪声是指推进系统在转动过程中由于不平衡振动和摩擦向海洋中辐射的声能。不平衡振动引起的噪声包括系统传动频率及其谐波分量的窄带信号,以及摩擦力产生的宽带连续谱噪声分量。推进系统一般位于舰艇的中后部,即从尾部起约船长 1/4 处,主要能量覆盖 10~100Hz 频域,具有不规则的弱连续谱叠加和强线谱的功率谱特征。辅机噪声主要是由辅机旋转部件的动态不平衡引起的谐波分量。各类辅机一般位于舰艇的中部,即约船长 1/2 处,主要能量覆盖 100~1000Hz 频域,功率谱中包含线谱和连续谱成分。由于辅机不属于推进系统,因此所产生谐波分量在幅度和频率上相对来说是稳定的。

螺旋桨噪声是指在船体外部由螺旋桨转动及船在水中航行时所引起的噪声,主要能量覆盖 1000~5000Hz 频域,具有规则的连续谱。螺旋桨空化噪声由两部分组成:一部分由紧靠螺旋桨区域的大量瞬态空泡的崩溃产生,其频谱是连续的线谱;另一部分由螺旋桨附近区域中大量稳定空泡的周期性受迫振动所产生,其频谱是离散的线谱。舰艇变速航行过程会产生强烈的空化噪声,舰艇变速航行阶段主要是指舰艇由启动到平稳航行这个阶段,当达到一定航速时,噪声突然增大,形成梢涡空泡,此时噪声能量还不是很大,在短时间后,出现叶梢空泡,噪声能量急剧增加,随着转速进一步提高,噪声变化的速度变慢,最后达到某种动态平衡状态。

水动力噪声是由于流经船体及其附属部分的水流,几种不同的流体力学效应引起的舰船辐射噪声。当船的各种结构激励起的和再辐射声波时,水动力噪声是主要部分。

在上述三类噪声中,机械噪声(含推进系统噪声和辅机噪声)和螺旋桨噪声在多数情况下是主要的辐射噪声,这两种噪声哪一种更为重要,取决于频率、航速和深度。

舰艇辐射总的噪声谱由宽带连续谱和一系列线谱组成。其中线谱部分与推进系统、螺旋桨及辅机有关。辅机产生的线谱谐波分量在幅度、频率上是相对稳定的高频线谱,与航速无关。这种线谱的带宽一般与频率成正比,推进系统和螺旋桨产生的线谱,其幅度和频率随舰船的速度而变化。这些谱线的宽度一般比辅机的线谱要宽,而且都有周期性变化的频率分量。螺旋桨未产生空化时,舰船噪声的线谱相对而言是比较强的,它包括辅机和推进系统产生的线谱。当航行速度增加到产生空化的时候,宽带噪声的强度就会增加到掩盖某些音频分量,与推进系统有关的线谱会向高频段移动,其幅度就会增加,而辅机线谱则仍然保持不变。线谱主要集中在 1.5kHz 以下。在特征提取过程中,信号的线谱特征往往更能反映目标本身的特征。

1.3.2 海洋环境背景噪声

海洋背景环境噪声是海洋的固有声场,在任何时间的任何海域都存在。传统的主动式和被动式声纳在接收目标信号的同时,或多或少都会接收到环境噪声,这将会对声纳接收到的回波信号或噪声信号产生影响,因此一般认为环境背景噪声场是一种干扰背景场。

海洋环境背景噪声的大小用噪声谱级表示,它定义为带宽为 1Hz 频带内的声强,单位为 dB。通常,采用 1μPa 的基准值为 0dB。海洋具有嘈杂的水下环境,其噪声的来源有很多。

按照产生噪声的原因可分为由自然条件产生的气象噪声、由人类活动产生的人为噪声和由海洋生物活动产生的生物噪声。气象噪声包括由潮汐、涌动、火山、地震、海洋湍流、海面浪花、风、降雨、冰层摩擦及分子热噪声等自然条件产生的噪声。人为噪声包括船舶航行、港口作业、海底作业、海洋石油开发等人类各种活动所产生的噪声。生物噪声包括海洋中生物的运动、迁移及鸣叫产生的噪声。

按照噪声所处的位置分为深海噪声和浅海噪声。深海噪声源和浅海噪声源在组成结构及噪声源级上有很大的不同。深海通常以气象噪声和生物噪声为主,人为噪声影响较小,主要包括潮汐、波浪的水静压力效应、波浪的非线性互作用、地震扰动、行船、海面的风、降雨、分子热噪声及海洋中生物群体的活动等。浅海噪声源除了包括上述深海噪声外,由于各个海域的地理环境、人类活动等影响因素不同,其处于主导地位的噪声也有所不同。即使在同一海域,处于主导地位的噪声也不是一成不变的,它随着时间、季节等因素在时刻变化。但在绝大多数的浅海海域,在其环境噪声的组成中,气象噪声(主要为风成噪声)是始终存在的,而人为噪声和生物噪声则有明显的时间性和地域性。

1. 深海环境噪声谱

近年来,人们使用海底深水水听器,在 1~100kHz 的频段内对深海环境噪声进行了大量测量研究,取得了一系列的研究成果,使人类对深海环境噪声的源和谱级有了较为深刻的认识。

如图 1-2 所示为一个典型的深海环境噪声谱例子。按照谱线斜率的不同,它可以分成五个部分,每个部分都有各自的特征。谱的各个部分存在不同的噪声源,其许多频段或区间是可以与现有的可鉴别的噪声源相对应的。

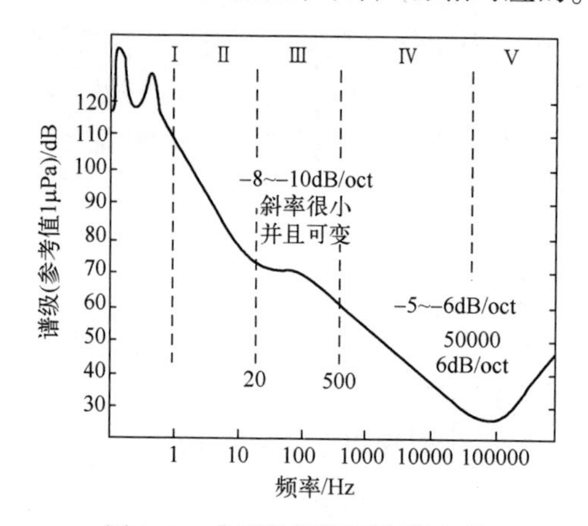

图 1-2 典型的深海环境噪声谱

Ⅰ频段:1Hz 以下频段,噪声谱级大概 120dB,人类至今对这段谱还不是很清楚。猜想其噪声的来源可能是海水静压力效应(潮汐和波浪)或地球内部的地震扰动。

Ⅱ频段:1~20Hz,谱斜率为-8~-10dB/oct(约-30dB/10oct),在深海中与风速仅有微弱的关系,最可能的噪声源是海洋湍流。

Ⅲ频段:20~500Hz,在这个频段内,自然噪声谱有一突起,但基本保持水平。噪声是以接近水平方向到达深水水听器的,距测量水听器 1000n mile 或者更远处的行船是其主要噪声源;此外,远处的风暴也是这个频段的主要噪声源。

Ⅳ频段:500Hz~50kHz,具有-5~-6dB/oct(-17dB/10oct),噪声源是距离测量

点不远处的粗糙海面,这里的谱级与风速有关,主要为海面风关噪声。

V频段:50kHz以上,海水介质分子运动产生的热噪声,谱线表现出上扬趋势,斜率大小为6dB/oct。

除了上面比较典型的深海环境噪声谱外,20世纪60年代,Wenz在Knudson噪声谱级图的基础上,经进一步分析和总结,绘制出海洋环境噪声Wenz谱级图,如图1-3所示。Wenz谱级图描绘了深海环境噪声的普遍规律,很具有代表性。

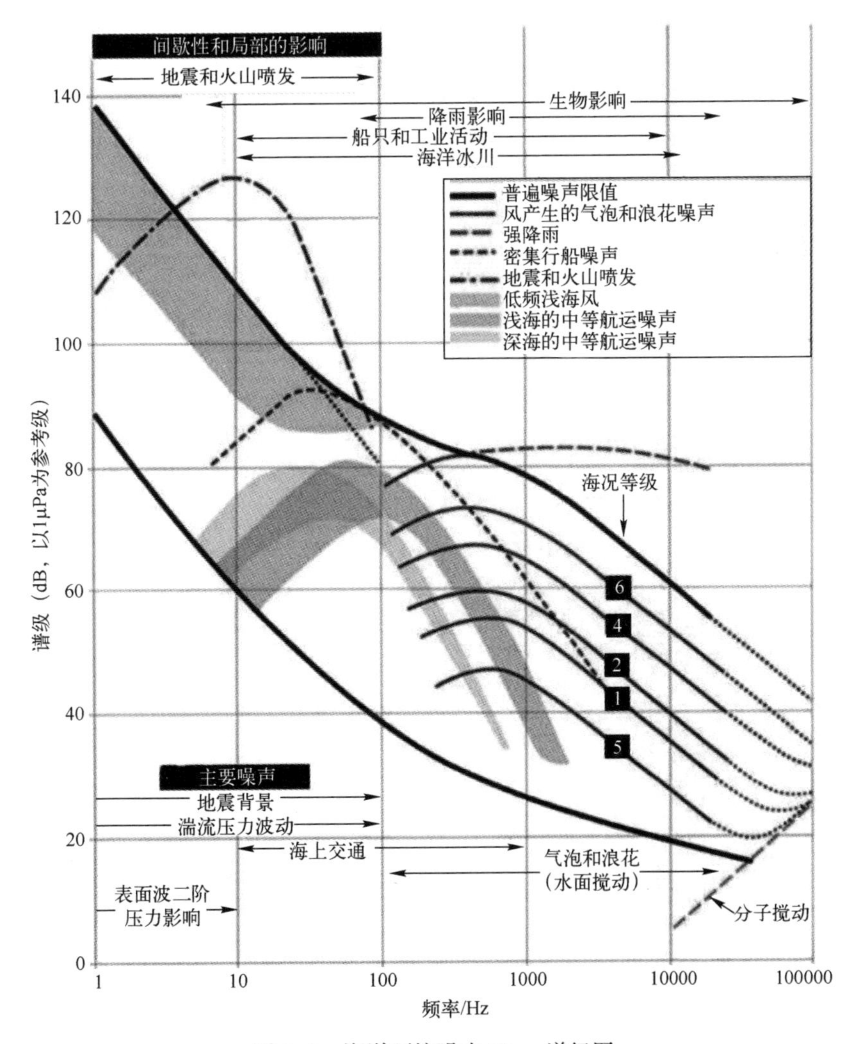

图1-3　海洋环境噪声Wenz谱级图

2. 浅海环境噪声谱级

与比较确定的深海环境噪声不同,浅海环境噪声谱随地点和时间的变化十分明显,这主要是由于人类和海洋发声生物的活动具有地域性和周期性。从谱级上来讲,一般情况下,浅海环境下的噪声谱级要比深海环境下的噪声谱级高,除了人类活动会增加浅海噪声的谱级外,浅海特殊的地理环境(如海底的存在,海水声速的不同等)也会显著地增加噪声的谱级。浅海环境噪声谱级在不同的海域各不相同,在同一海域的不同位置,也不尽相同。因此,需要经过大量的测量和统计才能给出某一浅海海域粗略的噪声谱级图。

在近海,很宽的频带内,风速决定了海洋环境噪声级的大小。也就是说,风成噪声是浅海噪声的重要组成部分,风速大小显著影响着浅海环境噪声的谱级。由风产生噪声的各种过程(风成浪的水静压力效应,浪花及粗糙海面的直接辐射)在近海都会产生噪声级。Piggott 通过对浅海环境噪声长时间的实地测量,证明了在十几到几千赫的频率区间内,噪声级与风速具有密切的关系:噪声强度的增长率比风速的平方稍大。

降雨也能够显著地增大海洋环境噪声的级别,增大量的多少与该海域的降雨量及降雨面积有密切的关系。在谱的 5~10kHz 的频段,暴雨时的谱级几乎增大了 30dB。在 19.5kHz,二级海况条件下,即使不是暴雨,而是平稳地降雨,环境噪声级也增加了相当于六级海况下的值,即增加了 10dB。如图 1-4 所示为某海域水深 120ft(1ft=0.3048m)处测得的不同降雨量下的环境噪声谱,图上还标注了无雨时的环境噪声谱。从图中可以明显地看到,降雨时的环境噪声谱级明显大于无雨时的噪声谱级。

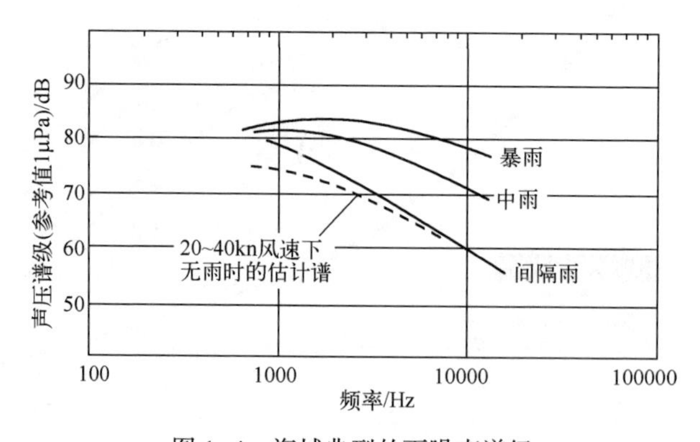

图 1-4　海域典型的雨噪声谱级

生物噪声也是浅海噪声的重要组成部分。甲壳类、鱼类和海洋哺乳类(鲸、海豚等)等三类海洋动物都可以发出声音。据不完全统计,我国近海发声生物在 100 种以上,并且存在鱼类集群大、发声强的明显特点。

1.3.3 深度学习

深度学习的概念起源于人工神经网络,本质是指一类对具有深度结构的神经网络进行有效训练的方法。神经网络是一种由许多非线性计算单元(或称为神经元、节点)组成的分层系统,通常,网络的深度就是其中不包括输入层的层数。理论上,一个具有浅层结构或层数不够深的神经网络虽然在节点数足够大时,也可以充分逼近地表达任意多元非线性函数,但这种浅层表达在具体实现时往往由于需要太多节点而无法实际应用。一般来说,对于给定数目的训练样本,如果缺乏其他先验知识,人们更期望使用少量的计算单元来建立目标函数的“紧表达”,以便获得更好的泛化能力。而在网络深度不够时,这种紧表达可能是根本无法建立起来的。理论研究表明,深度为 k 的网络能够紧表达的函数在用深度为 $k-1$ 的网络表达时,有时需要的计算单元会呈指数增长。

1943 年,美国数学家 Pitts 和心理学家 McCulloch 首次提出了“人工神经网络”这一概念。1949 年,心理学家 Hebb 给出了神经元的数学模型,提出了人工神经网络的学习规则。1958 年,人工智能专家 Rosenblatt 提出了感知器的人工神经网络模型,但无法解决非线性数据的分类。1980 年,加拿大多伦多大学教授 Hinton 采用多个隐含层的深度结构来代替代感知器的单层结构形成多层感知器模型,这是早期的深度学习网络模型。1986 年 Rumelhar 和 Hinton 提出了反向传播(Back Propagation,BP)算法,解决了两层乃至多层的神经网络训练问题,解决了非线性分类问题。但在 BP 算法中,随着神经元节点的增多,训练时间容易变长,它的优化函数是一个非凸优化问题,容易造成局部最优解;同时 BP 算法会导致梯度消失的问题。

普遍认为,深度学习正式发端于 2006 年,以 Hinton 及其合作者发表的两篇重要论文为标志,一篇题目为 *A Fast Learning Algorithm for Deep Belief Nets*,发表在 *Neural Computation* 上。另一篇题目为 *Reducing the Dimensionality of Data with Neural Networks*,发表在 *Science* 上。Hinton 认为,多隐层的人工神经网络具有优异的特征学习能力,学习到的数据更能反映数据的本质特征,有利于可视化或分类,深度神经网络在训练上的难度,可以通过逐层无监督训练有效克服。在他提出的深度信念网络(Deep Belief Network,DBN)中,利用预训练的过程,可以方便在神经网络中的权值中找到一个接近最优解的初始值,再用“微调”技术对整个网络进行优化训练,有效地减小了网络的训练时间,并缓解了 BP 算法导致的梯度消失的问题。证实了由无监督预训练和有监督的调优构成的两个阶段策略,不仅对于克服深度网络的训练困难是有效的,而且赋予了深度网络优越的特征学习能力。

深度学习真正受人瞩目是在 2012 年的 ImageNet 比赛中,Hinton 的学生利用多层卷积神经网络成功地对包含1000类别的100万张图片进行了训练,分类错误率只有15%,比第二名低了近11%。2012年6月,Google首席架构师Jeff Dean和斯坦福大学教授AndrewNg主导的著名的GoogleBrain项目,采用16万个CPU来构建一个深层神经网络(Deep Neural Network,DNN),并将其应用于图像和语音的识别,最终获得成功。此后深度学习呈爆发式的发展,在图像、语音、自然语言处理、大数据特征提取等方面获得广泛应用。

1. 深度网络的特点和优势

神经网络由许多简单的、互连的、称为神经元的处理器组成,每一个神经元产生一系列的实值激活,其中输入神经元通过传感器激活,其余神经元通过连接激活。深层网络由多层自适应非线性单元组成,换句话说,深层是非线性模块的级联,在所有层次上都包含可训练的参数。在理论上,深度网络和浅层网络的数学描述类似,而且都能通过函数逼近表达数据的内在关联和本质特征,如图1-5和图1-6所示。

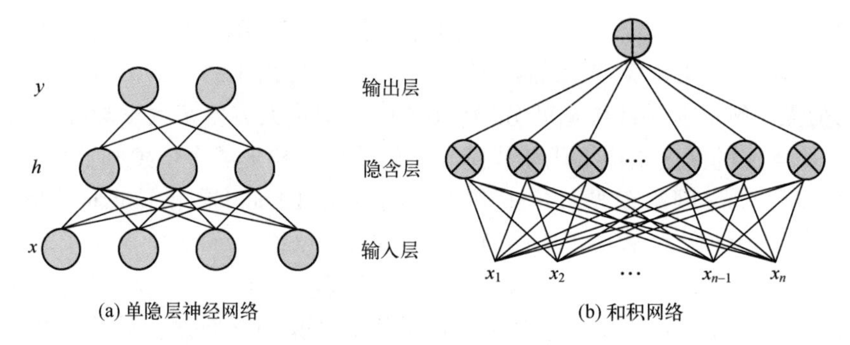

图1-5　浅层网络例子

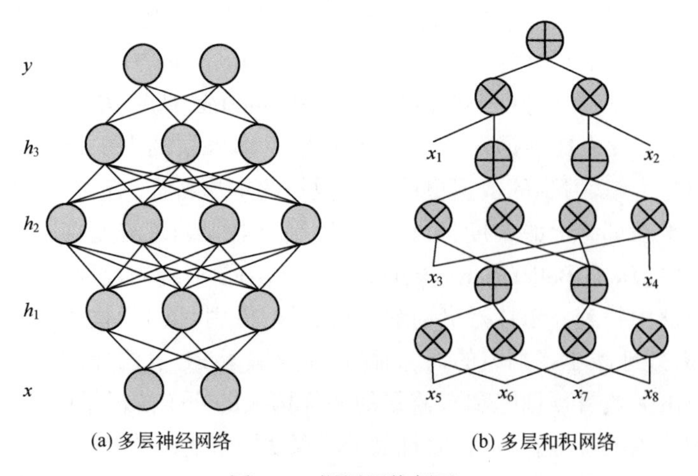

图1-6　深层网络例子

迄今为止,还没有公认的区分深层网络和浅层网络的深度划分标准。一般认为深层网络至少包含 3 个非输入层,而非常深的网络深度应该至少大于 10 层。毋庸置疑,浅层网络对于解决许多简单的和有良好约束的问题非常有效,但在解决真实世界的复杂问题时,可能需要指数增长的技术单元,而此时深层网络组可能仅需要相对很少的计算单元。

作为例子,对一个具有递归结构的和积网络(Sum Product Network,SPN)的函数表达能力进行分析。设输入变量的个数 $n=4^i$(i 为正整数)。l^0代表输入层,其中第 j 个节点表示为 $l_j^0=x_j(1\leqslant j\leqslant n)$。分布构造奇数层和偶数层的节点如下:

$$\begin{cases} l_j^{2k+1}=l_{2j-1}^{2k}\cdot l_{2j}^{2k}(0\leqslant k\leqslant i-1,1\leqslant j\leqslant 2^{2(i-k)-1}) \\ l_j^{2k}=\lambda_{jk}x_{2j-1}^{2k-1}+\mu_{jk}l_{2j}^{2k-1}(1\leqslant k\leqslant i,1\leqslant j\leqslant 2^{2(i-k)}) \end{cases} \tag{1-2}$$

式中:权值 λ_{jk} 和 μ_{jk} 都是正数。

该和积网络的输出函数 $f(x_1,x_2,\cdots,x_n)=l_1^{2i}\in\mathbf{R}$ 是一个单节点。当 $i=1$ 时,网络共有 3 个非输入节点,结构如图 1-7 所示。由于对任意正整数 i,这个和积网络在不计输入层时共有 $2i$ 层,其中包含(非输入)的节点总数为 $1+2+4+8+\cdots+2^{2i-1}=4^i-1=n-1$,因此网络规模仅具有线性复杂度。显然,这个递归和积网络在 $i>1$ 时是一个深层网络。

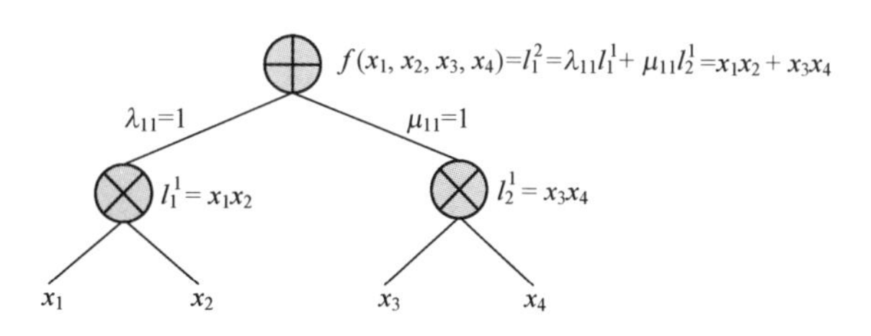

图 1-7 输入 $n=4$ 的和积网络

如果用 1-5(b)中的单隐层和积网络来计算函数 $f(x_1,x_2,\cdots,x_n)$,那么需要把它改写成输入变量乘积的加权和形式。当所有权值都取 1 时,可得

$$f(x_1,x_2,\cdots,x_n)=x_1x_2x_5x_6\cdots x_{4^{i-1}-3}x_{4^{i-1}-2}+\cdots \tag{1-3}$$

由于在式(1-3)中乘积项的数量 $m_{2i}=2^{\sqrt{n}-1}$,因此用单隐层和积网络计算需要 $2^{\sqrt{n}-1}$ 个积节点和一个和节点,共需 $2^{\sqrt{n}-1}+1$ 个节点,网络具有指数复杂度。因为在 n 较大时,$2^{\sqrt{n}-1}+1$ 将远远大于 $n-1$,所以用浅层和积网络计算具有 n 个输入的函数,需要的节点个数可能比深层和积网络多得多。例如,当 $n=4^5=1024$ 时,用浅层和积网络计算函数 $f(x_1,x_2,\cdots,x_n)=l_1^{2i}$,需要 $2^{\sqrt{1024}-1}+1=2^{31}+1$ 个节点,而用深度和积网络仅需要 $1024-1=1023$ 个节点。

由此可见,在表达同样的复杂函数时,与浅层网络相比,深度网络可能只需要很少的节点和很少的层数。这意味着,在总节点数大致相同的情况下,深层网络通常比浅层网络的函数表达能力更强。

2. 深度学习模型和算法

深度学习也称为深度机器学习、深层结构学习、分层学习，是一类有效训练DNN的机器学习算法，可以用于对数据进行高层抽象建模。广义上说，深度神经网络是一种具有多个处理层的复杂结构，其中包含多重非线性变换。如果深度足够，那么多层感知器无疑是深层网络，前馈神经网络也是深层网络。基本的深层网络模型可以分为生成模型和判别模型两大类。生成是指从隐含层到输入数据的重构过程，判别是指从输入数据到隐含层的规约过程。复杂的深层结构可能是一个混合模型，既包含生成模型部分又包含判别模型部分。生成模型一般用来表达数据的高阶相关性或者描述数据的联合统计分布，判别模型通常用来分类数据的内在模式或描述数据的后验分布。生成模型主要包括受限玻耳兹曼机（Resticted Boltzmann Machine，RBM）、自编码器（Auto Encoder，AE）、深度信念网络、深度玻耳兹曼机（Deep Boltzmann Machine，DBM）及和积网络，其中自编码器、深度信念网络、深度玻耳兹曼机需要受限玻耳兹曼机进行预训练。判别模型主要包括深度感知器（deep MLP）、深度前馈网络（deep FNN）、卷积神经网络、深度堆叠网络（Deep Stacking Network，DSN）、循环神经网络（Recurrent Neural Network，RNN）和长短时记忆（Long Short-Term Memory，LSTM）网络。需要说明的是，虽然RBM、AE、DBN、DBM和SPN都被归为生成模型，但由于模型中也包含判别过程（从输入到隐含层的规约），所以在一定条件下，可以看作判别模型并用于对数据的分类和识别，而且用于产生序列数据时，RNN也可以看作生成模型。此外，虽然RBM作为一种两层网络，在严格意义上并不是一种深层网络，但由于它是对许多深层网络进行预训练的基础，所以也被看作一种基本的深度学习模型。

3. 卷积神经网络

卷积神经网络最初受到视觉系统的神经机制的启发，针对二维形状的识别而设计的一种多层感知器，在平移情况下具有高度不变性，在缩放和倾斜的情况下也具有一定的不变性。标准卷积神经网络是一种特殊的前馈神经网络，通常具有比较深的结构，一般由输入层、卷积层、下采样层、全连接层及输出层组成。如图1-8所示为一个标准的卷积神经网络的整体结构，输入层通常是一个矩阵。从前馈网络的角度看，卷积层和下采样层可以看作特殊的隐含层，而其他层（除输出层外）是普通的隐含层。这些层一般具有不同的计算方式，其中权值大多需要一个学习过程来调优，但有时卷积层也可以采用固定权值直接构造，比如直接使用Cabor滤波器。

为了描述方便，有必要定义4个基本运算，分别为内卷积、外卷积、下采样和上采样。

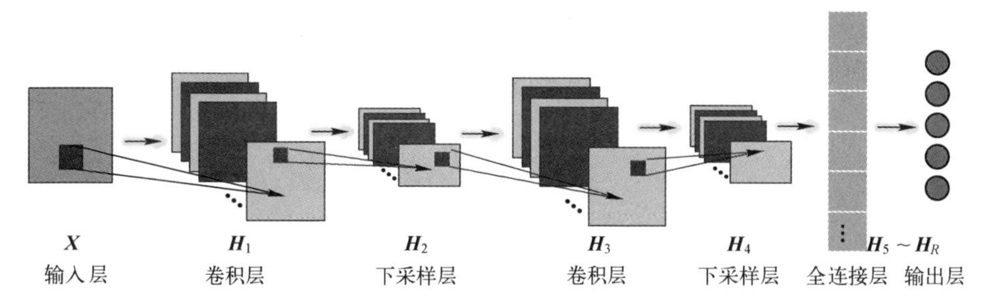

图 1-8 标准卷积神经网络的整体结构

假设矩阵 $\boldsymbol{A}$ 和 $\boldsymbol{B}$ 为大小分别为 $M\times N$ 和 $m\times n$，且 $M\geqslant m, N\geqslant n$，则它们的内卷积 $\boldsymbol{C}=\boldsymbol{A}\,\breve{*}\,\boldsymbol{B}$ 的所有元素定义为

$$c_{ij}=\sum_{s=1}^{m}\sum_{t=1}^{n}a_{i+m-s,j+n-t}\cdot b_{st}(1\leqslant i\leqslant M-m+1,1\leqslant j\leqslant N-n+1) \quad (1-4)$$

它们的外卷积定义为

$$\boldsymbol{A}\,\widehat{*}\,\boldsymbol{B}=\widehat{\boldsymbol{A}}_B\,\breve{*}\,\boldsymbol{B}$$

式中：$\widehat{\boldsymbol{A}}_B=(\widehat{a}_{ij})$ 是一个利用 0 对 $\boldsymbol{A}$ 进行扩充得到的矩阵，大小为 $(M+2m-2)\times(N+2n-2)$，且

$$\widehat{a}_{ij}=\begin{cases}a_{i-m+1,j-n+1}(1\leqslant i\leqslant M+m-11,1\leqslant j\leqslant N+n-1)\\0(\text{其他})\end{cases} \quad (1-5)$$

如果对矩阵 $\boldsymbol{A}$ 进行不重叠分块，每块的大小为 $\lambda\times\tau$，则其中的第 ij 块可以表示为

$$\boldsymbol{G}_{\lambda,\tau}^{\boldsymbol{A}}(i,j)=(a_{st})_{\lambda\times\tau} \quad (1-6)$$

式中：$(i-1)\cdot\lambda+1\leqslant s\leqslant i\cdot\lambda;(j-1)\cdot\tau+1\leqslant t\leqslant i\cdot\tau$。

对 $\boldsymbol{G}_{\lambda,\tau}^{\boldsymbol{A}}(i,j)$ 的下采样定义为平均池化：

$$\text{down}(\boldsymbol{G}_{\lambda,\tau}^{\boldsymbol{A}}(i,j))=\frac{1}{\lambda\times\tau}\sum_{s=(i-1)\times\lambda+1}^{i\times\lambda}\sum_{t=(j-1)\times\tau+1}^{j\times\tau}a_{st} \quad (1-7)$$

用大小为 $\lambda\times\tau$ 的块对矩阵 $\boldsymbol{A}$ 进行不重叠的下采样，结果定义为

$$\text{down}_{\lambda,\tau}(\boldsymbol{A})=\text{down}(\boldsymbol{G}_{\lambda,\tau}^{\boldsymbol{A}}(i,j)) \quad (1-8)$$

对矩阵 $\boldsymbol{A}$ 进行倍数为 $\lambda\times\tau$ 的不重叠上采样，结果定义为

$$\text{up}_{\lambda,\tau}(\boldsymbol{A})=\boldsymbol{A}\otimes\boldsymbol{1}_{\lambda\times\tau} \quad (1-9)$$

式中：$\boldsymbol{1}_{\lambda\times\tau}$ 为一个元素全为 1 的矩阵；“$\otimes$”代表克罗内克积。

基于以上的基本运算，可以详细描述标准卷积神经网络的构造。

1）第 1 个隐含层的构造

卷积神经网络的第 1 个隐含层用 $\boldsymbol{H}_1$ 表示。由于 $\boldsymbol{H}_1$ 是通过卷积来计算的，因此又称为卷积层。一个卷积层可能包含多个卷积面，其中卷积面又称为卷积特征地

图或卷积地图。每个卷积面又关联于一个卷积核或卷积过滤器,如图 1-9(a)所示。如果分别用 $\boldsymbol{h}_{1,\alpha}$ 和 $\boldsymbol{W}^{1,\alpha}$ 表示 $\boldsymbol{H}_1$ 的第 α 个卷积核,那么 $\boldsymbol{h}_{1,\alpha}$ 实际上是利用输入 $\boldsymbol{x}$ 与 $\boldsymbol{W}^{1,\alpha}$ 进行内卷积"$\breve{*}$"运算再加上偏置 $\boldsymbol{b}^{1,\alpha}$ 得到的结果,即

$$\boldsymbol{h}_{1,\alpha}=f(\boldsymbol{u}_{1,\alpha})=f(\boldsymbol{C}^{1,\alpha}+\boldsymbol{b}^{1,\alpha})=f(\boldsymbol{x}\ \breve{*}\ \boldsymbol{W}^{1,\alpha}+\boldsymbol{b}^{1,\alpha}) \tag{1-10}$$

卷积层 $\boldsymbol{H}_1$ 由所有卷积面 $\boldsymbol{h}_{1,\alpha}$ 构成,即 $\boldsymbol{H}_1=(\boldsymbol{h}_{1,\alpha})$。

2) 第 2 个隐含层的构造

卷积神经网络的第 2 个隐含层用 $\boldsymbol{H}_2$ 表示。由于 $\boldsymbol{H}_2$ 是通过对 $\boldsymbol{H}_1$ 进行下采样来计算的,因此又称为下采用层,如图 1-9(b)所示。一个下采样层也可以保护多个下采样面,其中下采样面又称为下采样特征地图或下采样地图。如果用 $\boldsymbol{h}_{2,\alpha}$ 表示 $\boldsymbol{H}_2$ 的第 α 个下采样面,那么 $\boldsymbol{h}_{2,\alpha}$ 与 $\boldsymbol{h}_{1,\alpha}$ 的关系为

$$\boldsymbol{h}_{2,\alpha}=g(\beta_2\ \mathrm{down}_{\lambda_2,\tau_2}(\boldsymbol{h}_{1,\alpha})+\boldsymbol{\gamma}_2) \tag{1-11}$$

式中:权值 β_2 一般取值为 1;偏置 $\boldsymbol{\gamma}_2$ 一般取值为 $\boldsymbol{0}$ 的矩阵;$g(\cdot)$ 一般取为恒等线性函数 $g(x)=x$。

下采样层 $\boldsymbol{H}_2$ 由所有下采样面 $\boldsymbol{h}_{2,\alpha}$ 构成,即 $\boldsymbol{H}_2=(\boldsymbol{h}_{2,\alpha})$。

3) 第 3 个隐含层的构造

卷积神经网络的第 3 个隐含层用 $\boldsymbol{H}_3$ 表示。由于 $\boldsymbol{H}_3$ 是通过从 $\boldsymbol{H}_2$ 选择多个下采样面和多个卷积核来计算的,因此也称为卷积层,如图 1-9(c)所示。不妨设每次从 $\boldsymbol{H}_2$ 选择 r 个下采样面,分别用 $\boldsymbol{h}_{2,\alpha_i}(1\leqslant i\leqslant r)$ 来表示,相应的卷积核用 $\boldsymbol{W}_{\alpha_i}^{3,(\alpha_1,\alpha_2,\cdots,\alpha_r)}$ 表示,那么可以在卷积层 $\boldsymbol{H}_3$ 中构造一个卷积面,即

$$\boldsymbol{h}_{3,\omega}=\boldsymbol{h}_{3,(\alpha_1,\alpha_2,\cdots,\alpha_r)}=f\left(\sum_{i=1}^{r}\boldsymbol{h}_{2,\alpha_i}\ \breve{*}\ \boldsymbol{W}_{\alpha_i}^{3,\omega}+\boldsymbol{b}^{3,\omega}\right) \tag{1-12}$$

式中:$\omega=(\alpha_1,\alpha_2,\cdots,\alpha_r)$。

卷积层 $\boldsymbol{H}_3$ 由所有卷积面 $\boldsymbol{h}_{3,\omega}$ 构成,即 $\boldsymbol{H}_3=(\boldsymbol{h}_{3,\omega})$。

4) 第 4 个隐含层的构造

卷积神经网络的第 4 个隐含层用 $\boldsymbol{H}_4$ 表示。由于 $\boldsymbol{H}_4$ 是通过对 $\boldsymbol{H}_3$ 进行下采样来计算的,因此也称为下采用层,如图 1-9(b)所示,对于 $\boldsymbol{H}_3$ 的每个卷积面 $\boldsymbol{h}_{3,\omega}$,都可以在 $\boldsymbol{H}_4$ 中构造一个相应的下采样面,即

$$\boldsymbol{h}_{4,\omega}=g(\beta_4\ \mathrm{down}_{\lambda_4,\tau_4}(\boldsymbol{h}_{3,\omega})+\boldsymbol{\gamma}_4) \tag{1-13}$$

式中:权值 β_4 一般取值为 1;偏置 $\boldsymbol{\gamma}_4$ 一般取值为 $\boldsymbol{0}$ 的矩阵。

下采样层 $\boldsymbol{H}_4$ 由所有下采样面 $\boldsymbol{h}_{4,\omega}$ 构成,即 $\boldsymbol{H}_4=(\boldsymbol{h}_{4,\omega})$。

5) 全连接层的构造

全连接层的各层分别用 $\boldsymbol{H}_4\sim\boldsymbol{H}_R$ 表示,主要用拉开分类。这些实际上构成一个普通的多层全馈网络,其中的激活函数一般采用 sigmoid。最后一个层 $\boldsymbol{H}_R$ 称为输出层,可能采用 softmax 替代 sigmoid。

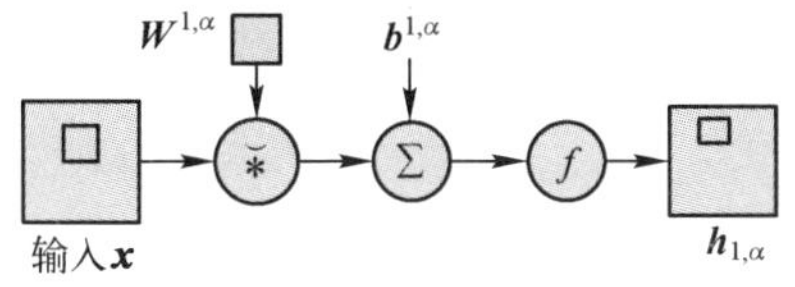

(a) 输入层到卷积层的连接和计算

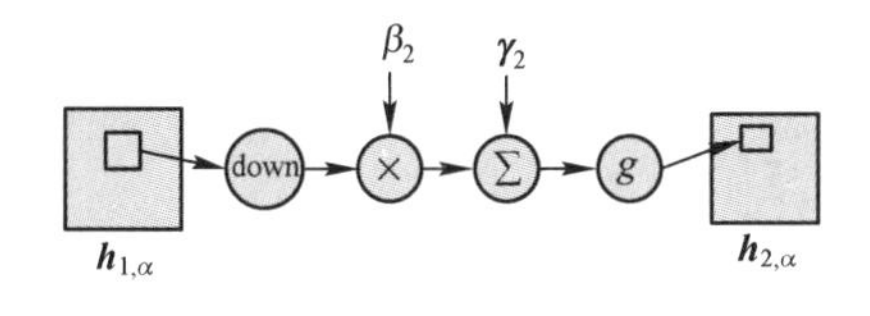

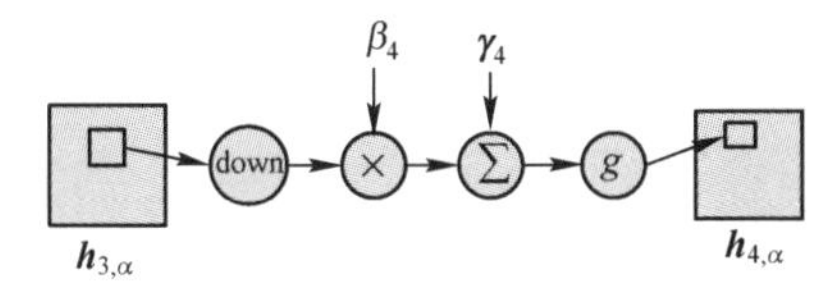

(b) 卷积层到下采样层的连接和计算

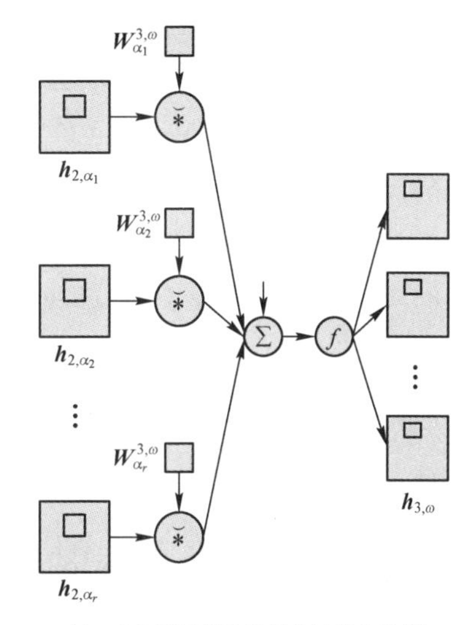

(c) 下采样层到卷积层的连接和计算

图 1-9　卷积神经网络的三种连接和计算

4. 卷积神经网络的学习算法

由于卷积神经网络在本质上是一种特殊的多层前馈网络，因此其权值和偏置在理论上可以用反向传播算法进行学习和训练。根据图 1-9，对第 l 个样本，标准卷积神经网络从输入到输出的计算过程为

$$
\begin{cases}
\boldsymbol{h}^l_{1,\alpha}=f(\boldsymbol{u}^l_{1,\alpha})=f(\boldsymbol{x}^l \breve{*} \boldsymbol{W}^{1,\alpha}+\boldsymbol{b}^{1,\alpha}) \\
\boldsymbol{h}^l_{2,\alpha}=g(\boldsymbol{\beta}_2\,\mathrm{down}_{\lambda_2,\tau_2}(\boldsymbol{h}^l_{1,\alpha})+\boldsymbol{\gamma}_2) \\
\boldsymbol{h}^l_{3,(\alpha_1,\alpha_2,\cdots,\alpha_r)}=f\left(\sum_{i=1}^{r}\boldsymbol{h}^l_{2,\alpha_i}\breve{*}\boldsymbol{W}^{3,\omega}_{\alpha_i}+\boldsymbol{b}^{3,\omega}\right) \\
\boldsymbol{h}^l_{4,(\alpha_1,\alpha_2,\cdots,\alpha_r)}=g(\boldsymbol{\beta}_4\,\mathrm{down}_{\lambda_4,\tau_4}(\boldsymbol{h}^l_{3,(\alpha_1,\alpha_2,\cdots,\alpha_r)})+\boldsymbol{\gamma}_4) \\
\boldsymbol{H}^l_4=(\boldsymbol{h}^l_{4,(\alpha_1,\alpha_2,\cdots,\alpha_r)}) \\
\boldsymbol{H}^l_5=\mathrm{vec}(\boldsymbol{H}^l_4) \\
\boldsymbol{H}^l_k=\sigma(\boldsymbol{u}^l_k)=\sigma(\boldsymbol{W}^k\boldsymbol{H}^l_{k-1}+\boldsymbol{b}^k),6\leqslant k\leqslant R
\end{cases}
\tag{1-14}
$$

标准卷积网络的反向传播算法如下：

输入：训练集 $S=\{(\boldsymbol{x}^l,\boldsymbol{y}^l),1\leqslant l\leqslant N\}$、网络结构、层数 R。

输出：网络参数 $\boldsymbol{W}^{1,\alpha}$、$\boldsymbol{b}^{1,\alpha}$、$\boldsymbol{W}^{3,\omega}_{\alpha_i}$、$\boldsymbol{b}^{3,\omega}$、$\boldsymbol{W}^k$、$\boldsymbol{b}^k(5\leqslant k\leqslant R)$。

(1) 随机初始化所有的权值和偏置。

(2) 计算 $\boldsymbol{H}^l_0=\boldsymbol{x}^l,\boldsymbol{u}^l_{1,\alpha}=\boldsymbol{x}^l\breve{*}\boldsymbol{W}^{1,\alpha}+\boldsymbol{b}^{1,\alpha},\boldsymbol{h}^l_{1,\alpha}=f(\boldsymbol{u}^l_{1,\alpha})$。

(3) 计算 $\boldsymbol{u}_{2,\alpha}=\boldsymbol{\beta}_2\,\mathrm{down}_{\lambda_2,\tau_2}(\boldsymbol{h}^l_{1,\alpha})+\boldsymbol{\gamma}_2,\boldsymbol{h}^l_{2,\alpha}=g(\boldsymbol{u}^l_{2,\alpha})$。

（4）计算 $\boldsymbol{u}_{3,\omega}^{l}=\sum_{i=1}^{r}\boldsymbol{h}_{2,\alpha_i}^{l}\overset{\smile}{*}\boldsymbol{W}_{\alpha_i}^{3,\omega}+\boldsymbol{b}^{3,\omega}$，$\boldsymbol{h}_{3,\omega}^{l}=f(\boldsymbol{u}_{3,\omega}^{l})$。

（5）计算 $\boldsymbol{u}_{4,\omega}^{l}=\beta_4\,\mathrm{down}_{\lambda_4,\tau_4}(\boldsymbol{h}_{3,\omega}^{l})+\boldsymbol{\gamma}_4$，$\boldsymbol{h}_{4,\omega}^{l}=g(\boldsymbol{u}_{4,\omega}^{l})$。

（6）令 $\boldsymbol{H}_4^{l}=(\boldsymbol{h}_{4,\omega}^{l})$，$\boldsymbol{H}_5^{l}=\mathrm{vec}(\boldsymbol{H}_4^{l})$。

（7）计算 $\boldsymbol{u}_k^{l}=\boldsymbol{W}^{k}\boldsymbol{H}_{k-1}^{l}+\boldsymbol{b}^{k}$，$\boldsymbol{H}_k^{l}=\sigma(\boldsymbol{u}_k^{l})\ (6\leqslant k\leqslant R)$。

（8）令 $\boldsymbol{o}^{l}=\boldsymbol{H}_R^{l}$，计算 $\boldsymbol{\delta}_R^{l}=(\boldsymbol{o}^{l}-\boldsymbol{y}^{l})\circ\sigma'(\boldsymbol{u}_R^{l})$。

（9）计算 $\boldsymbol{\delta}_k^{l}=[(\boldsymbol{W}^{k+1})^{\mathrm{T}}\boldsymbol{\delta}_{k+1}^{l}]\circ\sigma'(\boldsymbol{u}_k^{l})\ (5\leqslant k\leqslant R-1)$。

（10）把 $\boldsymbol{\delta}_5^{l}$ 拆解组合成 $\boldsymbol{\delta}_4^{l}=(\boldsymbol{\delta}_{4,\omega}^{l})$。

（11）计算 $\boldsymbol{\delta}_{3,\omega}^{l}=\dfrac{1}{\lambda_4+\tau_4}\beta(f'(\boldsymbol{u}_{3,\omega}^{l})\circ\mathrm{up}_{\lambda_4+\tau_4}(\boldsymbol{\delta}_{4,\omega}^{l}))$。

（12）计算 $\boldsymbol{\delta}_{2,\alpha_i}^{l}=[\boldsymbol{\delta}_{3,\omega}^{l}\overset{\frown}{*}\mathrm{rot180}(\boldsymbol{W}_{\alpha_i}^{3,\omega})]\circ g'(\boldsymbol{u}_{2,\alpha_i}^{l}))$。

（13）计算 $\boldsymbol{\delta}_{1,\alpha}^{l}=\dfrac{1}{\lambda_2+\tau_2}\beta(f'(\boldsymbol{u}_{1,\alpha}^{l})\circ\mathrm{up}_{\lambda_2+\tau_2}(\boldsymbol{\delta}_{2,\alpha}^{l}))$。

（14）计算
$$\begin{cases}\dfrac{\partial \boldsymbol{L}_N}{\partial \boldsymbol{W}^{k}}=\sum_{l=1}^{N}\boldsymbol{\delta}_k^{l}(\boldsymbol{H}_{k-1}^{l})^{\mathrm{T}},\dfrac{\partial \boldsymbol{L}_N}{\partial \boldsymbol{b}^{k}}=\sum_{l=1}^{N}\boldsymbol{\delta}_k^{l},5\leqslant k\leqslant R\\ \dfrac{\partial \boldsymbol{L}_N}{\partial \boldsymbol{W}_{\alpha_i}^{3,\omega}}=\sum_{l=1}^{N}\boldsymbol{h}_{2,\alpha_i}^{l}\overset{\smile}{*}\boldsymbol{\delta}_{3,\omega}^{l}\\ \dfrac{\partial \boldsymbol{L}_N}{\partial \boldsymbol{b}^{3,\omega}}=\sum_{l=1}^{N}\boldsymbol{\delta}_{3,\omega}^{l}\\ \dfrac{\partial \boldsymbol{L}_N}{\partial \boldsymbol{W}^{1,\alpha}}=\sum_{l=1}^{N}\boldsymbol{x}^{l}\overset{\smile}{*}\boldsymbol{\delta}_{1,\alpha}^{l},\dfrac{\partial \boldsymbol{L}_N}{\partial \boldsymbol{b}^{1,\alpha}}=\sum_{l=1}^{N}\boldsymbol{\delta}_{1,\alpha}^{l}\end{cases}$$
。

（15）更新所有的网络参数。

在上面算法中，“$\circ$”代表两个向量的阿达马积，rot180(·)的含义是把一个矩阵水平翻转一次，再垂直翻转一次。

根据标准卷积网络的反向传播算法，还可以为更普遍的卷积神经网络推导出一个反向传播算法。其中卷积层和下采样层的计算过程如下：

$$\begin{cases}\boldsymbol{h}_{k,j}^{l}=f(\boldsymbol{u}_{k,j}^{l})=f\left(\sum_{i}\boldsymbol{h}_{k-1,j}^{l}\overset{\smile}{*}\boldsymbol{W}_{ij}^{k}+\boldsymbol{b}_j^{k}\right)\\ \boldsymbol{h}_{k+1,j}^{l}=g(\beta_j^{k+1}\mathrm{down}(\boldsymbol{h}_{k,j}^{l})+\boldsymbol{b}_j^{k+1})\end{cases}\tag{1-15}$$

同时，也可以得到相应的反传误差信号（或称灵敏度）：

$$\begin{cases}\boldsymbol{\delta}_{k,j}^{l}=\beta_j^{k+1}(f'(\boldsymbol{u}_{k,j}^{l})\circ\mathrm{up}(\boldsymbol{\delta}_{k+1,j}^{l}))\\ \boldsymbol{\delta}_{k+1,j}^{l}=g'(\boldsymbol{u}_{k+1,j}^{l})\circ(\boldsymbol{\delta}_{k+2,j}^{l})\overset{\frown}{*}\mathrm{rot180}(\boldsymbol{W}_j^{k+2}))\end{cases}\tag{1-16}$$

此外，对卷积层而言，关于权值和偏置的偏导数：

$$
\begin{cases}
\dfrac{\partial \boldsymbol{L}_N}{\partial \boldsymbol{W}_{ij}^k} = \sum\limits_{l=1}^{N} \boldsymbol{\delta}_{k,j}^l \circledast \boldsymbol{h}_{k-1,i}^l \\
\dfrac{\partial \boldsymbol{L}_N}{\partial \boldsymbol{b}_j^k} = \sum\limits_{l=1}^{N} \boldsymbol{\delta}_{\boldsymbol{k},j}^l
\end{cases}
\tag{1-17}
$$

在上述公式中，$\boldsymbol{W}_{ij}^k$为第 k 层的第 i 个输入面到第 j 个输出面的权值矩阵，$\boldsymbol{b}_j^k$ 为第 k 层的第 j 个输出面的偏置，β_j^{k+1} 和 $\boldsymbol{b}_j^{k+1}$ 分别为第 $k+1$ 层的乘性偏置和加性偏置。

5. 卷积神经网络的变种模型

(1) 卷积神经网络可以改变输入的形式。例如，把一副图像的 R、G、B 三个通道看作一个整体输入来设计网络结构。

(2) 卷积神经网络可以采用重叠池化进行下采样，比如 AlexNet 中就采用了重叠池化的技术。池化就是对矩阵数据进行分块下采样。在标准卷积神经网络中，池化的分块是不允许重叠的。如果允许重叠，那么将产生更大的下采样层，因此学习算法也要做相应的修改。此外，平均池化还可以改用最大池化，即

$$
\begin{aligned}
\mathrm{down}_{\lambda,\tau}(\boldsymbol{A}) &= \mathrm{down}_{\lambda,\tau}(\boldsymbol{G}_{\lambda,\tau}^{A}(i,j)) = a_{pq} \\
&= \max\{a_{st};(i-1)\times\lambda+1\leqslant s\leqslant i\times\lambda,(j-1)\times\tau+1\leqslant t\leqslant j\times\tau\}
\end{aligned}
\tag{1-18}
$$

相应地，上采样为

$$
\mathrm{up}_{\lambda\times\tau}(\boldsymbol{A}) = \begin{cases} a_{st}(s=p,t=q) \\ 0((i-1)\times\lambda+1\leqslant s\leqslant i\times\lambda,(j-1)\times\tau+1\leqslant t\leqslant j\times\tau,s\neq p,t\neq q) \end{cases}
\tag{1-19}
$$

(3) 卷积神经网络可以改变卷积层和下采样层的交错排列方式。也就是说，允许卷积层和卷积层相邻，甚至下采样层和下采样层相邻，从而产生新的层间连接和计算方式。

(4) 卷积神经网络可以采用修正线性单元(Rectified Linear Unit, ReLU)、渗漏修正线性单元(Leaky ReLU)和参数化修正线性单元(Parametric ReLU)代替 sigmoid 单元，在输出层还可以采用 softmax 函数替代 sigmoid。

(5) 卷积神经网络可以采用较小的卷积核，构造一个相对较深的模型，例如，VGA 网络一般采用大小为 1×1 和 3×3 的卷积核，可以使网络的深度达到 16 层或 19 层。卷积神经网络还可以采用小型多层感知器代替卷积核，建立更加复杂的网中网(Network In Networks, NIN)模型。卷积神经网络通过反复堆叠具有维数约简作用的摄入模块，可以在合理控制计算总量的条件下增加网络的深度和宽度，从而建立性能更好，但层数很多、结构看似复杂的网络模型，如 GoogLeNet。

(6) 卷积神经网络在通过某种策略产生足够数量候选区域的基础上(如 2000

个左右与类别独立的候选区域），再提取每一个候选区域的特征并进行精细定位和分类，就可以得到区域卷积神经网络（R-CNN 或 RCNN）模型。区域卷积神经网络的一个缺点是只能处理固定大小的输入图像。为了克服这一缺点，可以在区域卷积神经网络的最后一个卷积层和全连接层之间插入一个空间金字塔池化（Spatial Pyramid Pooling，SPP）层，建立空间金字塔池化网络（SPP-Net）。空间金字塔池化层具有三个突出特征：①它总能产生一个与输入大小无关的固定长度输出；②它采用对形变更加健壮的多级空间网格池化代替仅有一个窗口大小的滑动窗口池化；③它能够随输入大小的变化池化不同尺度的特征。虽然空间金字塔池化网络与区域卷积神经网络相比能够直接输入可变大小的图像，但是存在需要多个阶段进行训练，并在中间将特征数据写入磁盘的问题。为了解决这些问题，可以在区域神经网络中插入一个特殊的单级空间金字塔池化层（称为感兴趣区域池化层），并将其提取的特征向量输入一列最终分化成两个兄弟输出层的全连接层，在构造一个单阶段多任务损失函数对所有网络层进行整体训练，建立快速区域卷积神经网络（Fast RCNN）。为了进一步解决候选区域计算的瓶颈问题，可以给快速区域卷积神经网络增加一个与其共享所有卷积层的区域建议网络（Regional Proposal Network，RPN），在同时预测对象边框和对象评分的基础上用来产生几乎没有时间计算代价的候选区域，从而建立更快的区域卷积神经网络（Faster RCNN）。为了获得实时性能极快的目标检测速度，可以采用把输入图像划分成许多网格的策略，并通过一个单一网络构造的整体检测管道直接从整幅图像同时预测对象的边框和类别概率，而且只需看一遍图像就可以知道出现对象的类别和位置。

残差网络（Residual Networks，ResNet）是在普通网络中每隔两三层插入跨层连接，把原来的函数拟合问题转化为残差函数的学习问题。具有残差结构的卷积神经网络在深度超过 150 层甚至 1000 层时，也能得到有效的学习和训练。

从模型演变的角度看，卷积神经网络的发展脉络如图 1-10 所示。

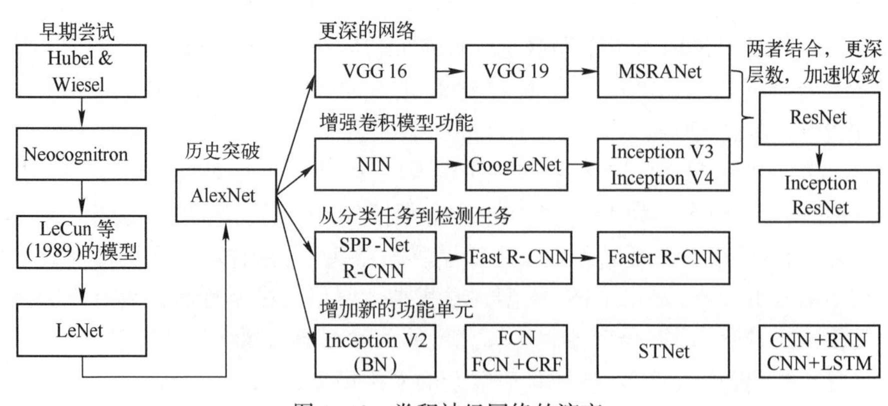

图 1-10　卷积神经网络的演变

1.3.4 水下无线传感器网络发展历程

水下传感器网络能够为促进海洋环境管理、资源保护、灾害监测、海洋工程、海上生产作业和海洋军事等活动提供更好的技术设备和信息平台,因此水下传感器网络得到了世界各国政府部门、工业界、学术界和科研机构的极大关注。水下传感器网络最初首先应用于军事领域,后来逐步扩展到资源探测、环境监测和海上求援等领域。

水下传感器网络是从水下固定声纳发展起来的。美国早在20世纪50年代,就开始在其东、西海岸及苏联潜艇进入各大洋的必经之路上布设了岸基声纳监视系统(Sound Surveillance System,SOSUS),后来又陆续布设了固定分布式系统(Fixed Distributed System,FDS)和先进可布署系统(Advanced Deployable System,ADS)等分布式固定监视系统。ADS是一种可迅速布放的被动水声水下监视系统,主要用于探测和跟踪濒海地区的现代潜艇和水面舰艇。ADS采用电池供电的水声基阵,它们由小直径光纤电缆连接,水听器数据可在光缆上传输。该系统是模块化的,可根据任务进行重构,并可由大量不同平台进行布放。

此外,为了弥补固定式水声监视系统的不足,美国还建立了由专用拖船和战略型监视拖曳阵列声纳系统(Surveillance Towed Array Sonar System,SURTASS)。近年来,又进一步增加了主动部分,可以实现对低噪声目标的低频远程探测。并将SOSUS与SURTASS、FDS和ADS等综合集成为综合海底监视系统(Integrated Undersea Surveillance System,IUSS)。

随着美军战略目标转移,以前主要用于深海的固定式SOSUS等,由于技术落后、维修困难、昂贵,目前已被逐步废弃。相对地,美国海军更为重视可机动布设的分布式水下监视系统(如ADS)及移动式远程水声警戒系统(如主、被动式SURTASS)。从20世纪50年代开始,在太平洋地区,美国共建有三道水下警戒探测系统:“巨人”水下警戒探测系统,位于美国本土西海岸一线海域;“海蜘蛛”水下警戒探测系统,位于阿留申群岛至夏威夷一线海域;“海龙”水下警戒探测系统,位于千岛群岛、日本列岛、琉球群岛、菲律宾至巴布亚新几内亚一线海域。

上述探测监视系统采用电缆分别将探测信息传到岸基站或母船上进行处理,随着网络技术和应用的快速发展,建设以水下无线传感器网络为核心的水下探测监视系统得到越来越多的重视。

利用无线水声网络连接水下探测监视系统,相对于有线系统来说使用更加灵活,布放更加迅速,拓扑结构灵活,覆盖面积也更大。如果各平台为廉价的传感器节点,那么由于各个节点间是无线连接的,因此一定数量的探测和中继节点就可以覆盖相当大的海域。这种水下无线探测监视系统比较有代表性的是可布署自主分布式系统(DADS)和近海持久水下监视网络(PLUSNet)。

DADS 是由美国海军研究办公室(ONR)负责由 SPAWAR 和水下传感器系统公司(USSI)联合研制主要用于反潜的系统,如图 1-11 所示。探测数据采用无线传输方式通过网关浮标发送给指挥中心。为了满足 DADS 对大面积海域的探测监视数据无线通信的要求,SPAWAR 还开展了水下通信网络即海网(Seaweb)的研究和建设工作。

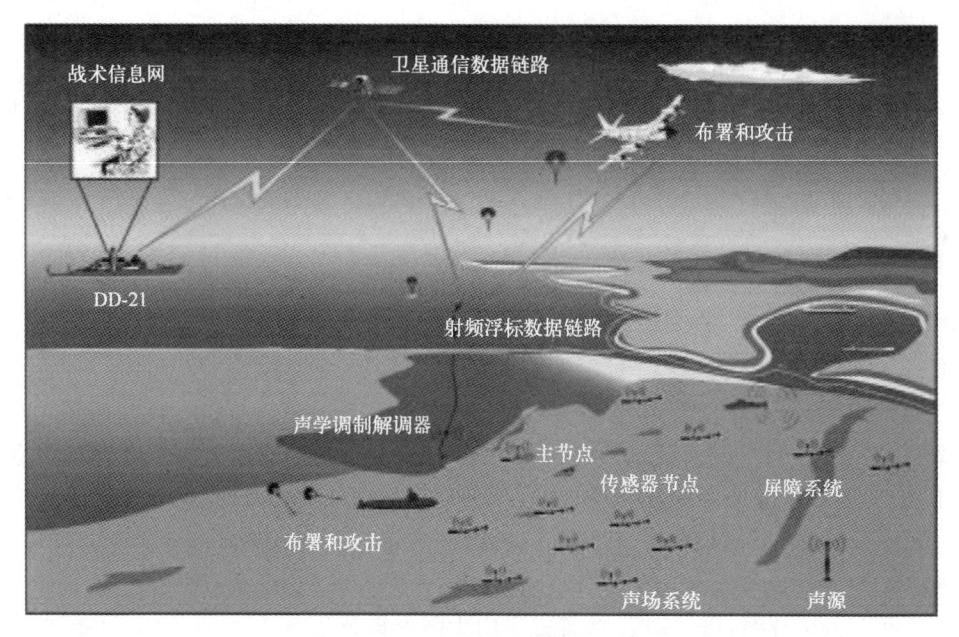

图 1-11　DADS 概念图(见彩插)

DADS 的水下部分由探测节点、主节点等组成。DADS 的探测监视部分由一系列的声、电、磁传感器构成。主节点可以对传感器的探测监视信息进行融合,并且具备无线电中继通信能力。DADS 设计首要目的是对目标进行探测和追踪。由于各节点间是无线连接的,因此网络可以覆盖较大的距离。该网络采用 Ad Hoc 结构,支持接收新成员、自我组织、自我优化功能。它的分布式结构必须以无线通信能力作为支撑。由于传感器节点、主节点等的功能分离,通信网络能力制约了整个系统的整体性能和综合能力。同时 DADS 也开发了低耗能的技术,可以提高其水下的工作时间。

SeaWeb 的产生最初是为了满足 DADS 对水下通信的需要。目前,美国海军把这种水下通信网的运行概念称作海网。海网的核心是水下声信号处理技术和高性能 DSP 技术。海网是一个电池供电的智能节点网络,覆盖范围可达 100～10000km^2,可以为 DADS 等系统提供通信服务。海网的功能还包括测距、定位和导航,并且支持与潜艇、AUV 等移动节点协同工作。海网可以包含由多个节点簇组成的高带宽无线水声局域网(SeaLAN)。SeaLAN 的通信频率要比 SeaWeb 高,所以 SeaLAN 内的通信速率更高。海网的发展目标是在无人干预的情况下能够完成信道自适应、任务情况自适应、自我配置、自我修复等功能。

PLUSNet 是由美国海军投资,海军研究办公室管理,由宾夕法尼亚州立大学、华盛顿大学应用物理实验室等多家研究机构共同开发的水下持久探测监视网络。该计划于 2005 年 5 月开始。PLUSNet 的首要任务是用来探测监视极安静型潜艇,也可用来探测水雷、小型潜器等。PLUSNet 的智能水下机器人可以由潜艇或水面舰根据初始任务布放在极具战略意义的要害海域,这些机器人可以根据实时采集的周围环境数据来调整其自身参数和位置。PLUSNet 可以不需要人工干预地工作几个月,并且它可以自动地适应海洋环境的变化,并从海洋环境噪声中分辨出有用的信号。PLUSNet 的探测部分由一系列的极敏感水听器、电磁传感器和其他的一些海洋仪器构成,这些探测仪器有些是固定的,有些则安装在滑行机器人或自主式水下潜航器上。PLUSNet 的示意如图 1-12 所示。

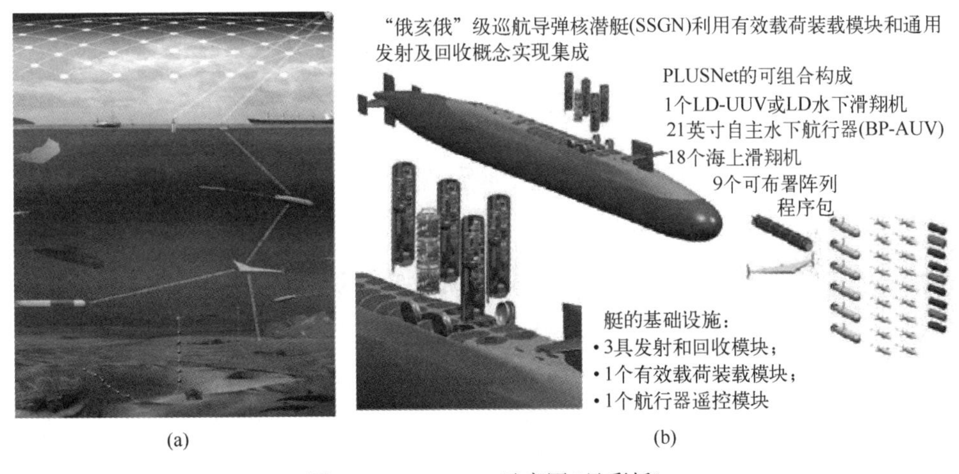

图 1-12 PLUSNet 示意图(见彩插)

美国还开发了多种水下网络系统,用于长期采集海洋环境数据,如美国国防高级研究计划局(DARPA)的 RPS、ADSN 和 AOSN。ADSN 是一个由美国海军研究总署支持的四维海洋信息自治采集网络,包括几个 AUV 及分布式声学点传感器。AUV 将记录的海洋温度、盐度、流速和其他关键数据通过中继实时传输到关键的网络主节点,之后完成更完整的数据收集。传感器节点间实时测量海洋环境和声场环境数据。

由美国海洋研究局资助的 AOSN 利用多台 UUV 搭载不同类型的传感器,能够在同一时刻测量不同区域或不同深度下的海洋参数。AOSN-II 项目的一个突出特点是采用一组滑翔机器人组成水下自适应采样网络,从而更好地提高观察和预测海洋的能力。2003 年,在蒙特利尔海湾进行的为期一个月的试验中共使用了 5 种类型的 UUV,用于深度、盐度、温度、硝酸盐、叶绿素等数据的收集和传输。

欧共体在海洋科学与技术(Marine Science and Technology,MAST)计划的支持下,发展了一个系列化的水下网络研究计划,其中 ROBLINKS 长距离浅水鲁棒声通信链计划是研究并试验浅水(20~30m)中长距离(>10km)稳健通信(>1kb/s)的方案,它的技术路线是开发新的最佳相关信号处理概念和算法,引入连续信道辨识技术,提高通信系统对环境变化的稳健性,并对算法进行海洋试验验证。

经过多年的努力,目前国内在水下传感器节点、无人平台、水声通信网络等各个方面都取得了一定的成绩,具有了一定的基础,哈尔滨工程大学在水声传感器节点、水声通信技术、水下组网技术和 UUV 等方面进行了长期研究,中国科学院和中国船舶集团公司第七一五研究所在声纳阵、声学模块、水下通信等方面具有较好的研究基础。

1.4 国内外研究现状

1.4.1 水声信号数据预处理方法研究现状

简单地说,对水声信号进行预处理的目的是提高目标噪声的信噪比,使处理后的信号能够在后续的特征提取过程中较为明显地提取到有效的特征参数,从而完成水声目标感知的辨识分类[5]。噪声信号的传统预处理方法一般是通过对目标辐射噪声信号进行平滑滤波,以期去除信号中变化缓慢且周期大于信号记录长度的成分和信号中出现的瞬态干扰[6]。

传统信号处理方法中傅里叶变换作为一种线性积分变换常用于信号的时频变换,傅里叶变换的本质是利用无限叠加的不同频率、振幅和相位的正弦波信号表示目标信号。在实际的工作中,傅里叶变换用来确定目标信号的内在频率基本成分[7]。国内外众多学者也有基于短时傅里叶变换对时变的水声信号进行过研究,以实现识别分类任务。王雄利用傅里叶变换的稀疏表示对水下目标噪声辐射信号进行快速解调[8];Kim 等利用短时傅里叶变换来表示低频音调向量,结合压缩感知技术进行水下目标辐射噪声的侦测[9];He 等在采用滑动布莱克曼窗口结合快速傅里叶变换来实现多普勒频移并应用在水下目标检测和分类任务中[10];Zhao 等基于傅里叶变换放大光谱中敏感位置,将基于霍纳规则的傅里叶单点快速计算方法与谱相关方法结合,实现水下目标分类任务[11]。

小波变换作为一种可以对目标信号进行多分辨率时频分析的方法,通过将传统傅里叶变换的三角函数替换为有限长且会衰减的小波基,从而解决傅里叶变换窗函数选择问题,实现同时捕获目标噪声信号的频域信息与时域信息的目的。李秀坤等以时域信号处理的视角重新审视目标回波频谱,利用小波变换方法对目标回波频谱分析重构,从而得到不同空间中目标回波的弹性亮点干涉谱,在水下目标识别任务得到不错的效果[12]。李如玮等针对小波变换在声音增强与识别任务中的应用进行总结,认为小波变换能够克服了短时傅里叶变换固定分辨率的缺点,在多尺度多分辨率上进行小波分解是分析非平稳信号的有力工具[13]。辛光红等从声纳图像处理的角度出发,利用小波变换对声波信号进行降噪处理,有效提高了船用水下目标识别任务的工作精度[14]。许则富等基于小波变换构建UAV的高分辨率宽带信号检测回波信号模型,有效提高了主动自导UAV的目标识别率[15]。许传基于小波变换改进被动声自导谱分析特征提取方法,有效提高了鱼雷的攻击性能[16]。方晶等近岸水域对于水中目标光学检测时易受到水域条件干扰的问题,利用小波变换提取图像的低高频特征,提高了水下目标检测的抗干扰能力[17]。很多研究者也做了大量基于小波分析的方法对水声信号进行特征提取的研究工作。Azimi-Sadjadi等面向水雷分类任务,通过将小波包结合线性预测编码进行特征提取,利用反向传播神经网络作为分类器进行水下目标辐射噪声识别[18]。Liu等将目标回波的频谱视作时域信号,通过结合小波变换形态学方法提取水下目标的回波特征使得水下目标特征中弹性高光干涉条纹更为清晰[19]。Zhao等针对传统傅里叶变换会丢失水下目标的细节特征的问题,提出基于Harr小波变换保留目标特征的方法[20]。Wu等针对水下目标信号背景混响严重的问题,利用小波变换结合希尔伯特变换实现加权背景杂波去噪[21]。Shi等利用小波变换处理水下目标辐射噪声从而得到了不同尺度下的能量分布并将其分解为特征向量,采用概率神经网络作为水下目标识别的分类器对提取到的特征进行目标分类[22]。

希尔伯特黄变换(HHT)由Norden E. Huang等在服务于NASA期间提出。希尔伯特黄变换的关键是,通过经验模态分解将信号分解为多个固有模态函数及其与余量函数之和的形式,通过将每一阶固有模态函数理解为目标信号的不同振动模式,从而使用高阶固有模态函数表示目标信号的低频趋势项与目标信号的周期信号,使用低阶固有模态函数表示目标信号的高频成分与其瞬态干扰。基于这一思路,李秀坤等基于希尔伯特谱能有效展现水下目标亮点结构与希尔伯特边际谱可以清晰突出水下目标弹性成分的优点,利用希尔伯特谱有效抑制水下环境混响,提高了水下目标识别分类结果[23]。袁家雯等针对合成孔径雷达(SAR)高分辨距离像在实际检测时的强度敏感性和平移敏感性问题,利用希尔伯特黄变换对原始目标信号进行归一化预处理从而得到谱特征,并以得到的希尔伯特黄变换谱特征进行水下目标识别试验,试验结果表明希尔伯特黄变换谱特征效果明显[24]。张冰瑞等针对空中目标运动参数估计问题,通过计算瞬时频率的希尔伯特黄变换谱,利用线性拟合方法预估目标的运动参数[25]。Li 等利用希尔伯特黄变换得到希尔伯特边缘谱表示目标的弹性部分,从而在时频分辨率上得到比小波变换更为精确的特征,为水下目标特征表示服务[26]。Liu 等利用希尔伯特黄变换表示信号的到达方向与距离估计,从时频域分析的角度提出多目标方向距离联合近似线性估计算法,算法可以满足水下机器人实时处理的要求[27]。

从实际应用场景中水下目标识别工作过程来看,水下目标辐射噪声特征受水介质影响极大,目标特征主要取决于水下目标的物理特征与介质环境特征,对目标自身物理特征的认识和分类识别结果判定来自声纳员对设备采集到的水下目标辐射噪声信号的客观判断。参照声纳员的实际工作过程,相继有研究人员从实际工作过程出发,将听觉感知分析方法引入水下目标辐射噪声判别任务中。2001 年,Tucker 等首次论证了听觉感知方法分析水声信号的可行性[28]。刘辉等针对 MFCC 在描述水下目标噪声特征时存在稳定性不足的问题进行研究,基于人耳听觉模型的表示过程提出一种水下目标特征提取方法,试验表明所提取到的目标特征可以有效地提高目标识别的准确率及稳健性。杨益新通过试验证实 MFCC 在无信号干扰时,对于纯净水下环境中采集到的目标噪声信号可以保持较好的识别效果,但在噪声干扰条件下,识别效果会急剧下降。陈文青利用试验表明 LPCC 是一种很好的研究信号时域特征的方法[29]。康春玉等通过将信号有效地分离成为激励成分和声道成分,将 LPCC 引入水下目标识别应用中,并取得较好的试验效果[30]。

1.4.2 特征提取方法研究现状

特征提取是指利用计算机及其相关技术提取目标有效信息的过程。特征提取的本质是把图像、音频、视频等载体上的信息点分为不同子集,从而在原始数据中提取出有用的类别或者信息的过程[1,31-34]。通过将原始数据转换为一组具有明显物理意义或者统计意义的特征,分类方法可以利用这些信息去描述或表达目标。特征提取可以有效减少数据冗余,降低模型的输入维度。利用数据的低维表示可以发现更有意义的潜在的变量,从而加深对数据特性的理解,带来数据在低维上的投影的可分性。现阶段,特征提取的关键是如何在水声信号样本数据集中构建有效的特征空间,从而全面有效地表示目标噪声特征。

传统的特征提取方法主要是从目标辐射噪声特征的角度入手进行分析提取,国内外研究人员多从实际的噪声源展开研究。Paul 首先在理论上证明现代货船在航行时水下辐射噪声存在非线性成分,同时验证成因主要是空化现象。Lee 等利用多散射问题模态级数解建立多散射问题的理论基础,从而实现螺旋桨空化特征模型[35]。杜晓旭等基于均质多相流雷诺平均方程与湍流模型，对串列螺旋桨的非空化定常水动力进行特性分析[36]。

此外，由于水下目标辐射噪声所表示出的典型非线性特征，也有研究人员在非线性数据表示方面利用神经网络进行特征提取。曹红丽研究舰船辐射噪声信号的时域波形结构特征，将信号过零点、峰间幅值、波长差、波列面积的统计特性表达成九维的特征矢量，改进波形结构特征对不同目标的可分性在 BP 神经网络分类器中获取了不错的分类成绩[37]。Au 等利用信号时域波形特征对海上生物进行分类识别，得出在低信噪比的目标辐射噪声信号中，信号时域波形特征比频域特征效果更好的结论。针对目前应用较广的线谱特征、LOFAR(Low Frequency Analysis Recording)谱图、DEMON(Detection of Envelope Modulation on Noise)谱图及高阶谱特征，王曙光等以人耳听觉机理为识别思路，利用 Gammatone 滤波器组模拟人耳对信号的分析与提取过程提取目标辐射噪声的特征，对实际水域环境的数据进行识别试验并获得较高的健壮性。李秀坤等对水下目标辐射噪声的回波与混响从多个信号处理方法入手分析，提取弹性亮点特征、多分量特征和能量积分特征等多种特征，将特征压缩与融合得到较好的水下目标分类和识别效果[38]。此外，基于水下目标回波特征的回波亮点谱特征描述，李秀坤等还提出了一种频域离散小波变换法，在完成提取目标弹性特征的同时又能保证特征的维数得以控制，结合神经网络进行分析获得较好的水下目标分类与识别效果[34]。徐新洲等提出将听觉感知机理引入水下目标识别任务并讨论了基于听觉感知机理的水下目标识别分类研究进展[39]。最早基于听觉模型分析水下目标噪声信号的研究可追溯到 1991 年，Teolis 等使用语音信号处理水下目标识别任务获得成功，证明使用听觉系统模型处理水下目标分类可以获得可观的效果，为后续的研究工作提供了技术基础[40]。Tucker 等在持续研究了听觉模型在水下目标辐射噪声信号分析的应用时，提出多个基于听觉感知机理的水下目标识别算法，同时发现使用听觉模型来处理水下目标识别任务可以获得较好的性能，但主观参数的选取对识别分类的影响很大[41-44]。此后，有大量的研究学者尝试将听觉模型与其他模式识别方法结合。Chen 等发现传统的水下目标特征提取方法并不能接合于神经网络中[45]。

自 20 世纪 40 年代末期提出神经元模型后，神经网络便逐渐开始在各领域广泛应用。60 年代中期，研究人员通过对猫的大脑视觉皮层研究发现，生物的视觉系统是一个典型的层次结构，视觉信号是通过感受野逐层激发并在大脑中做出类型判定的[46]。90 年代，Lecun 设计并实现了典型的卷积神经网络，构建了 LeNet-5 模型。LeNet-5 模型基于反向传播算法对卷积神经网络进行有效的训练与优化，并在美国国家标准与技术研究所手写数字(MNIST)数据集上进行验证。LeNet-5 模型采用交替连接的卷积层和池化层，最后通过全连接层连接前述过程提取到的目标特征实现目标分类。随着研究人员在领域应用上的不断深入,卷积神经网络也得以不断地优化。例如,卷积深信度网络[47]通过将卷积神经网络与 DBN[48]相结合得以实现,其作为一种非监督的生成模型,成功地提高了人脸特征提取的准确性。AlexNet[49]作为 ImageNet[50]的图像分类竞赛中获奖的标志性结构,在海量图像分类领域取得了类比于人类识别准确率的突破性成果;基于区域特征提取概念提出的 R-CNN[51]在目标检测领域取得了空前的成功;全卷积网络[52]可以实现完整的端到端图像语义分割,其语义分割的准确率大大超越了传统语义分割算法。近几年,研究人员对卷积神经网络的结构研究仍然保持着很高的热度,基于卷积神经网络的具有优秀性能的网络结构相继被提出[53-54]。比如,英国牛津大学视觉几何研究小组提出的 VGG 结构[55],美国 Google 公司的 GoogLeNet[56]及微软公司提出的深度残差网络[57]等,这些基于卷积神经网络的变体结构一次次地刷新传统方法的既有成绩,创造着深度学习在行业内应用的佳绩。此外,卷积神经网络在自身结构不断革新的同时,也不断地与传统算法进行融合,如在图像的摘要生成与图像内容问答方面,通过将卷积神经网络与 RNN 相结合,对基于主题内容问答时的时序问题[58-61]开展研究,通过与迁移学习技术结合,改善卷积神经网络在小样本数据集上进行目标识别时模型训练容易过拟合的问题,从而提升了卷积神经网络处理小样本数据集目标识别任务的准确率[62]。

1.4.3 水声目标识别分类模型研究现状

通过水声信号分类实现目标感知任务是集合了声纳技术、信号检测理论及模型识别等多方面技术发展起来的,由于水下环境的复杂与多变,从水声信号中提取稳定的目标特征是很困难的。现阶段,利用统计理论方法进行水下目标识别分类和基于深度学习与人工神经网络的水下目标识别分类占据主流。

基于统计理论的识别分类方法以数据分析为研究切入点,通过分析数据集的变化规律得到目标的分类结果。统计学习理论由 Vladimir N. Vapnik 创立,属于计算机科学、模式识别和应用统计学相交叉学科,是一种利用经验数据进行机器学习的一般理论[63-64]。统计学习理论于 20 世纪 90 年代中期发展成熟,并成为机器学习的一个重要方面,作为一种基本的模式识别方法,基于统计理论的识别分类模型,利用统计分类,通过定量分析或数据观测,把待识别模式划分到各自的模式类中。统计学习模型识别主要结合了统计概率论和贝叶斯决策而进行模式识别的技术[65]。水声目标信号分类的主要难点是水下环境的复杂多变而导致声纳采集的信号不确定性大。就目前的分析技术而言,克服水声信号复杂性的手段仍限定于特征抽取与分类器建模。在特征抽取方面,研究人员倾向于采用线性预测倒谱系数、梅尔频率倒谱系数的噪声表示方法;在分类器建模方面,从早期主要采用动态时间弯曲和矢量量化等方法，到后续发展到采用隐马尔可夫链、支持向量机，分类器建模紧跟着统计学习理论的发展而发展。研究人员将水下目标数据量较少的情况视为小数据集识别问题，自然联想到支持向量机这一有效方法。袁见等将复原的反映传输特性的信号进行离散小波变换，利用组合核函数支持向量机对提取出的特征进行水下目标分类识别，得到了较好的识别率[66]。徐锋等在水下机器人运动参数识别与运动建模问题上，通过最小二乘支持向量机对水下运载器的试验数据进行分析辨识，并对水下运载器的运动进行建模[67-68]。张为民等以径向基函数为核函数结合最小二乘支持向量机在线预测船舶水下焊接质量，通过试验方法确定模型的超参数与核宽度参数，在实际使用中效果较好[69]。李秀坤等基于主动声纳掩埋目标回波和海底混响在 Gammatone 滤波器组构建特征集的可分离性，利用径向基核函数支持向量机实现水下目标的分类与识别[70]。申昇等基于水下目标识别的联合互信息特征选择算法，解决计算成本和最优特征子集搜索之间的平衡问题，在四类实测水下目标辐射噪声数据下，验证利用联合互信息特征选择方法可以减少 87%的特征的同时将分类时间有效降低 58%[71]。而从文献资料来说，Li 等提取和分析水中目标的辐射噪声信号中的非线性特性，利用支持向量机作为判别器处理小波分形所提取到的舰船噪声特征，以实现水下目标识别[72]。Xu 等面向水下机器人非线性动力辨识任务，提出基于支持向量机的水动力学模型，通过机动仿真控制进行了有效性验证[73]。Fischell 等利用支持向量机解决水下自主航行器离岸处理数据的问题，并在 OASES 和 SCATT 软件对多个目标形状的散射场数据集上进行试验[74]。Meng 等利用螺旋桨节拍声作为水中运动目标辐射噪声的显著特征，从响度和音色两方面构造了包含零交叉波长、零交叉波长差和波列面积等九维特征，使用径向基函数作为核函数的支持向量机辨识水中目标类型，识别率达到 89.5%以上[75]。

以神经网络为基础的水下目标识别分类研究近几年成为水下目标识别的研究重点，其原因主要是看重神经网络相比于常规方法更加优秀的非线性数据拟合能力。杨超等利用径向基神经网络研究自主水下机器人动力学性能变化，实现运动轨迹跟踪与控制[76]。唐旭东等基于不变矩使用免疫遗传神经网络对其建模，实现水下机器人的光视觉目标识别系统[77]。Shen 等将水下信号处理与人类经验相综合提取出可识别的特征，应用改进后的 BP 神经网络算法实现了水下目标自动识别[78]。Kang 等提出一种基于动态规划的特征选择方法，利用此方法从被动声纳信号中分析出频谱特征，再将这些特征输入 BP 神经网络与知识神经元网络（KNN）结合的分类器中进行判别，完成水下目标识别分类任务[79]。Yuan 等提出一种基于线特征提取的主成分分析（PCA）方法，通过试验证明该方法在水下目标识别分类任务的有效性[80]。

近年来,研究人员采用深度学习模型实现水下目标分类与识别任务[81]。张伟等针对水下无人航行器在流体运动中存在时变扰动问题,利用径向基函数神经网络对其进行自适应补偿估计[82]。黄洁等将卷积神经网络与支持向量机相结合,解决遥感图像背景复杂、受环境因素影响大的问题,实现舰船目标检测方法。Lee 等利用卷积神经网络强化水下目标识别的健壮性,使得在高速流速、浑浊度、陡峭地形等恶劣的工作条件下,能够利用无人驾驶机器人在海河或军事用途的灾害现场寻找水下目标[83]。Sun 等针对散射和物理吸收影响水下图像质量的问题,使用卷积层作为编码反卷积层作为解码,提出卷积神经网络结构的图像增强模型,模型在不考虑物理环境的条件下采用端到端自适应的方式进行图像增强[84]。Wang 等基于卷积神经网络提出了一种用于水下图像目标增强的端到端框架,实现水下目标图像的颜色校正和雾霾去除[85]。Medina 等通过对比人工神经网络与深度神经网络在水下目标识别领域的应用后,提出了一种基于卷积神经网络的水下目标(管道藻类)检测系统,准确率达到 99.39%[86]。

水下目标识别分类要求模型在不遗忘原有知识的情况下对物体类别的新实例保持敏锐的发现能力,这样的需求无论是在数据方面还是在模型方面都要求分类模型具有不断适应新数据的能力。增量学习作为一种既可以从新样本中不断学习新增知识又可以保证模型对原有已理解的知识不产生遗忘问题的学习算法,可以使模型在保持稳定性与可塑性之间达到平衡[87]。在 Tan 的研究中指出:早在 Carpenter 等提出基于自适应共振理论的方法时,增量学习就作为一个研究方向开始漫长的研究[88]。Kasabov 通过改变模型的内部结构提出了一种使用进化模糊方式训练的神经网络方法,实现模型对新样本的学习[89]。早期的增量学习模型对新样本知识的获取能力是有限的。目前,增量学习的实现策略主要有多模态信息融合和增量特征学习两个方面。现阶段,典型增量学习主要有 Polikar 等提出的 Learn++算法与 Minku 等提出的负相关增量学习算法[90-91]。Learn++算法,核心思想借鉴了 AdaBoost 算法对弱分类进行集成,使其获得对新样本数据的支持。负相关增量学习的方法是一种用于人工神经网络集成式训练的算法。Syed 等通过在学习迭代过程仅保留正向量而舍弃负向量,并基于支持向量机实现了增量算法[92]。Xiao 等利用树形结构与聚类方法控制模型的调整范围,并基于卷积神经网络实现增量学习[93]。He 等面向流数据基于自组织增量架构提出通用自适应增量学习框架[94]。基于卷积神经网络实现的增量学习主要面临着在保持原有模型参数的同时,对增量样本数据进行训练时的复杂性问题。

综合水下目标感知识别技术发展情况上看,大致可以分为三个阶段。首先,利用傅里叶变换、小波分析和聚类方法等技术提取信号中的频率、各种线谱、能量谱和功率谱等实现对水下目标感知识别[95-104]。其次,随着神经网络、支持向量机和遗传算法等人工智能算法的发展,将这些方法应用于水下声学目标感知识别中,识别准确率得到了提高[105-107]。然后,随着以深度学习、强化学习出现为标志性事件的新一代人工智能技术的快速发展,鉴于深度学习在各种分类识别任务中的能力已经超越人类水平的现实,将深度神经网络、卷积神经网络、生成对抗网络(GAN)、集成学习等先进机器学习方法,与人类听觉特征(如 MFCC、注意力机制等)相结合,应用于水声目标感知识别的研究得到了蓬勃发展,并展现了优势[108-155],这部分在后续章节将进行更详细阐述。

1.4.4 水下无线传感器网络部署与组网研究现状

水下无线传感器网络应用部署的范围广阔[156-160],从 20 世纪 50 年代起美国的 SOSUS、FDS、ADS 和 IUSS 等项目[161-170],到 21 世纪初的 PLUSNet、AOSN 和 MAST 等项目[171-175],都部署在太平洋和大西洋的广大海域中,所涉及到网络技术包括节点部署、网络拓扑、网络路由与连接、通信传输与数据存取以及网络性能分析等方面[176-180]。

水下无线传感器网络的节点部署方式可以分为确定部署和随机部署两种方式。确定部署的传感器节点能够被放置到预定的位置,随机部署的传感器节点通常以抛洒的方式随机分布在目标区域[181]。

确定部署中,文献[182]围绕三维空间的节点部署问题,提出了一系列有效构建三维网络拓扑结构的规则,通过二维空间转换关系实现三维空间的节点部署。文献[183]计算网络部署模型下能够满足网络覆盖和连通要求的活动节点数目。文献[184]提出了基于网格结构部署的最大平均覆盖(MAX-AVG-COV)算法与最大最小覆盖(MAX-MIN-COV)算法,通过贪心算法进行网络节点部署,文献[185]在该算法基础上进行了改进,提出整体局部增进算法。

随机部署中,文献[186]提出了基于艺术画廊看守问题的随机部署策略,根据密度公式建立一种 R-random 的部署模型,它用 R 表示传感器节点到汇聚节点的距离。文献[187]提出一种加权的节点随机配置算法,解决了不同区域内节点能耗不均匀的问题,有效延长了网络寿命;文献[188]对确定性部署和随机部署表现出来的特性进行了详细分析。不同水下无线传感器网络由于使用目的、所处场景等方面的不同,所追求的网络性能也有所差异,不同学者从面向区域部署范围[189-192]、网络连通性[193]和能量消耗[194-196]等方面对不同的部署方法进行了研究。

由于传感器网络会出现节点因为能量耗尽退出网络,或者部署新的节点加入网络等,因此相关动态部署方法的研究也得到了重视。文献[197-198]通过考察节点之间的吸引力来保证网络的连通性。文献[199]通过平衡节点的排斥力和吸引力来一次移动节点,达到扩大覆盖范围,减少覆盖漏洞的目的。文献[200]引入提出了基于表面随机配置的节点部署方法，实现水下三维空间部署。另外，文献[201-203]进行了可自主调节深度的节点部署研究。

复杂的水下环境和水声通信方式对水下无线传感器网络的组网及路由技术产生了新的挑战。文献[204]中的基于向量的转发(Vector-Based Forwarding, VBF)协议是一种基于地理位置的水下无线传感器网络路由协议，它在源节点和目标节点之间建立一个路由管，数据通过路由管进行传递。文献[205]建立了基于位置信息的聚焦波束路由(Focused Beam Routing, FBR)，它的思想是通过发射功率来约束"泛洪"方式降低能量消耗。文献[206]提出了一种以数据为中心的基于深度的路由(Depth-Based Routing, DBR)，它是一种贪心算法，传感器节点根据自身深度和发送者深度独自决定是否转发数据，只有深度小于发送者的节点发送数据。文献[207]提出了一种抛物线路由算法(Parabola Based Routing, PBR)，通过决定数据转发的抛物线区域，并从转发成功率和能量消耗两个角度选出转发节点进行数据转发。文献[208]提出了 DARP 路由协议，它考虑了不同深度声波的传递速度不同，目的是确定一条端到端延时最短的路径来传递数据。文献[209]提出了一种新型的基于地理位置信息的路由协议，结合网络拓扑控制，通过调节节点的深度来组织网络拓扑结构，以提高网络的连通性。

1.4.5 水下无线传感器网络数据存取研究现状

由于水下传感器节点能量、计算能力的限制，及水声通信的特点，水下传感器网络数据存取一直是水下无线传感器网络的难题和研究热点[210-217]。主要研究包括数据存储[218-221]、数据聚集[222-225]和数据查询[226-229]三个方面。水下无线传感器网络数据的存储方式很大程度上决定了数据的查询获取方式。依据水下感知数据存储策略不同，数据存储可分为集中式存储、本地存储和分布式存储[178,230-231]。

集中式存储是一种最简单的数据存储策略，每个节点将收集到的感知数据传输到基站(主节点)存储，而数据访问直接从基站获取数据。本地存储是指节点产生的感知数据存储在节点自身的存储器中，而数据访问请求被路由到所有节点去获取相关数据；该策略将查询请求"泛洪"到整个网络中，各节点依据查询条件反馈结果。分布式存储是一种以数据为中心的存储策略，其核心思想是利用分布式技术将节点产生的感知数据存储在其他节点，保证同一名称的数据或者相同的数据类型存放到相同节点；并采用有效的信息中介机制来协调数据存储和数据访问之间的关系，保证数据访问请求能够得到满足[231]。分布式数据存储是目前应用最广的存储策略[232-233]。

分布式存储策略中，具有代表性的是地理哈希表(Geographic Hash Table, GHT)算法[178-179]，Ratnasamy 将感知数据属性集命名为事件，通过位置哈希将事件映射为网络中的存储位置,然后采用基于位置的路由(Greedy Perimeter Stateless Routing,GPSR)协议将数据存储到映射的位置。查询请求通过对所包含事件进行哈希映射直接路由到相应的位置获取数据。多维数据分布索引(Distributed Index for Multidimensional data,DIM)[234]是一种支持多维存储查询的分布式索引结构。基本思想:使用保持局域性的地理散列函数来实现数据存储的局域性,可以节约范围查询的搜索空间。存储过程:当节点A产生存储事件后,采用位置保留哈希函数将事件映射到一个二维Zone区域,然后选择该区域内的某节点来存储感知数据,存储过程中数据的传送采用GPSR路由协议。查询过程:首先将查询条件映射到一个Zone,然后将查询请求发送到该域中心节点最近的节点;之后该节点将查询分解成若干个子查询,并在Zone范围内转发查询请求给其他节点。这些方法都是通过地理散列函数实现数据存储,在数据存储性能方面具有较好优势,缺点是在数据查询方面并不能实现平均查询路径最短。

文献[214]针对层次型网络结构设计的存储策略,这样的网络中有一些特殊的、资源几乎不受限制的代理节点。主要思想:将数据分为原始数据和元数据(描述感知数据特征的信息),普通节点产生的感知数据存储在本节点,并将该数据的元数据存放在邻近本节点的代理节点,然后通过区间跳跃图(Interval Skip Graph,ISG)在代理节点之间建立全局分布式索引,用来提供所有数据的全局逻辑视图和有效地支持时空查询和范围查询。优点是数据和元数据分别存储,对于一些统计查询在代理节点就可以获得查询结果,而不需要去节点获取原始数据,而且索引的健壮性好。缺点是感知数据发生变化时需要及时地更新元数据,保持数据一致性比较困难。

文献[235]综合数据产生速率、查询发生速率及网络拓扑变化信息,按照“数据尽量存储在需要查询的地方”原则,计算数据在网络中的最优存储位置,动态地调整存储位置。主要思想:由基站定期地去收集相关的信息,计算出数据存储分配表(Storage Assignment Table,SAT),然后广播给各个节点,各个节点依据SAT存储数据。数据访问依据SAT到相关的节点直接获得数据。这种方法的优点是在水下无线传感器网络具有多个基站,并且存在多基站作为用户进行同时查询的条件下非常有效。缺点是网络中基站计算和传输负荷较大,而且无线传感器网络的扩展性较差,由于基站需要定期收集所有传感器节点的信息,因此传感器节点的能量消耗大而导致网络的寿命变短。

另外,在面向增加网络寿命和减少数据获取时间的传感器网络数据存储与查询策略研究方面,目前主要分为基于树结构路由和基于格结构路由的数据获取。文献[236]描述了基于树结构路由的一般过程,SDS[230]、Scoop[235]和DISAGREE[237]都是采用这种方法实现对数据的存取。文献[219,211]和[238-239]则在基于格结构路由的数据获取方面开展了深入研究。

对比无线电通信技术,水声通信在通信带宽、通信延时和误码率等方面有很大的差别,数据基于无线电通信技术无法直接应用于水声通信[240-241],因此,基于水声通信的水下无线传感器网络数据查询、收集和数据获取等方法得到了广泛研究[242-249]。文献[226]提出了一种面向局部区域的数据查询处理机制(sub-region Query Processing Mechanism,QPM)。在QPM中,一个传感器节点对应树形路由的一个节点,同时传感器节点自己知道它所属的网络区域(簇)。这样,在数据查询的过程中,可以将查询界定在特定的区域,并且通过树状路由快速找到数据。文献[244]提出了一种水下事件发现与传输至汇集节点的机制,在该机制中,如果网络中有事件发生,就会有多个节点对该事件的数据进行探测,并且确定一个节点作为数据收集节点,将收集到的相关数据传输至汇集节点。文献[248]通过回顾总结近年来无线传感器网络数据存取方面的进展,提出了无线传感器网络数据获取的一些新的技术要求和发展思路。低能耗、短延时的水下传感器网络数据获取很大程度上依赖于有效的数据路由。为此,文献[250-251]对水下数据传输路由协议开展了深入的研究。另外,有些学者在水下传感器网络数据的分布式管理[252]和收集[253-254]等方面也开展了研究。

1.4.6 水下无线传感器网络性能分析研究现状

由于水下无线传感器网络部署在复杂动态的海洋环境中,网络拓扑不断变化,水下通信带宽低、传输延时大、误码率高,同时网络拓扑处于不断变化之中,这给水下无线传感器网络整体性能计算和动态优化带来了很大的不确定性。水下无线传感器网络整体性能计算和动态优化研究上涉及很多方面,如水下无线传感器网络架构、拓扑控制、路由协议、能量管理、节点部署和通信方式等,因此水下无线传感器网络的整体性能计算与网络优化越来越得到重视[255-256]。文献[257]对三维水下无线传感器网络的覆盖性和连通性进行了阐述,指出由于节点位置是随机的,在有足够多的节点情况下是可以达到100%覆盖的,此时可以动态选择一部分节点作为活动节点,从而实现在特定时间内对特定区域的覆盖要求。实现的途径可以采用动态可扩展虚拟区域的形式来组织传感器节点,使得在该区域内有一个或多个节点在工作,其他节点处于休眠状态,以减少网络中活动节点的数量。同时通过调整每个节点的探测或通信半径,可以实现对相应区域的 k 覆盖[251],在这种情况下,当 $k=1$ 时,则变成了1-覆盖。在文献[258]中,作者在研究三维水下无线传感器网络部署方法中,分析了该网络的覆盖范围和连通情况。Sanjay 等在研究 UWSN 存在区域空洞的多播路由中,分析了它的连通能力和可靠性等[259-260]。另外,许多网络路由协议、体系结构和拓扑控制研究中,对水下无线传感器网络的能力进行了分析和评估,如连通性、网络可靠性和能耗功效等[261-265]。

由于水下无线传感器网络处于动态的水下环境中,可以通过调整网络节点性能参数或者通过部署新节点、唤醒节点来优化网络整体性能,因此,如何整体优化网络整体性能的研究逐步得到了重视。Devesh K. Jha 等指出,传感器网络需要实现两个目标:一是通过寻找有效的网络参数组合,获得网络最大的整体性能;二是设法获得网络的最长有效寿命[266]。由此,他们提出了具有自适应能力的能量管理策略,来优化配置每个传感器节点的感知探测和信息通信的能量消耗,使得在满足网络性能要求下节点的能量消耗最低。在 Jiang 等提出一种基于簇的非均匀节点部署算法,该算法通过优化调整网络连通度和网络寿命周期(节点能量消耗),使得网络具有较好的覆盖度[267]。Nie 等提出了基于遗传算法的网络节点通过水面部署的方法,并设计了路由协议和信息传输策略,实现了水下节点负载均衡和较小信息传输延时[268]。

第 2 章

水声信号抗噪表示与数据扩充方法

2.1 引 言

如何根据水声底层信号对目标感知识别一直是水声信号领域研究的热点。传统方法大多采用线性动力学模型提取信号特征,随着现代减振降噪技术的应用与发展,目标辐射噪声级数变得越来越低,并被环境背景噪声干扰掩盖严重。因此,从受到强干扰的原始信号中获取有效的目标特征以服务于目标感知分类,就必须对原始信号进行预处理。研究人员在研究水下目标辐射噪声产生机理与传播过程时发现,水下目标辐射噪声的传播过程类似于随机过程,但隐含着有规律的属性表现。对于这种非线性属性的表征,传统水声信号处理方法表现乏力。因为传统水声信号处理方法从信号的成分入手进行处理,强调信号的平稳性、随机性与线性表示。将深度学习模型应用于水声目标感知,目的是充分利用深度学习模型强大的非线性表示能力对大体量的水声信号进行分类。在此过程中,一方面为了获取高准确率的水声信号分类识别结果,需要先对原始水声信息进行预处理;另一方面深度学习模型需要大量的数据集来进行训练和测试。

无论是主动声纳还是被动声纳,其水听器采集到的原始信号都是包含目标辐射噪声、海洋环境背景噪声和传输信道三者的混合特征。用于目标感知的信号分类需要对采集到的水声信号进行信号检测、参数估计等进行有效的预处理。简单地说,对水声信号进行预处理的目的是要提高信噪比,以便在后续的特征提取过程中能够获得有效的特征参数,从而完成水声目标信号的分类[5]。针对水下目标辐射噪声受到环境背景噪声和传输信道强烈干扰的特点,为了获得更好的水声信号分类结果,充分释放深度学习模型的非线性表示能力,本章将听觉感知特征表示引入水声信号预处理中,对 PNCC 进行改进,首先去除 PNCC 原始处理过程中的预加重部分,以保留水声信号低频部分的特征,然后利用多正交窗与归一化 Gammatone 滤波器组来增强 PNCC 在水声信号上低频部分的抗干扰能力,从而实现在去除背景噪声的同时能够保留辐射噪声通过信道传输后的大部分特征,形成了 ia-PNCC 特征表示方法。试验结果表明,经 ia-PNCC 表示的水声信号特征具有较强的抗噪能力且适用于配合卷积神经结构进行目标感知分类。相比于 MFCC 与 LPCC 等其他声学特征与卷积神经网络相结合,ia-PNCC 特征与卷积神经网络结合后较大幅提高了水声信号分类的准确率。

深度学习训练过程是基于大量数据对模型进行优化的过程,对于深度学习模型训练来说,如果没有大量数据来进行模型训练,深度学习模型也不可能获得现在这样瞩目的成绩。但是在现实多样化复杂水下环境中获取大量包含目标辐射噪声特征的水声信号数据的成本和难度都极大。那么对现有少量实际数据样本集的分析,学习数据集内数据间的关系与特征,并利用学习到的特征去刻画生成出更多近似于真实的数据,是一个行之有效的解决数据样本量过小的方案。本章基于孪生网络架构提出一种易实现的对称学习数据扩充模型用于水声信号数据的生成与扩容。对称学习数据扩充模型基于对抗生成思想,利用原始数据集训练的最优分类器作为生成数据的判别器,利用分类器的相似结构构建数据生成器,从而生成与初始数据集相似的数据以实现数据扩充。试验证明,对称学习数据扩充模型可以以较低的计算复杂度快速有效地进行数据扩充,从而为深度学习在水声目标感知应用实施提供了良好的支撑。

2.2 相关知识

随着海洋资源开发需求的加大与国家海防安全要求的提高,水声目标分类技术的需求越来越广泛。为此,国内外学者从多方面进行了研究,并提出了多种解决方法。水声目标分类识别技术早在 20 世纪 50 年代末就受到了学术界和应用部门的高度重视。美国在 60 年代初就着手该领域的研究,斯坦福大学的研究人员通过信号识别线谱并利用相关算法对窄带信号进行提取,研发了水下预测专家系统 HASP 及其改进型 SIAP,在本国和其战略盟国的潜艇与其他水下装置上大量装备目标识别系统[95]。随后日本基于傅里叶信号变换体系通过匹配目标信号和已有的频段样本的方法实现水下目标类别的判定,从而研制出名为 SK-8 的水下目标预警系统[96]。加拿大的研究人员利用舰船辐射噪声信号为数据开发了水下目标专家分析系统[97]。国内的吴国清等采用聚类方法分析船体噪声的能量谱,并将其与传统统计理论结合实现水下目标的分类[98-99]。杨德森等针对水声信号的线谱进行分析提出线谱三要素理论和判决依据[100-101]。S. P. HAN 提出分别从时间与空间联合分析得到目标线谱从而实现高效分离目标线谱和自噪声线谱[102]。叶阳与谢红森等基于多分辨率分解算法和子波变换提取功率谱,通过对提取的噪声功率谱应用子波变换取得了比传统的短时傅里叶变换方法更好的频率分辨率,有效地提高了水声目标的特征提取精度[103-104]。

随着模式识别技术的飞速发展,神经网络与深度学习等技术具有强大的非线性表示能力,在各大竞赛中都取得了非常好的分类效果。英国的 Sheppard 等以人工神经网络作为分类器,以对目标信号利用多种窗长得到的窄带谱、宽带谱及 DEMON 谱作为人工神经网络的输入特征设计了水下目标分类系统。英国的 SD-Scicon 公司运用两种监督式的学习方法,基于人工神经网络结构研发水下目标分析系统。同样,国内学者也很好地跟进了基于神经网络的水下目标识别研究。王森等在分析目标线谱的基础上建立线谱模板匹配库,基于统计理论与人工神经网络模型实现对海中的舰船目标进行分类与预测,取得了超越传统方法的预测效果[105]。王菲等改良随机自适应遗传算法,结合神经网络训练得到良好的目标分类模型[106-107]。从之前的研究成果来看,研究人员对神经网络的非线性表示能力是认可的,近年来,深度学习通过解决多层神经网络伴随层数增加导致模型训练过程中梯度消失问题的有效方法,已在多个行业领域内取得了重要突破。比如,在图像分类方面,微软研究团队提出的深度残差网络已在 ImageNet 2012 分类数据集上成功地将分类错误率降低至 4.94%,而同样的图像分类任务,人类辨识的错误率维持在 5.1%左右[108]。这样的实例在其他专用领域也存在,在人脸识别上,香港中文大学教授汤晓鸥等研发的 DeepID 在 LFW 数据库上获得了 99.15%的识别准确率,而同样在仅仅给出人脸中心区域的图片数据集上,人肉眼的识别率为 97.52%[109]。这表明,基于深度学习实现的图像分类模型已达到甚至超越了人类水平。

深度学习具有强大的非线性表示能力,在各行业的应用中都取得了十分优异的成绩,但深度学习依靠数据驱动,其模型训练与参数优化离不开大量数据的支持。在现实世界采集大量真实数据是一件成本极高、难度极大的事情,如数据采集过程需要耗费大量的人力、物力及时间,而且随着采集过程的延续,采集过程中涉及的工况会越来越多,反映到数据上就是要求在实际场景中采集数据的维度越来越多,覆盖也越来越广,而且多维数据交叉更是使数据需求量呈指数增长。另外,一些极限任务,如高原条件、深海条件等工作条件或者设备工况的原因可能不具备完整数据采集的条件。在深度学习进行模型训练或者模型优化遇到数据不足时,会造成模型过拟合的问题。因此,在进行模型训练的过程出现数据不足时,研究人员通常会通过人工增加训练数据集及调整模型的方式来应对。人工创造训练数据集主要通过图像的几何变换,使用如剪切、旋转/反射/翻转变换、缩放/平移/尺度/对比度变换、噪声扰动等一种或多种组合的方式来增加数据集的体量,但是人工创造的数据其几何变换只能改变像素所在的位置,无法改变像素值。Salehinejad 等提出了极坐标变换数据增强,极坐标变换就是将像素由原来(x,y)的表示通过极坐标变换得到(r,θ)的表示,然后将变换后的结果表示成一个二维图片[110]。除了通过人工方法创造出新的数据之外,对应于数据集过少的问题,研究人员还尝试从模型优化与调整的方式来解决在小数据集进行有效的模型训练问题。Regularization 作为一种数学方式,可以有效解决小规模数据集导致模型过拟合问题[111]。通过引入 Regularization 方法可以使训练误差很小而测试误差特别大,在损失函数上增加 L1 或 L2 正则项可以有效抑制过拟合的产生,但其缺点是在损失函数中人为地引入了一个需要手工设置的超参数[112]。Dropout 作为一种模型正则化手段,参与到模型的调整过程中,Dropout 是指模型在迭代训练过程中对模型中的某些神经元以某种特定的概率屏蔽,一般概率取 0.5[113]。对于批量训练的过程来说,不同批次的训练模型存在着不同的差异,实验证明在模型训练过程中引入这样的差异可以有效地提高模型的抗过拟合能力。Unsupervised Pre-training[114-115] 由 Bengio 等提出,使用 Auto-Encoder 或者 RBM 的卷积形式一层一层地做无监督预训练,最后连接分类层对模型做有监督的 Fine-Tuning 操作,但这种方法在数据增强的方法效果有限。在进行模型训练时,选择一个好的数据集才是真正行之有效的做法。

生成式对抗网络(GAN)模型是 Goodfellow 等在 2014 年提出的[116],当时由于效果不显著没有引起过多关注,直至 2016 年随着深度学习的发展,对抗生成网络凭借深度学习又得到发展。GAN 结构发源于“二人零和博弈”,二人零和博弈规定两位博弈方的利益之和为零或一个常数。从设计结构角度来看,对抗生成网络主要是由一个数据生成模型和一个数据判别模型构成的,其中生成模型负责捕捉数据样本特征分布从而基于特征分布生成新的数据,判别模型则负责判断一个样本来自训练数据概率,其工作过程如图 2-1 所示。GAN 可以用来生成与真实数据分布一致的数据样本,Ledig 等用 VGG 网络作为判别器,配合参数化的残差网络表示生成器完成低分图片的高分重建[117]。Azad 等基于 GAN 的对抗思想将仿真图像混合真实图像作为训练样本实现人眼检测,提高模型的抗过拟合能力[118]。Shrivastava 等提出 SimGAN 用来细化仿真图像,利用模型的自正则化项表示合成误差,并通过将合成误差最小化实现模型的训练,最大程度保留仿真图像的类别[119];同时 SimGAN 在加强局部信息生成细节方面利用对图像分块的方式,通过在局部范围内加入局部对抗损失函数使得局部信息更加丰富。此外,GAN 也可以用于语音和语言处理,如生成对话、由文本生成图像等。Li 等利用 GAN 来学习对话间的隐式关联性[120]。Zhang 等在处理相同问题时提出利用卷积神经网络作为判别器,利用长短时记忆模型作为生成器,通过矩匹配算法解决两者模型结合时的优化问题[121]。值得一提的是,此方法因为生成器模型的参数比判别器模型参数多,模型训练时参数更新方式恰好与传统 GAN 模型相反,需要以更新生成器模型参数为主,在多次更新生成器模型参数后才会再更新判别器模型参数,这样的训练方式可以有效缩短整个模型的训练时间。Yu 等将 GAN 与强化学习相结合提出 SeqGAN,基于策略梯度来训练强化学习模型,并以此作为生成器模型,从而有效捕捉时序特征[122]。试验表明,SeqGAN 在声音生成效果方面超过传统方法。Reed 等利用 GAN 实现面向文本描述的图像生成,先将文本编码并作为生成器的输入,同时为了利用文本编码信息,也将其作为判别特定层的额外信息输入来改进判别器,判别是否满足文本描述的准确率[123]。试验结果表明,模型生成图像与文本描述具有较高相关性。

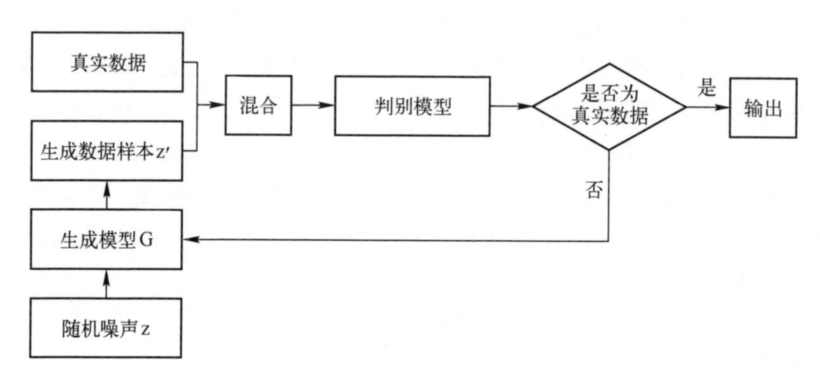

图 2-1　GAN 网络训练过程

2.3　ia-PNCC 的水下目标噪声特征提取

将深度学习模型引入水声目标信号分类中,利用深度学习优秀的非线性表示能力实现水声目标感知。良好的预处理可以使得基于深度学习的水声信号分类获得更佳效果,将听觉感知特征表示引入水声信号预处理中,对 PNCC 进行改进形成了增强 PNCC 的水声信号特征表示,并与卷积神经网络一起实现水声信号的分类识别。首先基于 ia-PNCC 提取出的水声信号的频域特征,按数据采集时的时序关系还原出目标辐射噪声的时频域特征,然后将其作为卷积神经网络的输入向量,并利用卷积神经网络的迭代训练过程来实现水声信号的分类。从后面试验结果来看,基于 ia-PNCC 的水下目标噪声向量表示与 MFCC、LPCC 等传统声学特征表示相比,能有效提高水声信号的分类准确率。

PNCC 特征算法作为一种典型的语音特征表示方法由 Kim 等于 2016 年提出，其主要解决的问题是提高声音在传输过程中的抗噪能力[124]。PNCC 对声音信号的处理过程类似于 MFCC 与 LPCC。PNCC 与 MFCC 和 LPCC 等声音的表示方法相比,其能够在不损失算法的识别性能和声音特征表示计算复杂度的前提下有效提高声音表示的抗噪能力。原始的 PNCC 主要由三部分组成,即初始处理、环境补偿和后期处理。在初始处理阶段,原始的 PNCC 主要有预加重、短时傅里叶变换、量化平方及各频率 Gammatone 滤波器集成为一组;在环境补偿阶段,原始 PNCC 处理主要依靠长时帧的背景噪声估计,完成长时功率计算、非对称和时域掩蔽及权重平滑,并在环境补偿阶段完成时频域与功率的归一化操作;在后期处理阶段,原始 PNCC 类似于 MFCC,首先对之前的数据结果做非线性处理,然后做逆变换(一般是通过离散余弦变换(DCT)来实现的),最后输出归一化的数值作为倒谱结果。但与 MFCC 不同的是,PNCC 使用幂函数完成非线性处理。

虽然在语音表示应用中,PNCC 可以利用长时帧功率分析有效地去除语音信号里掺杂的背景噪声,但在水中目标噪声表示与水声目标分类应用来看,PNCC 处理声音信号过程中也会同时去除一些目标噪声特征,因而不适合直接用于处理水中目标辐射噪声的表示。由于 PNCC 在声音表示中具有良好的抗噪能力,对 PNCC 进行了多方面改进,形成了 ia-PNCC 特征表示方法,并应用于水声信号预处理。与原始 PNCC 对比,ia-PNCC 主要是面向水中目标辐射噪声特征进行改进的:在预处理阶段,舍弃预处理,保持原有信号的输入,并且使用 Multitaper 提取时频域信号;在环境补偿阶段,使用归一化 Gammatone 滤波器组来替代传统 Gammatone 滤波器组;在后期处理阶段,舍弃倒谱平均归一化单元(Cepstral Mean-Normalization Unit,CMU),从而简化操作,提高处理速度。这样,在去除背景噪声的同时保留目标通过信道传输的噪声特征,对水声信号分类系统的准确率与健壮性有较大提升。其处理过程如图 2-2 所示。

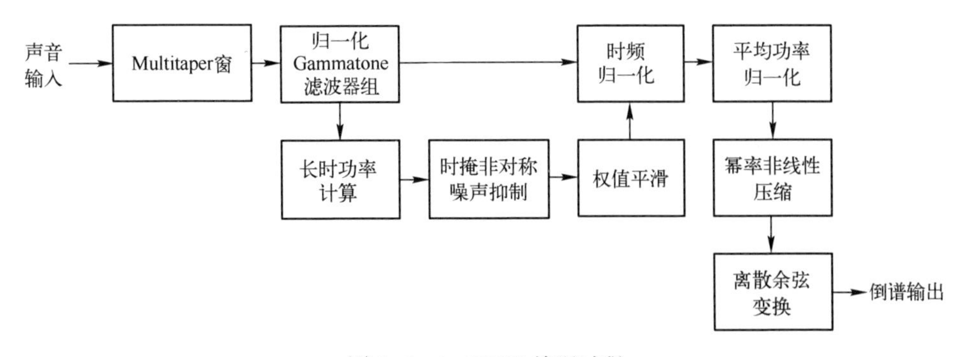

图 2-2 ia-PNCC 处理过程

2.3.1 多级正交窗代替汉明窗

傅里叶变换可以有效地分析出信号中的频谱成分,但实际存在的噪声信号是随着时间变化的非平稳信息,傅里叶变换在处理非平稳信号存在局限性。解决此问题一般选择使用短时傅里叶变换进行特征提取。短时傅里叶变换通过加窗的形式,将噪声信号分解成多个等长的短时帧,并将帧内声音信号看成平稳的信号,进行傅里叶变换获取频域信息。由于海洋环境的多变性,水声信号包含的目标特征信息量远多于面向单一识别任务所需的数据量。采用单一时频窗函数提取信息,一方面提取到的特征信息有限,另一方面在提取过程中会引入不平滑与频谱失真的问题。针对多正交窗的应用问题,Kinnunen 等研究了多正交窗在健壮扬声器中的应用,结果表明,一个多锥度谱的方差比单窗估计的方差小且影响更大。此外,Kinnunen 等又尝试将多正交窗与 MFCC 结合,试验证明该方法可以显著提高以 MFCC 和感知线性预测(Penceptual Linear Prediction,PLP)为特征的识别准确率。本章使用多级正交窗函数对水声信号进行特征提取,多级窗函数可以保留大部分频谱信息且对信号处理后可以提供平滑的处理结果,从而便于发挥卷积神经网络模型的非线性处理能力。

一段水声信号可以表示为 $\boldsymbol{x}=[x_{(1)},x_{(2)},\cdots,x_{(n)})]$ 的向量组合,典型的短时傅里叶变换为

$$S(f)=\left|\sum_{t=1}^{N}w(t)\boldsymbol{x}(t)\mathrm{e}^{\frac{-\mathrm{i}2\pi tf}{N}}\right|^{2} \tag{2-1}$$

式中:$w(t)$ 为窗函数。窗函数一般采用汉明窗函数实现。汉明窗是由正弦或余弦函数等组合的单一三角函数窗。采用单一时频窗函数提取信息有限且会处理信号不够平滑,本章通过多级正交窗对频域信息进行加权平均从而获取最终的谱估计。

多级正交窗实现对频域信息的加权平均谱估计表示为

$$S(f)=\sum_{i=1}^{M}\phi(i)\left|\sum_{t=1}^{N}w_{k}(t)\boldsymbol{x}(t)\mathrm{e}^{\frac{-\mathrm{i}2\pi tf}{N}}\right|^{2} \tag{2-2}$$

式中:$\phi(i)$ 为增加的子窗的权重系数;$w_k(t)$ 为所增加的正交窗。

这里采用正弦锥。此外,窗函数的阶数是一个重要参数,其数值选择影响计算的效率,通过多组试验验证,试验中选择的多级正交窗的阶数为 3 较为合理。

2.3.2 对水声信号舍弃预加重处理

对声音信号的预加重操作,其实质是一种对声音信号的补偿处理。信号传输理论认为,信号在传输介质传播过程中受白噪声与冲击噪声的影响,从而在接

收端产生波形的变化。因此，为了保证接收端能够较为真实地还原信号，需要对信号进行补偿。由于语音信号中高频成分占比较大，MFCC、LPCC、PNCC都是在原始信号的高频信号分量进行补偿。预加重通过一个高通滤波器提高声音信号中高频分量部分，使信号中高频分量与低频分量的频谱均匀平缓，从而便于后续的参数估计工作。预加重操作对于进行语音识别与辨识起到平缓信号分量输出的作用。因为语音信号低频分量能量明显大于信号中高频分量的占比，若频率判别器简单地直接按既有的功率谱密度随频率的平方增加的方式输出，则会造成处理后的信号中低频分量的信噪比很大、高频分量的信噪比极低的现象。在水声信号分类以实现目标感知的应用中，对信号的处理不仅要提取发声目标的音素特性，而且需要关注发声设备信道信息。有前期工作显示，设备信道信息相对其他辐射噪声部分变化缓慢，且大部分处于信号的低频部分。针对这样的实际情况，如果在原始噪声输入中保留预加重过程，将会抑制低频部分的信道信息。本章在特征提取之后采用卷积神经网络实现水声信号分类，卷积神经网络的模型训练对数据质量要求较高，为了保证在初始阶段尽可能地不破坏目标噪声特征，将PNCC的预加重操作舍弃。预加重的噪声信号与舍弃预加重的信号对比效果如图2-3所示。

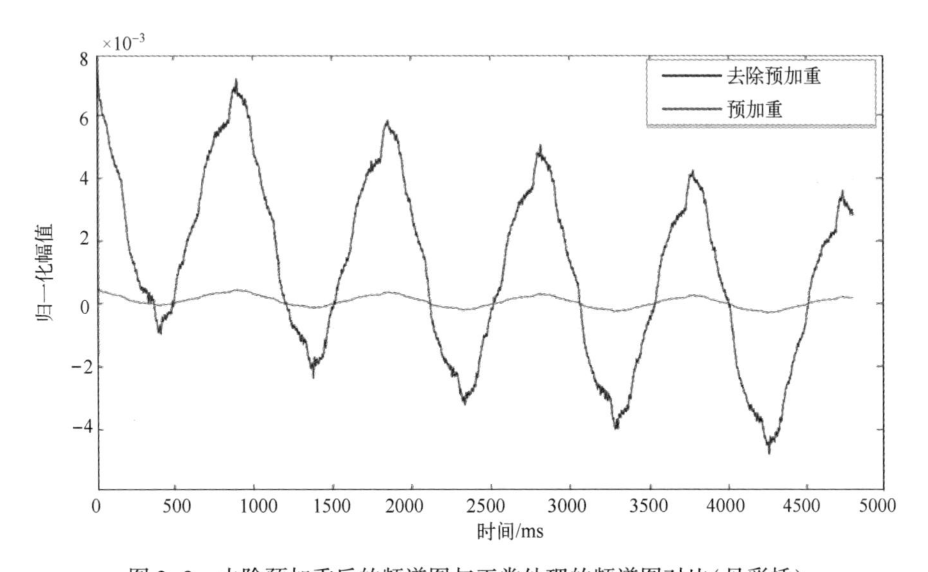

图2-3　去除预加重后的频谱图与正常处理的频谱图对比(见彩插)

2.3.3　Gammatone滤波器组归一化

通过对听觉感知的研究发现，人体耳蜗中的基底膜对声信号的分析处理相当于滤波和频率分解过程。Gammatone 滤波器组非常接近人耳的听觉特性,且只需少量的参数就能模拟基底膜的滤波和频率分解功能。Gammatone 在时域连续的冲激响应可以表示为

$$h(t)=ct^{n-1}e^{-2\pi bt}\cos(2\pi f_0t+\varphi)\ (t>0) \tag{2-3}$$

式中:c 为调节计算比例的权重常数;n 为采用的滤波器级数,一般情况下取 $n=4$;b 为信号的衰减速度,通常情况下取值为正数,且 b 与脉冲响应长度存在反比关系,b 越大,衰减越快,脉冲响应长度越短;f_0 为目标中心频率,当 $f_0=0$,为基带 Gammatone 滤波器组;φ 为目标频率相位,在传统的声音分类中,由于人耳听觉感知系统对相位不敏感,因此 Gammatone 滤波一般将 φ 省略。式(2-3)是连续时间下的定义,所以 t 单位为 s,f_0单位为 Hz。

Gammatone 对于加性背景噪声及高斯白噪声有一定的抑制作用,传统处理声音信号的 Gammatone 滤波器组如图 2-4 所示。但是,经过 Gammatone 处理会加重噪声中高频部分,从而削弱噪声信号中原本低频部分的比例。这样的应用特性与其在语音识别的应用背景相关。因为相对于变化缓慢的背景噪声,语音是需要加强的对象,但是在基于水声信号的目标分类应用中并不合适,海洋环境恶劣且辨识对象的辐射噪声现在多接近于或降低到海洋背景噪声的级别,因此单纯的提高水声信号中高频部分不会达到效果。通过将 Gammatone 滤波器组多个通道的数值归一化,降低滤波组中高频滤波器的权重,消除传统 Gammatone 滤波器组对水声信号滤波时对高频信号的增强,从而增加水声信号中低频信号滤波处理后的比例。归一化后的 Gammatone 滤波器组如图 2-5 所示。

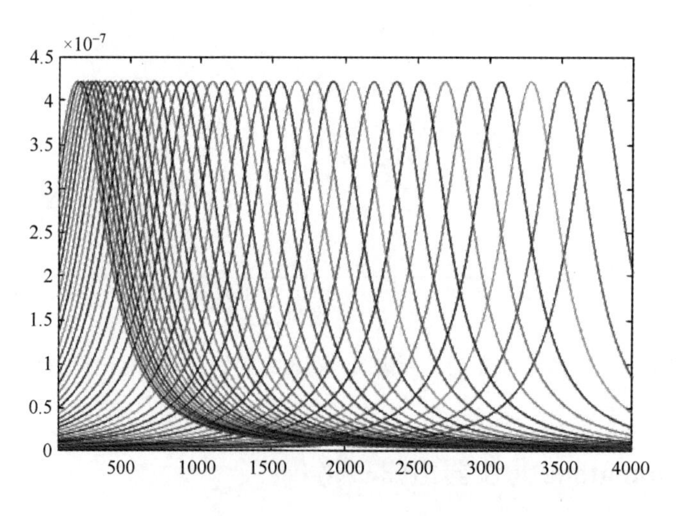

图 2-4　标准 Gammatone 滤波器组(见彩插)

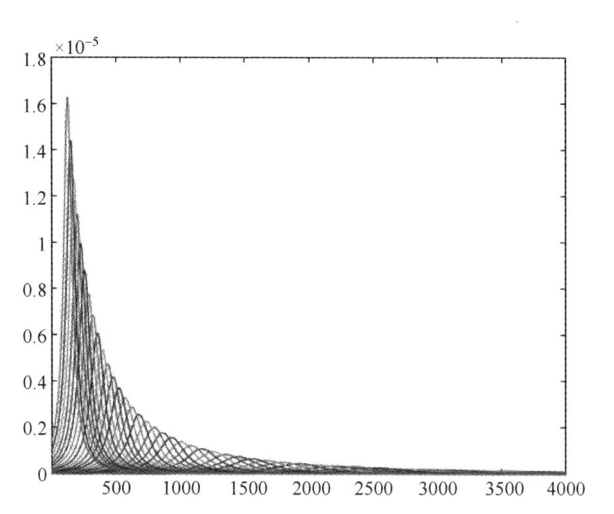

图 2-5 归一化后的 Gammatone 滤波器组(见彩插)

2.4 对称学习数据扩充模型

对于水声信号数据而言,其采集过程成本高、难度大,极限条件更是无法实现数据采集。而且,仅就数据量这一问题而言,大多数情况是在无法控制成本的前提下达到模型训练所需要的数据量的。鉴于数据量与数据质量对深度学习模型训练的重要性,及特定水声信号数据量不足以支持模型训练的问题,本章基于对抗生成思想结合孪生网络模型设计了一种易于实现的对称学习数据扩充模型,用于水声信号数据的生成与扩充。对称学习数据扩充模型将初始数据集的最优分类器作为判别器,利用分类器的相似结构构建生成器,从而生成与初始数据集特征相似的数据以完成数据扩充。试验证明,对称学习数据扩充模型可以以较低的计算复杂度快速有效进行数据扩充,从而为深度学习模型在水声信号分类的应用奠定良好基础。

目前从 GAN 结构设计来看,GAN 需要设计精巧的网络结构来实现生成数据的目的,从训练过程来说,GAN 需要设计巧妙的算法与迭代过程。整体上设计一个可用的 GAN 模型仍是一个代价较高的过程。这里从 GAN 的设计思想出发,基于固定权重设计一个可以快速搭建的可插拔对称学习数据扩充模型,不仅生成数据样本质量高,而且时间复杂度低,具有较高的应用价值。

2.4.1 模型设计与训练

对称学习数据扩充模型是基于 GAN 以对抗思想来扩充原有数据的,该模型结构如图 2-6 所示。对称学习数据扩充模型分为两个阶段进行训练:第一阶段为分类器训练,主要利用现有数据样本对分类器进行有效训练,以期得到能够良好刻画数据样本特征的分类器,见图 2-6 中的学习特征与表示部分;第二阶段为数据扩充阶段,将分类器训练阶段得到的有效样本特征作为判别器,利用一个与分类器相似的网络结构,将相近的现有数据或随机噪声通过模型计算表示为模拟的原有数据。在模型训练阶段,将此数据作为输入与分类器得到样本特征数据进行对比,直到判别器不能区分出两种特征,模型认为基于已学习到的有效特征构造出“新”的样本数据。

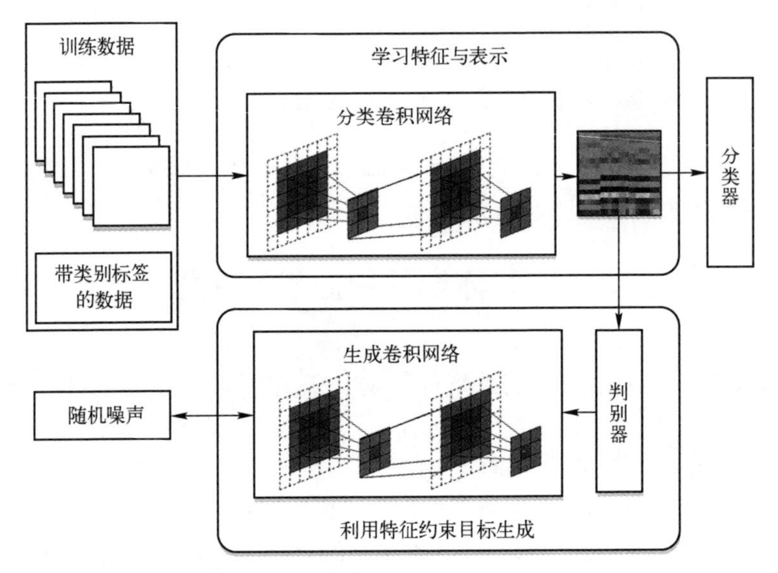

图 2-6　对称学习数据扩充模型原型

在训练分类器阶段,利用现在的有标记的数据样本进行有效训练,以期获得可用的优质刻画数据样本的特征与分类器。在数据扩充阶段,利用前一阶段取得的优质特征作为本阶段训练的评判标准。从模型设计上思路是正确的,但是在模型实际运用过程中出现了两类极端的“错误”样本:一类“错误”生成样本是从模型判定的角度来说的,由于模型生成出的样本数据是利用判别器来判定的,判别器在判定过程只单纯地要求特征级相似,因此生成的样本只是与原始样本特征级别相似,而像素级却差别很大,简单地说,生成样本与原始样本是同一类“相似”,看起来明显不像;另一类“错误”生成样本属于像素级相似,即模型生成出的样本仅仅是原始样本上施加的扰动,简单地说,与原始样本“相同”,原因是模型生成时只单独强调了使用原有分类器的特征而非对生成数据的质量约束。面对上述两方面问题,改进了模型结构与损失函数,从生成样本与原始样本的距离与特征集的选择两个方面对生成样本进行约束,从而做到了两者的兼顾。对称学习数据扩充模型实际使用模型如图 2-7 所示。

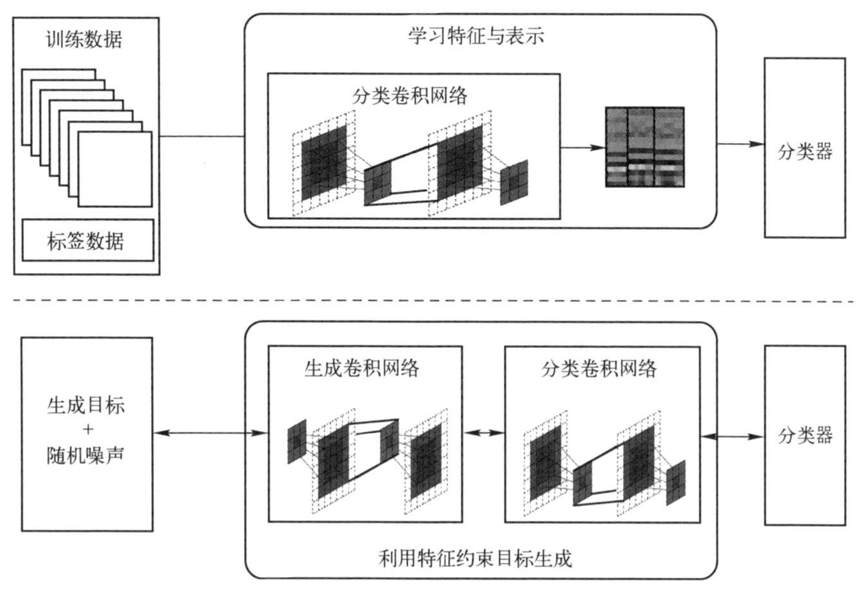

图 2-7 对称学习数据扩充模型实际使用模型

相比于图 2-6 所示的模型,图 2-7 所示的模型有两个优点:一是特征的评判比较困难,特征集中的特征是多维张量,将模型生成的特征与原有的作为标准使用的特征进行比较,无论是时间复杂度还是空间复杂度都很高,当然,可以通过向量变换或者聚类方法将两个特征张量投影相同的度量空间中进行比较,但是由于引入了额外的变换,相当于引入了第三方评判标准来对两个特征进行解释,这对于两种维度提取出的特征并不公平且不可靠。二是基于原有的特征进行评判并不能保证所生成数据的质量。使用特征作为评判标准,其损失函数只能以特征的相关维度差作为其损失值进行优化,这种方式可以约束模型在生成数据过程中仅使用分类过程所提取到的特征。使用原有的特征作为评判标准可以使生成分类器较高概率接收数据,即以最大限度地使用已提取的特征来重新刻画新的数据。这种刻画只是能保证生成的数据能够被当前的分类器识别,并不能保证生成的数据可以以较高的概率被其他分类器正确判断,即生成的数据不能保证与原来的样本数据相像。

基于“相似”与“相同”两个诉求,设计一个判别生成样本与原有样本相似度与重合度的损失函数,称为相似-重合损失(SC-Loss)函数。

2.4.2 相似-重合损失函数

机器学习中的损失函数一般是面向单一样本设定的,损失函数表示的是模型预测的值与样本真实值之间的差距。基于对抗生成思想生成数据样本的损失函数与传统损失函数评估样本误差有所不同,生成数据样本是以特征来评价的,即生成特征与原有特征的误差。如上文所述,使用两组特征间的误差只能保证所生成的数据样本可以以较高的概率被分类器所识别,并不能保证生成数据样本与原有输入样本相似;同时,这种损失准则指导下的生成数据只能在当前分类器下有较高的准确率,在其他分类器下并不能保证有较好的效果,也就是说,生成数据的泛化性能差。若当前分类器是一个权威分类器,将其作为判断标准尚可;若当前分类器并不是一个认可的权威分类器,以现在的损失准则作为标准所生成的数据只能供当前分类器使用,生成的数据不具有一般性,即生成的数据对分类器来说产生了“过拟合”现象。

从损失函数的设计角度出发,损失函数的经验风险是关于训练样本集中每个样本点的平均损失。经验风险最小化的策略认为,经验风险最小的模型就是最优模型[125]。由此,模型经验风险最小化是使下式最小化:

$$R_{\text{emp}}(f) = \frac{1}{N}\sum_{i=1}^{N} L(y_i, f(x_i)) \tag{2-4}$$

式中:N 表示训练样例集中样本的数目;i 表示样本序号。

如果只考虑经验风险,模型容易出现过拟合的现象,过拟合的极端情况便是模型 $f(x)$ 对训练集中所有的样本点都有最好的预测能力,但是,对于非训练集中的样本数据,模型的预测能力非常不好。一般情况下,存在未知样本时,可以通过在损失函数中引入结构风险,令损失函数结构风险最小化来降低模型的过拟合。结构风险是对经验风险和期望风险的折中。在经验风险函数后面加一个正则化项构成结构风险,其表示形式为

$$R_{\text{str}}(f) = \frac{1}{N}\sum_{i=1}^{N} L(y_i, f(x_i)) + \lambda J(f) \tag{2-5}$$

式中:λ 为大于 0 的系数;$J(f)$ 为模型 f 的复杂度。

观察式(2-5)可以得出,模型复杂程度取决于决策函数的复杂程度。防止过拟合,就是要降低决策函数的复杂度,即将 $J(f)$ 最小化。

基于以上的考虑,对称学习数据扩充模型的损失函数为

$$\text{Loss}(y, \text{fs}(x), g(x)) = \frac{1}{N}\sum_{i=1}^{N} [(\text{fs}(y_i) - \alpha \cdot \text{fs}(x_i)) + \text{loss}(y_i, g(\text{fs}(x_i)))] \tag{2-6}$$

式中:N 为输入样本数;y 为输入样本;$\text{fs}(x)$ 为提取的特征集;$g(x)$ 为基于特征 x 所得到的反向样本;α 为生成放大因子。

对称学习数据扩充模型的损失函数由两部分构成:一是计算特征间误差部分,即 $\text{fs}(y_i)-\alpha \cdot \text{fs}(x_i)$,通过计算生成特征与原有分类器模型提取到的特征之间的误

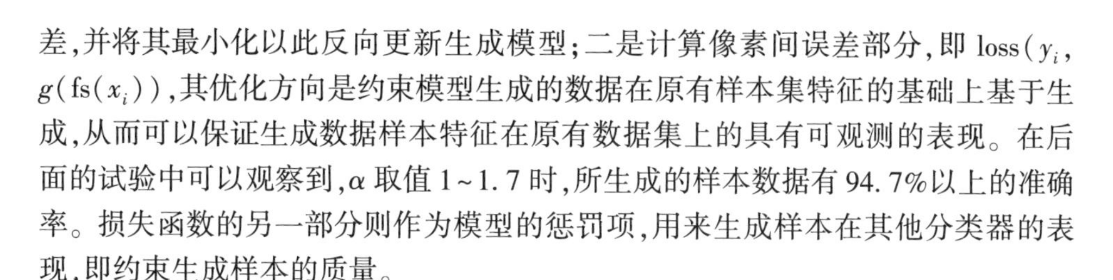

差,并将其最小化以此反向更新生成模型;二是计算像素间误差部分,即 loss(y_i,$g(\mathrm{fs}(x_i))$),其优化方向是约束模型生成的数据在原有样本集特征的基础上基于生成,从而可以保证生成数据样本特征在原有数据集上的具有可观测的表现。在后面的试验中可以观察到,α 取值 1~1.7 时,所生成的样本数据有 94.7%以上的准确率。损失函数的另一部分则作为模型的惩罚项,用来生成样本在其他分类器的表现,即约束生成样本的质量。

从后面试验可以看出,对称学习数据扩充模型的损失函数可以有效地保证生成的数据样本在当前分类器中有良好表现,在其他分类器中有较强的泛化表现。

2.5 试验与结果分析

首先介绍试验设置与数据采集情况,然后分别从数据预处理与数据扩充两方面进行试验,分析评估 ia-PNCC 表示方法与对称学习数据扩充模型的性能。

2.5.1 试验设置

为了验证 ia-PNCC 和对称学习数据扩充模型的性能,分别在消声水池和湖上采集了水声信号数据。

1. 消声水池试验数据采集方案

深度学习模型的设计、参数的确定及模型参数拟合都依赖于大量的训练数据。首先在消音水池内进行数据采集,并以采集的数据为输入,通过分析不同水声信号预处理方式(主要包括 MFCC、LPCC、PNCC、PLP)在深度学习模型上的分类准确率,从而研究预处理方式对分类结果的影响。

1) 试验环境与设备

水听阵:由 18 路水听器节束组成,顺序排列。

目标船:船长 6m,近岸固定,船在水池中心线上,船头正对水听阵。

附加振动设备:船身正中位置放置,用于产生机械振动噪声。

2) 试验过程与采集方案

在消声水池内进行数据采集的试验设备设置如图 2-8 所示。目标船放置位置正对水听器阵,水听器阵自下而上排列,含 18 只水听器,每只水听器对应不同的编号通道,其中末端水听器距离池底 0.5m,其他水听器每个间距 0.25m 安置,阵长 4.5m。数据采集时间为 6min,频带为 25.6kHz。为通过水声信号分类实现水下目标信息感知,本试验尝试使用不同功率的附加振动设备来模拟不同目标船不同工况下的机械振动噪声,同时,目标船分别使用 20%、50%和 80%的功率在水中航行并以航行功率不同作为目标特征加以区分。

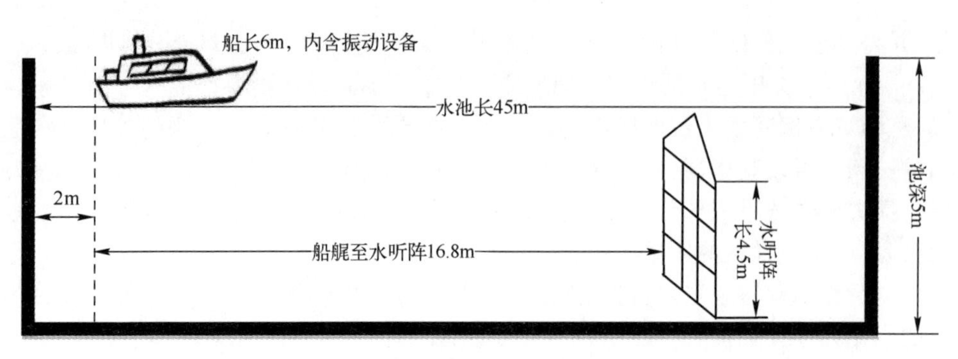

图 2-8　信道消声水池试验数据采集方案

依据目标船发动机功率及不同功率振动设备模拟的目标自身噪声,试验将采集到的数据定义为三类不同的目标,具体数据量如表 2-1 所列。

表 2-1　信道消声水池试验数据总量及分布情况

名　　称	总量/段	训练/段	测试/段
目标 1(20%)	4800	3600	1200
目标 2(50%)	10000	7200	2800
目标 3(80%)	3470	2450	1020

从表 2-1 可知,试验对三类目标做识别分类,样本总数为 18270 个,其中 13250 个样本作为训练集使用,占总体样本的 72.5%,5020 个样本作为测试集使用,占总体样本集的为 27.5%。

2. 湖上试验数据采集方案

在湖上数据采集中,目标船只携带发声设备在湖面上按试验要求沿不同的方向以不同速度运动,从而采集不同试验工况下的水声信号数据。数据采集的时间、气象和水流等部分情况如表 2-2 所列。

表 2-2　湖上实际场景试验自然环境信息

试验时间	温度/℃	湿度/%	风速/(m/s)	水速/(m/s)
2017 年 10 月 29 日	预报温度:9~-2 采集数据温度:6~1	39	4 西北	7
2017 年 11 月 4 日	预报温度:12~-4 采集数据温度:11~3	57	7 南	14
2017 年 11 月 6 日	预报温度:12~0 采集数据温度:12~9	51	5 西南	10.7

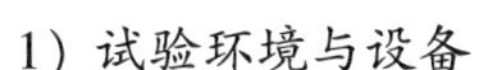
1）试验环境与设备

水听阵：3 路水听器组水平阵与 20 路水听器进行信号采集。

目标船：船长 6m，船在湖面中心线上，船头正对水听阵。

2）试验过程与采集方案

试验按照目标船距离采集点的不同及目标船的运动工况不同采取了多组水声信号数据。试验中目标船只以不同的距离和速度在湖面上航行，试验记录水听器接收的水声信号数据，试验方案如图 2-9 所示。由于湖面上有风浪，船体需要保持一定速度航行，距离会有误差，同时试验开始前和结束后，分别采集了约 30min 的环境背景噪声数据。试验一共记录约 56G 数据。

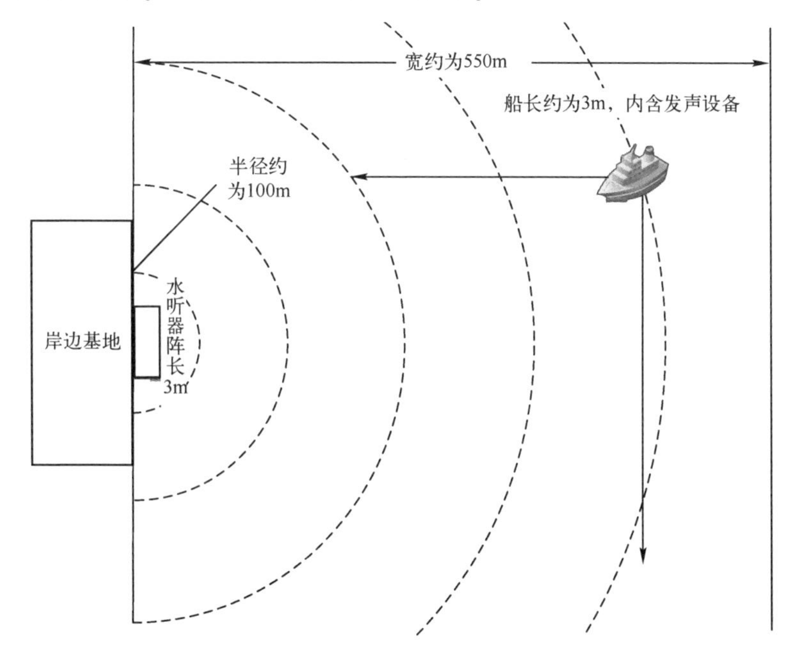

图 2-9　湖上实际环境数据采集方案

目标船体的发动机以不同功率、不同距离航行，试验将其定义为多类不同的目标，其具体数据量如表 2-3 所列。

表 2-3　湖上实际场景试验数据总量与分布情况

工况组别	时　间	距离/m	数据记录名称	备　注
8hp，100m	11:35—11:39	80～110	2017110600157-159	船约正北
8hp，160m	10:24	165	2017110600120-121	船约正北
	10:27—10:29	125～143	2017110600122	船约正北
	10:30	160	2017110600123	船约正北

续表

工况组别	时　间	距离/m	数据记录名称	备　注
8hp,200m	10:31—10:34	200~221	2017110600124-125	船约正北
	10:36	190	2017110600126	船约正北
8hp,260m	10:37—10:42	257~266	2017110600127-128	船约正北
	10:43—10:44	250~255	2017110600129-130	船约正北
8hp,350m	10:49—10:55	约 350	2017110600133-137	船约正北
90%功率,350m	10:58—11:00	340	2017110600138-139	船约正北
	11:07—11:16	3110340	2017110600143-147	船约正北
90%功率,260m	11:07—11:16	265~220	2017110600148-151	船约正北
90%功率,150m	11:25—11:32	130~152	2017110600152-155	船约正北
大船打捞浮标	11:01—11:06	约 200	2017110600140-142	偏东 45°

注:1hp=745.7W。

2.5.2 基于 ia-PNCC 处理的数据试验与分析

将卷积神经网络模型作为水下目标识别的分类器。基于卷积神经网络的特性,在试验中将多路水听器采集到的水声信号按水听器组阵的排放位置及每段信号数据的时序关系进行时序和位置上的拼接,从而作为深度卷积神经网络模型的输入数据。这种处理方式从数据输入角度尽可能不破坏原有信号在时序与空间位置上的结构,从而更有效地验证 ia-PNCC 的有效性。分别采用 MFCC、LPCC、PLP、PNCC 及 ia-PNCC 对采集的一段水声信号进行分析,其结果如图 2-10 所示。

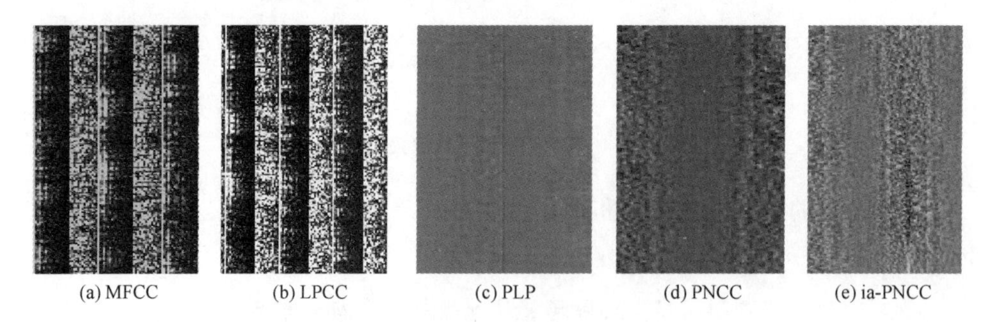

(a) MFCC　(b) LPCC　(c) PLP　(d) PNCC　(e) ia-PNCC

图 2-10　采集数据的多种表示

1. 卷积神经网络的参数确定

本试验采用 5 层卷积神经网络,利用采集的水声信号数据对模型进行训练,得到最优网络模型。首先针对不同的卷积核做水声信号分类试验,试验结果如图 2-11 所示。

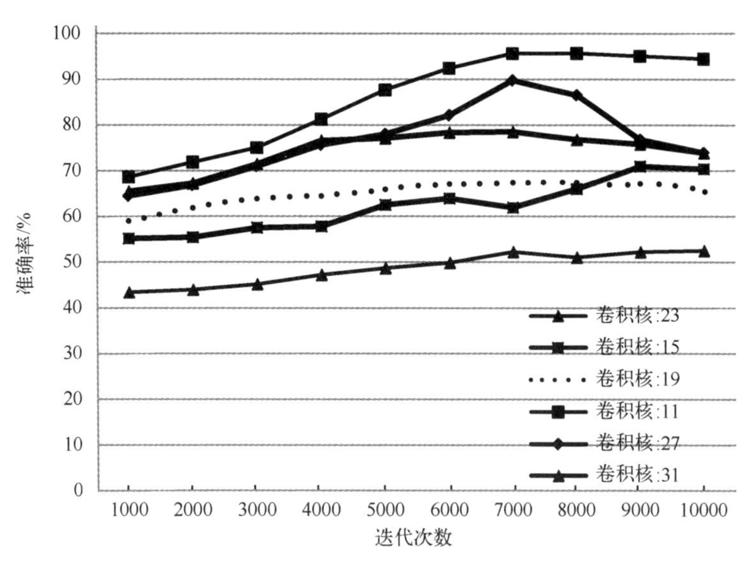

图 2-11　不同卷积核的试验比较

从图 2-11 中可以观察到,随着迭代次数的增加,模型的准确率上升,在迭代的中后期,模型都趋于收敛。当卷积核为 11 与 23 时,模型的识别率达到最好的状态,分别为 94.33%与 93.42%。同时,其他卷积核大小作用在水声信号分类时,其准确率并不是按卷积核线性变化的。按其准确率排列,当卷积核为 19 时,模型的准确率为 78.7%;当卷积核为 27 时,模型的准确率为 70.9%;当卷积核为 15 时,模型的准确率为 67.9%。此外,通过观察对比卷积核为 11 与 23 的曲线可以知道,卷积核为 11 的准确率曲线与卷积核为 23 的准确率曲线均在迭代的中后期趋于平缓,这说明模型在经历过前期的迭代后趋于收敛。卷积核为 11 的准确率曲线要早于卷积核为 23 的准确率曲线进入平缓期,这说明卷积核为 11 时模型能更早进入收敛期。同时,在卷积核为 11 的曲线下面积(Area Under Curve,AUC)明显大于卷积核为 23 的 AUC,这说明卷积核为 11 时,模型对水声信号分类结果的性能最优。

2. 不同水声信号预处理方法的结果

表 2-4 列出了采用不同表示方法对水声信号预处理后,在相同参数的卷积神经网络分类器下的试验结果。从数据上可以清晰地观察到:在消声水池的试验数据中以 PLP 预处理方法得到的分类效果最好,在湖上试验中以 ia-PNCC 的预处理方法得到的分类效果最好。从试验结果看,在消声水池的试验数据中,各种水声信号预处理方法在相同卷积结构分类器的准确率差别不大。

表 2-4 不同噪声处理方法的试验结果对比

处理方案	消声水池数据的识别率/%	实际场景数据识别率/%
MFCC+CNN	89.1	67.3
LPCC+CNN	97.2	76.58
PLP+CNN	98.9	89.32
PNCC+CNN	93.24	79.2
ia-PNCC+CNN	96.47	90.6

从表 2-4 中不同的目标噪声特征处理方法看，MFCC 在消声水池试验数据集中的表现与湖上试验数据集中的表现相差较大，也证实了 MFCC 在纯净声音环境下的表现能力较强，但在具有较强环境背景噪声干扰下表现能力较弱。不同处理方法的试验结果如图 2-12 所示。

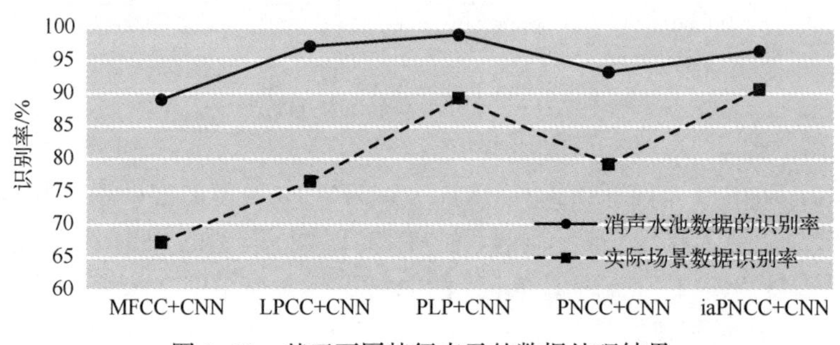

图 2-12 基于不同特征表示的数据处理结果

从图 2-12 可以观察到，由于 LPCC 特征提取基于信号线性变化的假定，使其在湖上试验中表现一般。综合试验结果来看，在消声水池较纯净条件下，ia-PNCC 实现了与 MFCC、LPCC 及 PLP 相似的性能表现，在湖上试验存在干扰较为严重的情况下，其表现没有明显的衰退，随着信号信噪比的降低，ia-PNCC 的性能优于 PNCC。结果验证了 ia-PNCC 方法在水下目标辐射噪声表示上具有有效性和健壮性。

2.5.3 对称学习数据扩充模型试验与结果分析

分别在 MNIST 数据集与湖上试验数据集上对对称学习数据扩充模型进行试验和分析。总体而言，试验目标有两个：一是验证对称学习数据扩充模型在原有输入样本基础上，是否能够通过捕捉输入样本空间中样本的分布规律保证生成的样本符合原始样本的分布；二是验证对称学习数据扩充模型在给定输入样本后，是否能够捕捉到原始输入样本的特征保证生成的样本质量。

1. 数据集介绍

1）MNIST 数据集

MNIST 来自美国国家标准与技术研究所（National Institute of Standards and Technology，NIST），是由不同人手写的字体数据集。数据集中的样本类型为图片，其中，训练集有 60000 个样本，测试集有 10000 个样本，训练集与测试集的样本来源比例相同且均由样本图片集与样本标签集构成。作为机器学习领域中的一个经典数据集，MNIST 分类问题主要是实现将 28×28 像素的灰度手写数字图片识别为相应的数字，是一个典型的模式识别问题。

2）水声信号数据集

水声信号数据集为消声水池数据与湖上试验数据的组合。按照船体以不同的速度航行，试验将其定义为多类不同的目标，其具体数据量如表 2-5 所列。

表 2-5　试验数据总量及分布情况

数据内容		音频参数				样本总量/个
		声道数/个	量化位数	采样率/Hz	采样点数/个	
单频信号发射	3kHz	1	2	48000	4800	4879
	5kHz	1	2	48000	4800	5045
	9kHz	1	2	48000	4800	4821
	13kHz	1	2	48000	4800	4836
	15kHz	1	2	48000	4800	5122
8hp 数据，160m、260m、350m		3	2	48000	4800	24576
90%功率数据，150m、260m、350m		3	2	48000	4800	21504
8hp，350m，大船打捞		3	2	48000	4800	86016
90%功率，350m，大船打捞		3	2	48000	4800	92160

从表 2-5 中可以观察到，试验所采用的水声信号数据有多种类别，其中：3～15kHz 数据是发声换能器在湖中发出声音信号的频率（Hz），作为基准数据集用于对比频谱方法与深度学习方法在目标分类的性能；8hp 与 90%功率航行数据为湖上试验场景下分别在多个距离采集的数据。样本经分割后总样本量超过 18 万个，达到深度学习模型训练的使用量。

2. 生成数据质量的比较

生成数据质量的比较主要验证对称学习数据扩充模型在给定输入样本后，是否能够捕捉到原始输入样本的特征保证生成的样本质量。为有效地反映出不同数据生成方法的判别，试验以 MNIST 为例展开。针对 MNIST 数据集首先应用 RT 方法与 DCGAN 方法，从试验结果中取出一组进行比较，不同试验所生成的图片如图 2-13 所示。从图中可以看出，深度卷积生成对抗网络（Deep Convolution Gererative Adversarial Network，DCGAN）生成图片质量最好，其次是 SLDAM（SLDAM 与 DCGAN 所生成样本之间对比的主要区别是生成图片背景有灰阶差，另外，生成数字的边缘不如 DCGAN 所生成的数字图片锐化），RT 方法生成图片质量最差，这一点用生成的样本数据在其他分类方法（SVM）上的分类结果中可以明显反映出来。

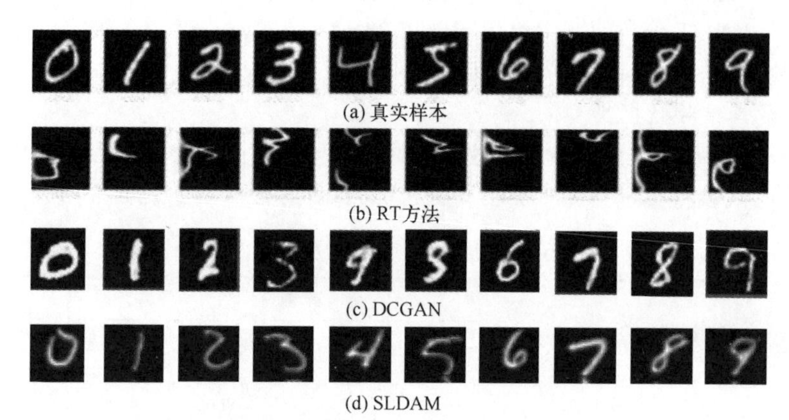

图 2-13　四种方法生成样本的对比

图 2-13 中，从人眼评判上可以说 DCGAN 所生成样本看起来最好，其生成的样本虽然很真实地还原于原始样本，但存在和真实样本属于不同的类的问题，即生成数据的类别是随机的，如图 2-14 所示。这一点在使用其他与生成任务无关的分类器鉴定生成样本质量的试验中有明确反映，如使用 SVM 对生成样本进行判定。

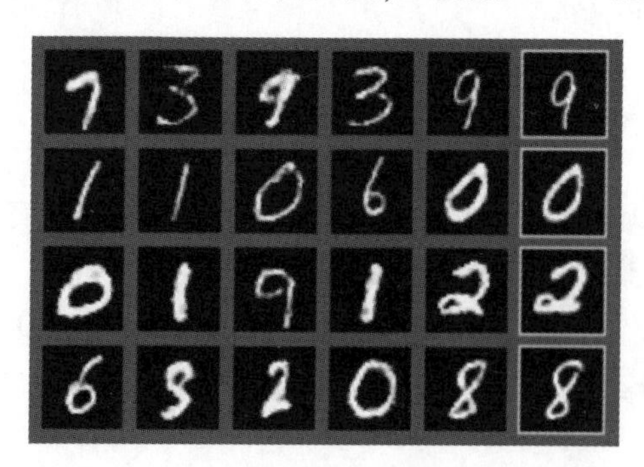

图 2-14　DCGAN 模型生成图片及存在问题

SLDMA 主要目标是解决水声信号分类中，实际获取的数据样本量少，而不足以训练出高效模型的问题。针对水声目标信号数据，由于 DCGAN 存在生成样本数据类别是随机的，无法适用于水声信号分类这种对类别要求严格的问题，因此使

用对称学习数据扩充模型用表 2-5 中 9kHz 数据作为原始样本，生成的水声信号数据的声音频谱图如图 2-15 所示。

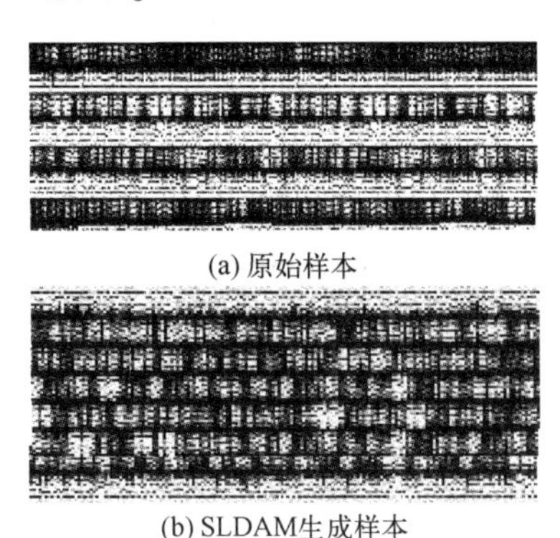

(a) 原始样本

(b) SLDAM生成样本

图 2-15　原始样本频谱与 SLDAM 生成样本频谱对比

以 9K 数据集为例，抽取生成数据中的 2800 个原始样本进行试验对比。使用 SLDAM 生成的样本数量如表 2-6 所列。

表 2-6　不同 α 下生成样本的准确率

原始样本数/个	原始样本分类准确率/%	扩张因子(α)	生成样本数/个	生成样本数据分类准确率/%
2800	93.00	1	2800	95.00
2800		1.2	3360	94.70
2800		1.7	4760	94.30
2800		2	5600	95.10
2800		2.2	6160	93.00

从表 2-6 可以观察到，α 在 1~2.2 的范围内没有明显地降低原有分类器的分类准确率，同时又有效地扩张了数据。表中生成样本在原来分类器上的分类准确率均高于原有数据的分类准确率，说明对称学习数据扩充模型可以有效地利用模型捕捉到的原始样本特征来生成新的样本。由于特征是分类器所识别的，因此生成的样本有更明显的特征，从而易于分类器所识别。从图 2-16 中也可以看出，在 α 从 1~2 时，生成样本在原来分类器上的分类准确率高于原始样本的分类准确率，因此 α 的取值范围为 1~2 是合理的。同时，当 $\alpha=1$ 时，生成样本的分类准确率比原始样本的分类准确率高 2%，说明对称学习数据扩充模型生成样本数据可以更好地适应分类器。进一步说明，利用对抗生成的思想是可以有效利用模型捕捉到的特征来生成新数据，由于特征是分类器所提取的，因此生成样本的特征更明显，使得分类器的分类准确率更高。

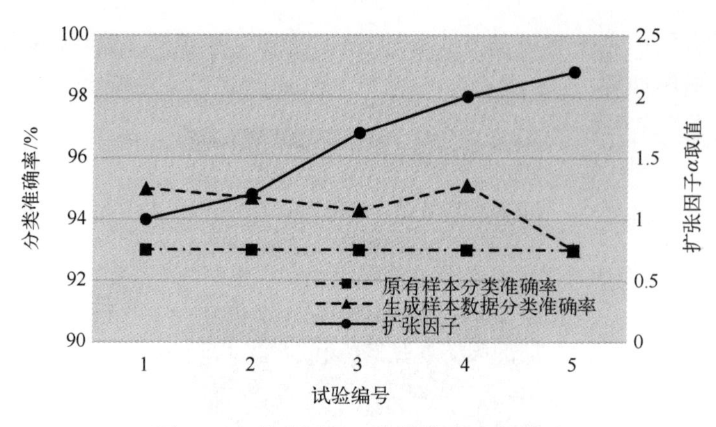

图 2-16　扩张因子 α 与分类准确率关系

3. 在其他分类器上的试验

表 2-7 列出了不同模型在 MNIST 上的生成样本的准确率，基准模型使用的是 LeNet-5，其模型经过 10000 次迭代，损失降到 0.00265988，模型准确率接近 99.1%。

表 2-7　生成样本在 SVM 分类器的分类结果

生 成 方 法	原有模型分类器识别准确率/%	其他分类器(SVM)识别准确率/%
MNIST+LeNet	99.1	89.0
RT	73.0	67.0
DCGAN	89.0	90.2
DCGAN-ordered	97.6	94.6
SLDAM-s	98.9	63.0
SLDAM	98.7	95.0

原有样本数据经 RT 方法数据扩充，使用 LeNet-5 进行分类后，准确率降了 26%，反映出 RT 方法的数据扩充并不适用于 LeNet-5 模型。同样，DCGAN 模型虽然生成的样本数据从人眼观察来说是与原有数据最为接近的，但其分类准确率并没有达到原始数据集所表现出来的效果，主要原因是 DCGAN 生成的样本数据，其类别是随机的。在发现这个问题后，经人工按样本所属标签调整生成数据后再次进行试验（命名为 DCGAN-ordered），可以观察到，其准确率有明显提升，也从侧面说明 DCGAN 生成的样本数据质量较高。试验中使用 SLDAM 与其简化模型 SLDAM-s，SLDAM-s 与 SLDAM 主要是在生成样本数据的过程中以特征损失为评判准则，而忽略了样本损失，其准确率差距明显缘于此（表中第 5 行 63.0% 和第 6 行 95.0%）。

对称学习数据扩充模型由于使用了对称结构,其分类器就是原来的 LeNet-5 分类结构,所以两个模型的生成样本数据在原有模型上的分类识别准确率均较高于原始数据,但相差不大。而在 SVM 分类器上的分类准确率却出现较大差别。从图 2-17 中可以观察到,利用 SVM 作为第三方分类器可以公平地验证不同方法生成的数据。这也说明,不同的数据生成方法虽然从不同角度入手,但是都能够有效地获得原始样本的特征,并基于这些特征来生成新的样本数据。但从图 2-17 中也可以明显观察到,SLDMA-s 生成的数据在 SVM 分类器准确率只有 63%,生成数据的质量不能接受。通过观察模型与对试验结果进行分析发现,SLDAM-s 由于没有进行样本损失的二次约束,其生成的样本数据在原有的分类模型中能够获得较高的分类准确性,其原因是模型可以有效地捕捉原始样本特征,并有效利用这些特征来生成新的数据。没有约束原有样本与生成样本的差异,导致生成样本数据直接拟合了原有特征而非原始数据,所以在 SVM 这种不以原有特征集进行区别的分类器上无法获得较好的效果。反观 SLDAM,因为考虑了样本损失,所以生成的样本数据在 SVM 模型上也有较好的结果,如图 2-17 所示。

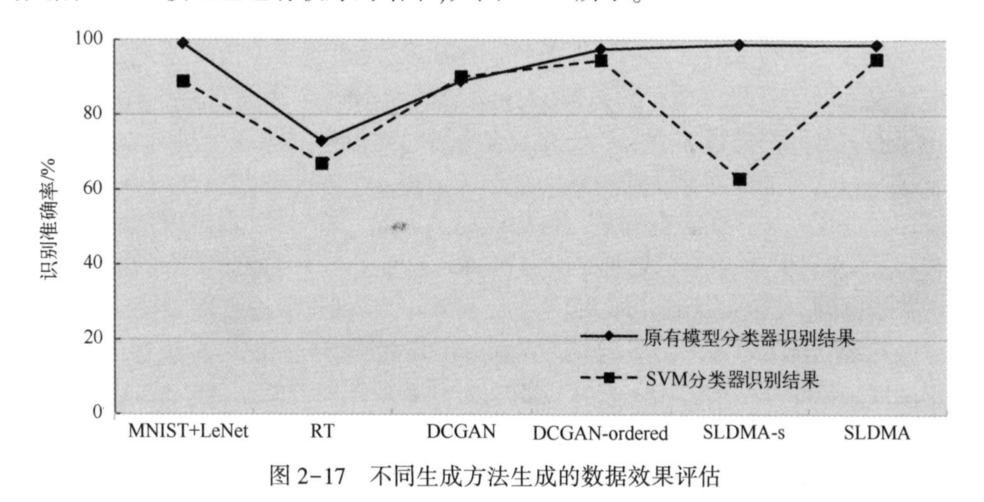

图 2-17　不同生成方法生成的数据效果评估

从试验结果来说,对称学习数据扩充模型是一个可行的且结构易于实现的数据生成模型。当对称学习数据扩充模型构建在较为成熟的分类器上时,它凭借分类器捕捉到的特征可以生成优质的、可靠的数据,从而有效地进行数据扩充;但当分类器对数据集的特征刻画能力较弱时,对称学习数据扩充模型生成的样本数据质量下降较快,表现一般。这是后续需要深入研究的一个重点方向。

第3章

基于位置与通道信息的卷积优化方法

3.1 引 言

特征提取作为水声目标感知识别的重要技术,一直是水声信号处理领域持续研究的重点。鉴于此,国内外的研究人员从多个不同方面展开了持续性的研究。在使用卷积神经网进行水声信号分类实现水声目标感知的过程中,特征提取的好坏直接影响信号分类的准确性。目标辐射噪声是一个典型的非线性时频域信号,传统信号处理方法存在解析力不一致的问题。因此,如何针对水声信号的时域和频域特征,实现更有效的非线性表示,是解决当前复杂海洋环境中目标噪声特征提取的关键问题。基于机器学习的水声目标感知中,特征提取的目的是能够使算法以更高的准确率进行水声信号的分类识别。本章利用卷积神经网络在卷积运算过程中能够提取到在特征图内的平面位置信息与特征图间的空间通道信息的特性,针对传统水声信号分类识别任务特征提取困难及提取特征利用率不高的问题,提出在卷积神经网络结构中引入特征空间加权层的卷积优化方法。根据特征所在的平面位置信息和空间通道信息对卷积神经网络提取到的特征进行加权处理,使得卷积神经网络可以在模型训练的迭代过程中完成分类器对特征提取的反馈。持续改进提取特征的效果,并强化特征图内特征的位置信息与特征图所在空间信息,解决了卷积神经网络提取到的特征进入全连接层时,由于一维化操作而引起的特征位置信息丢失的问题,从而有效提高特征提取效率与特征的利用率。同时,由于特征加权过程不会在卷积神经网络结构中引入额外参数,而且能够参与模型优化的自训练过程,因此特征加权层的引入不会增加原有卷积神经网络的训练负担。试验表明,通过引入特征空间加权层,基于卷积神经网络结构的水声信号分类模型具有良好的判别准确性,能够有效提高水声信号分类的精度。

3.2 背景知识

特征提取是指利用计算机及其相关技术提取目标有效信息的过程。特征提取的本质是把图像、音频、视频等载体上的信息点分为不同子集,从而在原始数据中提取出有用的类别或者信息的过程[1,31-34]。通过将原始数据转换为一组具有明显物理意义或者统计意义的特征,分类方法可以利用这些信息去描述或表达目标。特征提取可以有效减少数据冗余,降低模型的输入维度。利用数据的低维表示可以发现更有意义的潜在的变量,从而加深对数据特性的理解,带来数据在低维上投影的可分性。

水声信号分类是一个典型的模式识别过程[126-129],基于模式识别的水声信号分类过程如图 3-1 所示,主要包括水声信号采集、信号数据(预)处理、特征提取与特征选择、分类器学习与识别。其中,水声信号采集是通过被动声纳系统的水听器或者水听阵,采集目标所在声场中水声信号实现的;采集到的水声信号数据无论是格式上还是结构上都不适合于模型训练,需要对其做处理操作,典型的预处理操作包括分段、加窗等;对预处理后的信号数据需要利用特征提取或特征选择方法处理,得到最具有代表性的特征矢量;最后利用已学习好的分类器再对提取的特征矢量进行水声信号分类和目标类型辨识。

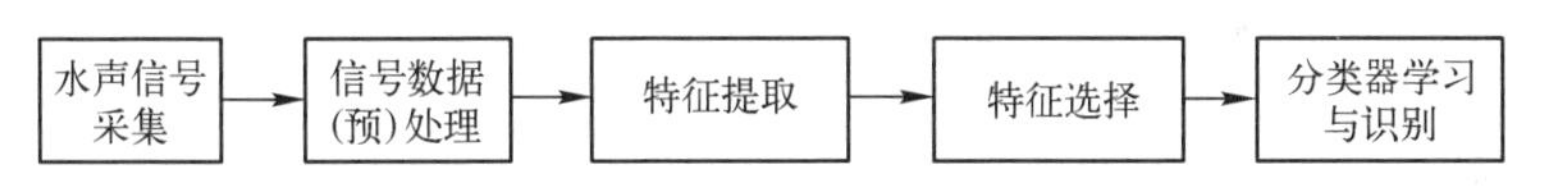

图 3-1 基于模式识别的水声信号分类和类型辨识过程

水声信号特征提取作为水声信号分类的重要阶段,主要是对水声原始信号或做变换操作或做统计操作,从而得到一些能够反映目标类别属性的特征矢量。特征提取得到的特征向量中包含的差异信息越多,提取的特征在低维上的可分性就越好,分类器的识别效果就越高。针对特征提取问题,目前的解决方法主要是从时域和频域两方面提取目标辐射噪声的特征。信号的时域即为信号的波形结构,信号的时域特征就是噪声的波形结构特征;信号的频域即为信号的频谱组成,信号的频域特征就是在目标噪声形成的各种谱中利用估计的方法进行目标特征参数提取。通过信号的时域特征分析目标的差异,其基础理论是目标之间存在结构、材料或形状差异,使得目标辐射噪声存在明显差异。通过对信号的时域特征进行分析,目标在结构、材料、形状与姿态的差异越明显,其波形结构差异越明显。通过信号的频域特征分析目标特征,其理论基础是信号的频率组成,不同物体在其发出的声音中会包含物体自身的特征信息,如腔体大小、腔体结构、表面材质等。这一点在语音识别、缺陷检测等应用中得到积极的反馈。针对水听器或者水听器阵获取的水声信号进行目标辐射噪声频域上的分析,从理论上说,利用无参谱估计、参数化谱估计和高阶谱估计等方法应该可以得到辐射噪声个体的特征信息;但是,实际操作中由于目标在水中的辐射噪声受海洋环境的影响大,具体表现为时频域的非平稳信号多且频率变化较剧烈。如果单纯地利用相关变换分析目标辐射噪声在频域空间上的变化,会导致时序结构信息丢失。由于时序结构信息的丢失,一方面无法完整地刻画目标辐射噪声在时序上的长时结构特征;另一方面也直接导致从频域角度进行目标特征提取的效果甚微,无法与这些方法在空气等传播介质中提取的目标噪声特征结果相比。因此,如何把水中目标辐射噪声的时域特征和频域特征有效地提取与融合,既不破坏目标辐射噪声的时序结构,又能够充分利用辐射噪声的频域信息,是需要解决的重要问题。

因为水声信号分类和目标识别在军事领域与民用领域的重要性,世界各国对声纳技术的研究起步都比较早,但受限于配套技术与设备的发展,研究的速度并不快。最早展开水声信号分析与特征提取的是美国斯坦福大学 Nii 等面对目标窄带信号利用特征分析方法进行了水声目标特征提取的研究。日本的研究人员使用信号处理常规方法分析水中目标的频域信息并制成目标的特征模板,通过模板匹配的传统方法把待测目标和历史数据进行对比分析,实现目标类型的判别分类。加拿大的 Maksym 等结合知识表达与知识推理机制,利用目标的线谱信息作为分析对象,通过推理的方法实现水声目标的识别,并基于推理规则实现目标识别专家系统。Hassab 等结合模糊规则对水声信号进行判定规则的分析,通过分析目标噪声的特征建立相应规则库,构建了水声目标识别专家系统。Rajagopal 等尝试利用人工神经网络对目标特征进行模糊处理,结合统计方法利用人工神经网络的自迭代训练过程设计成集成分类器的目标识别模型,同时发现模型的迭代对提高目标识别率有很大的作用。英国的 Sheppard 等也采用了类似方法,基于人工神经网络处理水声目标识别任务。与 Rajagopal 等不同的是,Sheppard 等设计的模型在信息输入阶段融合了目标的窄带信息、宽带信息及瞬时态分析等多种信号特征,具有早期的信息融合的概念。国内学者在水声信号特征提取方法研究方面与国外相关技术研究跟进得很好,但其研究速度也同样受制于基础设备的发展。魏学环等将目标噪声特征提取视为无监督学习,利用聚类的方法从目标线谱数据中提取出不同维度的特征参数,将这些特征参数作为区分目标的特征向量,应用于识别检测工作。吴国清等以 RBF 神经网络作为识别目标的手段,通过调整 RBF 的核函数提取噪声信号的多种谱特征。曾庆军等采集了一定量的海上特定环境下多组噪声信号,针对现场的实际噪声数据利用 BP 神经网络提取目标噪声特征,试验表明,提取的效果较好。杨德森等从线谱的形成机制出发提出了目标线谱判别的三要素,然而,从

目前的研究进展来看,由于被动声纳采集到水声信号中目标辐射噪声受海洋环境的影响强烈,而且现阶段海洋环境背景环境由于经济的发展变得越来越复杂,利用传统方法对声纳采集到的水声信号进行处理,所提取到的特征已无法有效地对目标基本特征做出良好的刻画。水声信号本质上是各种噪声的非线性组合,其处理也需要非线性的方式来进行。

目前从应用角度看,深度学习具有非常强的非线性处理能力,它是以统计学的理论与生物科学知识为基础对数据本身的规律加以组织、挖掘,进而实现对数据的理解与合理表示。深度学习从诞生之日起就得到科学界与工业界的重视。2005年前后,以斯坦福大学、蒙特利尔大学等为代表在语音识别、图像分类等领域取得了辉煌成绩,使人们进一步关注深度学习。深层模型和浅层模型除了结构不同之外,由于深度学习模型是基于生物对目标的发现机制所设计的识别模型,使得深层模型在分类识别目标为目的的模型迭代训练过程中,能够通过对模型的收敛约束而自动捕捉到当前数据集的特征。LeCun 等在受到了 Huble-Wiesle 生物视觉模型的启发,于 20 世纪 60 年代首次提出了卷积神经网络模型结构。在当时受模型训练方法的限制,提出的卷积神经网络模型只是在小规模的模型识别问题上取得优秀的表现,但在大规模图像处理上存在梯度消失无法训练的问题,效果无法与传统方法相抗衡。直到 Hinton 等在模型训练方面设计出了可以支持更深层次的模型训练方法后,卷积神经网络模型才可以通过加深层次结构的方式支持海量数据的拟合,从而使卷积神经网络成为在诸如 ImageNet 之类的众多大型数据集上取得了最好成绩的模型之一。同时,卷积神经网络这种直接以原始图像为数据输入的模式识别模型引起了学术界强烈的轰动,得到了科研人员的广泛关注。深度学习模型的设计可以让模型在训练过程中按照模型收敛的约束要求,如提升分类或预测准确性,从多层堆叠的层次结构中获取海量训练数据集中的数据特征。因此,有研究人员将深度模型引入目标特征提取任务中。从结构上而言,与卷积神经网络结构类似的诸多深度学习模型,从模型结构上就具备这种主动从数据集中学习数据特征的能力。深度学习模型由多个隐藏层堆叠而来,隐层之间的数据使用非线性表示传递,这种相邻隐层之间的数据传递可以视为数据本身在不同维度表示时的非线性变换,而这些变换就是样本数据在不同隐层空间中的特征变换。大量试验表明,深度学习模型在有大量样本数据支撑训练的情况下,其主动学习到的样本数据特征往往更能刻画出样本空间内在的隐藏信息。这样的特征提取方法得到的特征,比传统特征提取方法依赖于人工规则构造出的特征更贴近于样本的原本特征。

区别于传统提取水下目标辐射噪声信号特征的方式,以卷积神经网络强大的非线性表示能力为基础,采用卷积神经网络提取水声信号中目标辐射噪声的时频域综合特征。通过在卷积神经网络结构中引入特征空间加权层,从特征图的平面位置信息和特征图间的空间信息两个维度对卷积神经网络所提取的目标特征进行加权组合,通过给特征加权的方式可以有效地区分不同特征对分类识别任务的有效性,解决了卷积神经网络提取到的特征进入全连接层时一维化操作引起的特征位置信息丢失的问题,从而提高特征的利用率;同时加权过程仅来源于卷积运算,并不会引入额外参数,可以有效降低卷积神经网络模型的训练负担。

3.3 特征加权的卷积优化方法

首先分析卷积神经网络的模型训练过程,采用卷积神经网络模型提取水声目标特征,然后针对卷积神经网络在将特征输入全连接层时特征一维化过程中存在特征位置信息与特征空间信息丢失的问题,在卷积神经网络结构中引入特征空间加权层的优化方法,根据特征所在的平面位置信息和空间通道信息对卷积神经网络提取的特征进行加权处理,并设计一种适合于卷积神经网络训练过程的特征加权算法,在详细描述了特征映射空间加权算法的实现过程与机制后,进行试验,验证特征加权算法的实际效果。

3.3.1 特征图加权构建过程

在卷积神经网络结构中,所有原始输入在经过若干层交替的卷积与池化操作后,所得到的特征数据都是以特征图的方式存在。同时,卷积神经网络模型在对提取到的特征进行分类时,按照分类器要求统一将提取的特征通过一维向量化的形式,即首尾依次连接的方式,输入到全连接层进行分类处理。卷积神经网络典型结构如图 3-2 所示。

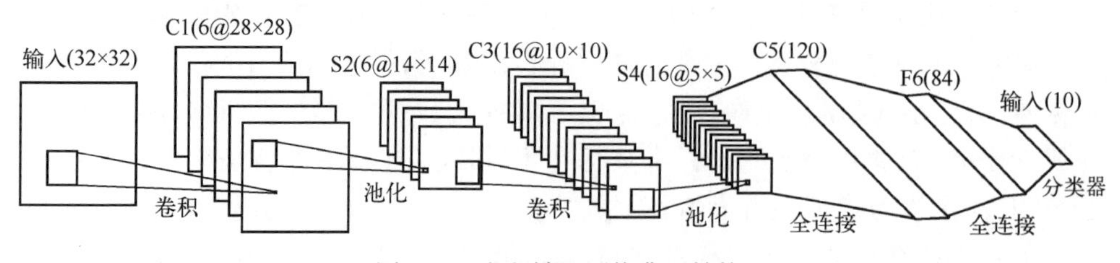

图 3-2　卷积神经网络典型结构

从图 3-2 可以观察到,典型的卷积神经网络(以 LeNet-5 为例)中,输入数据在经过若干的卷积层与池化层的计算操作后,运算所得到的特征都是以特征图的方式存在的,即二维平面的数据,但特征在进入分类器时利用依次连接的方式将原本二维的数据变为一维数据。从模型上看,全连接层和卷积层的主要区别是卷积层嵌入了大量的空间信息,而全连接层则没有[130]。然而特征提取的位置对于分类任务是有贡献的,因此,利用特征所在特征图内的位置信息构成平面内的位置权重,进而将其向量一维化的位序信息构成特征的空间权重。从一维化的特征空间结构来分析卷积结果,可以用一个三维结构的向量组来表示特征,其表示形式为三维结构,其中 Height 与 Width 表示卷积层中的某一个卷积特征图在高度方向的神经元数目和宽度方向的神经元数目,Depth 表示特征图进入全连接层时参数一维化前的特征图数目,具体情况如图 3-3 所示。

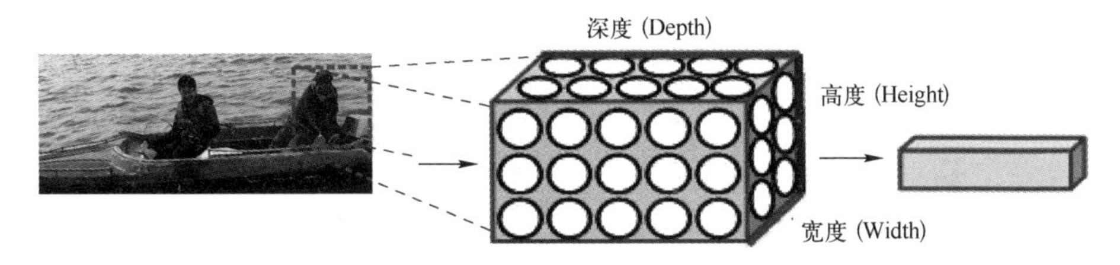

图 3-3　特征图层空间划分(见彩插)

基于这个三维向量组描述可以从立体的角度理解一维化的特征连接,实际上由 Depth 维 Height×Width 大小的二维输入数据组成的集合一同描述某种相同的视觉模式。在全连接层将特征一维化时,实际上是将之前的卷积与池化操作得到若干个 Height×Width 二维输出特征数据去维度化,将得到一维特征向量作为分类器的输入特征向量。在这一过程中,导致特征的位置信息与空间信息丢失,并且丢失的特征不能在以 SoftMax 为代表的分类函数中得到恢复,因此特征的一维化降低了特征的利用率,并且在网络不断迭代反馈调节时间接地影响模型特征提取的质量。

利用特征在特征图内的位置信息与特征图在一维化时的空间位置信息对特征进行加权表示,解决卷积神经网络在将特征输入全连接层时,对特征所做的一维化操作带来的位置与空间信息丢失的问题。在网络对最后一个特征图进行一维向量化之前,利用位置信息强化特征图层的空间信息,使得位置空间信息以权重的形式得以量化,并参与到全连接层的计算中,称为特征加权算法。在结构上称为特征加权层。强化卷积神经网络提取特征的位置信息与空间信息是基于不同的特征图面向模型优化任务的重要程度存在差异的前提,因为在模型训练过程中,不同的卷积核对最终任务的贡献程度是不同的,比如有的特征图中包含的信息会比较单一,而有的因为某些特征信息的表示本身就是非线性的,在经过多个层次化滤波后其特征图里仍然包含许多高层次的特征信息。基于这个前提,在特征图内,也就是特征卷积结构中,每个特征像素的重要程度也是存在区别的。因此整个特征加权过程分成两个部分:一是在特征图内对特征按其所在位置计算出特征位置权重;二是在特征图之间按特征图所在的空间位置进行特征空间权重计算。特征加权过程如图 3-4 所示。

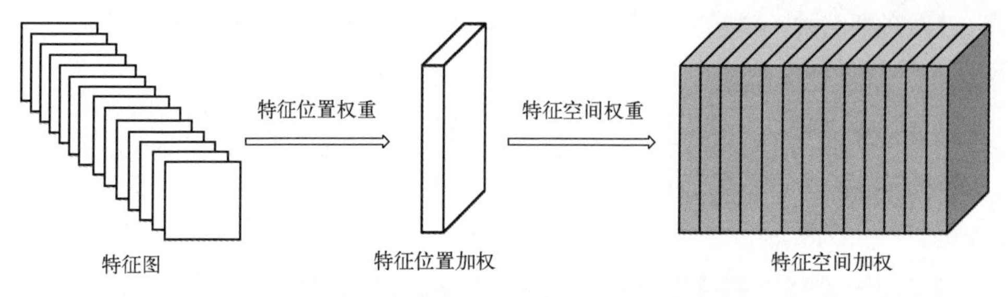

图 3-4　特征加权过程

通过给不同特征图及特征像素赋予相应的位置和空间权值,可利用特征的空间结构信息强化特征的利用率。特征加权构建算法的整体描述如算法 3-1 所示。

算法 3-1　特征加权算法

输入: *fn*=*featureMapNum*,

kn=*kernalNum*,

m,*n*=*featureMap*. *shape*( ),

o,*p*=*kernal*. *shape*( ),

featureMap,

kernal

/ * *

1. *fn* 为特征图个数
2. *kn* 为卷积核个数
3. *m*,*n* 为特征图的维数
4. *o*,*p* 为卷积核的维数

* /

输出: *featureWeighedVector* //输出为一维化的加权向量,大小为 1×(*kn*×*m*×*n*)

1:　*List*(*weightInFeatureMap*) = *CalculateWeightForPixel*(*fn*, *kn*, *m*, *n*, *feartureMap*, *o*, *p*, *kernal*)

/ * *

2:　计算特征图内特征的权重,具体见算法 3-2 特征位置权值计算方法

* /

3:　*List*(*weightOfEachFeatureMap*) = *CalculateWeightForFeatureMap*(*m*, *n*, *feartureMap*)

```
4:      /**
        计算特征图之间的特征权重,具体见算法 3-2 特征位置权值算法
         */
5:      For itemWEFM in weightOfEachFeaturnMap
6:          For itemWIFM in weightInFeaturnMap
7:              featureWeighedVector= featureWeighedVector * itemWIFM
8:          End For
9:          featureWeighedVector= featureWeighedVector * itemWEFM
10:     End For
11:     return featureWeighedVector
```

3.3.2 特征位置权值计算方法

特征位置权值是指在特征图内利用特征所在位置计算特征的权重。源于在特征图内每个像素的重要程度都有区别的思想,利用卷积运算过程中特征的收敛方向作为特征对任务的贡献参照。利用卷积核生成特征位置参考信息,称为特征位置核,然后使用特征位置核对特征图做卷积操作,从而为特征按其所在位置分配不同的权重。特征位置加权过程如图 3-5 所示。

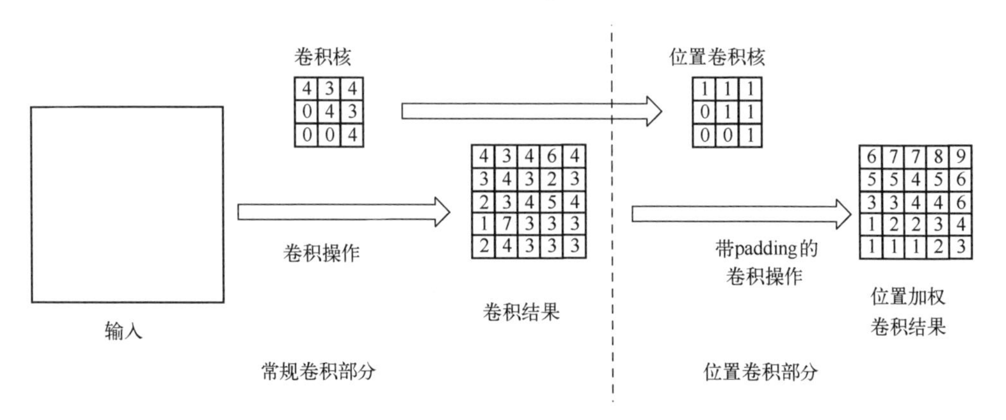

图 3-5 特征位置加权过程

特征位置加权过程分成两个部分:一是常规的卷积运算,输入数据在与卷积核进行卷积操作后得到常规的卷积结果,见图 3-5 中常规卷积部分;二是位置卷积部分,通过将卷积核中正向激励置为 1,负向激励置为-1,从而得到位置卷积核。利用得到的位置卷积核对常规卷积结果做带 padding 的卷积操作,得到位置卷积结果,称为位置加权特征图。经过位置加权后的特征获得特征所在位置的权值加成,从图 3-5 可以观察到通过位置加权的特征趋向更为明显。

需要说明的是，做带 padding 的卷积操作是为了保证位置加权卷积结果与常规卷积结果的尺寸大小相同，从而能够保证位置卷积操作不影响模型的迭代运算。

特征位置加权算法如算法 3-2 所示。

算法 3-2　特征位置加权算法

```
输入：  fn = featureMapNum,
        kn = kernalNum,
        m,n = featureMap.shape(),
        o,p = kernal.shape(),
        featureMap,
        kernal
        /**
        1. fn 为特征图个数
        2. kn 为卷积核个数
        3. m,n 为特征图的维数
        4. o,p 为卷积核的维数
        */
输出：  positionFeatureMap //输出为位置加权向量，大小为(m×n)
1：     //定义与 Kernal 同结构的 positionKernal，以类型 List 为例
2：     List positionKernal = Kernal
3：     //定义与 Kernal 同结构的 positionKernal
4：     List positionFeatureMap = FeatureMap
5：     For item in positionKernal //定义位置卷积核
6：         if item > 0 then item = 1
7：         if item = 0 then item = 0
8：         if item < 0 then item = -1
9：     End For
10：    //计算位置卷积特征图
11：    positionFeatureMap = positionKernal ⊗ positionFeatureMap
12：    return positionFeatureMap
```

3.3.3　特征空间权重计算方法

特征空间加权是从特征图的层次对特征的权重进行梳理，将不同的卷积核视为不同的特征提取器，特征图就可以理解为相应特征提取器所提取出的特征表示。

从目标分类的任务来分析,不同的特征提取器得到的特征对分类任务起的作用是不一样的。由此,在特征图层次上仍需要对特征进行差异化处理。

根据神经认知机理对可塑性突触形成的假设:如果在神经元 y 的近旁存在有比 y 更强的激活神经元 y',则从 x 至 y 的突触连接就不进行强化[131]。也就是说,这种突触连接的强化应符合"最大值检出",即在某一小区域(称为邻域)内存在的神经元集合中,只有输出最大的神经元才发生输入突触的强化[132]。由此可以将以上理论理解为,激活值越大的神经元,对其附近的连接权值影响越大,其重要程度也就越大[133]。定义 x^n 为前述三维特征向量组中的 i 个特征图,S 为特征向量中所有特征图的累加,表示为

$$S = \sum_{n=1}^{K} x^n \tag{3-1}$$

式(3-1)表示将不同特征图中相同位置特征的激活值 x_{ij}^k进行叠加,则 S 记录了所有特征图平面内 x_{ij}所在位置的不同累计激活值,称为特征位置激活响应度。为了保证权重的表示范围规范,对权重做归一化处理,即

$$\boldsymbol{S} = \left(\frac{S_{ij}}{\left(\sum_{m,n} S_{mn}^{a} \right)^{\frac{1}{a}}} \right) \tag{3-2}$$

式中:S_{ij}为 S 中第(i,j)个特征值;a 为归一化影响因子,视特征提取情况选择,取 1 为不影响。

通过式(3-2)可以得到不同位置的特征在所有特征图中的空间权值矩阵,称为特征层间权重。其物理含义表示特征在模型任务中的重要性。

对于特征图之间的权重衡量,参考图像差异化表示方法,基于图像熵提出图像灰阶熵的权重计算方法。因为某些特征信息可能是线性不可分的,所以经过多层提取后的其提取结果中仍然包含许多信息。因此,对于每个特征图的重要程度可以用其中包含的信息量多少进行描述。信息熵可以作为衡量信息量大小的标准,它从平均意义上反映信源总体特性的统计量化指标。对于某特定的信源,其信息熵只有一个。不同统计特性的信息来源,其信息熵也会有相应的变化。针对未知性较大的变量,其信息熵的个数也相对较多[134]。

选择特征图的邻域激活均值作为激活值分布的空间特征量,与特征图内某一像素的激活值组成特征二元组。图像熵中的灰度值作为图像的一个离散化数据,在计算特征图的图像熵之前,对特征图中的每个特征点 x_{ij}^k做归一化处理,处理过程为

$$\delta(x_{ij}) = \left\lfloor \frac{(x_{ij} - X_{\min})}{X_{\max} - X_{\min}} \right\rfloor \tag{3-3}$$

式中:x_{ij}为某像素点的激活值;$X_{\max}$、$X_{\min}$分别为激活函数有效的下界和上界;m 为离

散后的区间长度。

计算得到特征点的激活权重值后，将每个特征图视为特征组成图像继而求图像的灰阶熵，利用图像的灰阶熵标定特征图之间的差异性，得到特征在特征层上的特征空间权重。最后将特征位置权重矩阵、特征空间权重矩阵与特征位置卷积图相乘，得到特征加权后的一维化结果。因为一维化后的结果可以直接参与到卷积神经网络的后续计算中，所以特征加权方法在不破坏卷积神经网络训练过程的同时提高了特征的利用率。特征空间加权算法描述如算法 3-3 所示。

算法 3-3　特征空间加权算法

```
输入：  positionFeatureMap,
        pn=positionFeatureMapNum,
        m,n=positionFeatureMap.shape()
        /**
        1. pn 为位置加权特征图个数
        2. m,n 为位置加权特征图的维数
        */
输出：  featureWeighedVector//输出为一维化的加权向量，大小为 1×(kn×m×n)
1：     //在所有特征图中计算具体位置的特征的空间权重
2：     List S[i] = positionFeatureMap
3：     For i in range pn
4：         For item in positionFeatureMap
5：         S[i] = itrem + S[i]
6：         End For
7：     End For
8：     Normalized(S)
9：     //计算特征图的灰度矩阵
10：    List grayScale
11：    For i in range pn
12：        For item in positionFeatureMap
13：        grayscale[i]=grayscale[i]+grayscale(item)
14：        End For
15：    End For
16：    Normalized(grayScale)
17：    //计算空间权重矩阵
18：    featureWeighedVector= Entrop(grayScale ⊗ S ⊗ positionFeatureMap)
```

```
19:      //一维化输出结果
20:      Return reshape(featureWeighedVector, 1, 1×(kn×m×n))
```

3.4　试验与结果分析

3.4.1　试验设置

为了验证在网络结构中引入特征空间加权层的有效性，需要使用真实环境下的包含目标噪声的水声信号数据来训练深度卷积神经网络，以期获得真实有效的结果。为了保证数据的有效性，开展了湖上数据采集试验。在湖上采集的样本数据可以提高模型的训练效率，从而进一步调整与优化算法及参数，增强算法的适应性，并可以发现模型存在的问题，尝试探索数据处理方法的调整。

1. 试验时间及地点

试验时间：2018 年 5 月 19 日至 21 日，其中 19 日进行试验设备的调试和准备，20 日、21 日在松花江形成的内湖上开展数据采集试验。

试验地址：哈尔滨市松花江下游阿什河入口处，北纬 45°48′52.44″、东经 126°41′52.00″，具体天气等外界自然条件如表 3-1 所列。

表 3-1　江上实际场景实验自然环境信息

时　　间	温度/℃	湿度/%	风速/(m/s)	水速/(m/s)
2018 年 5 月 19 日	11~29(预报温度) 26~28(采集数据温度)	15	4(西南)	7
2018 年 5 月 20 日	16~29(预报温度) 27~29(采集数据温度)	14	10(南)	12
2018 年 5 月 21 日	16~28(预报温度) 26~27(采集数据温度)	19	8(西南)	10

2. 试验环境与设备

信号采集设备：40 路水听阵节束，顺序排列。

目标船：船长 3m，在距离信号采集设备的一定位置上通过锚链固定在湖中，并带有发电机。

音频发射换能器：由目标船携带，按要求发射一定频率的噪声信号。

3. 试验过程

本次试验采集低频换能器发出的单频信号(置于小船，并用锚链固定于江面上)，为保证试验采集的数据质量，在换能器工作发出单频通信信号时，将目标船体的推进动力装置关闭,仅保留供电发动机。

按照目标船体距离采集点的不同及换能器发射的单频信号不同,录取了多组工况数据,每种工况数据采集过程持续 10~15min,试验数据采集情况如表 3-2 所列,试验中共记录了约为 36GB 的数据。

表 3-2　江上实际场景实验数据记录与分布

工况级别/Hz	距离/m	换能器发射声源级/dB	方　向
200	103	147	正前方
200	298	147	正前方
200	326	145	正前方
500	324	145	正前方
500	448	145	偏东
500	693	145	偏东
500	1020	145	偏东
800	319	148	正前方
800	449	148	偏东
800	693	148	偏东
800	1020	148	偏东
1000	324	145	正前方
1000	449	145	偏东
1000	691	145	偏东
1000	1020	145	偏东

3.4.2 LoFAR 谱分析

目前,对水声目标的特征提取与水声信号分类可以利用信号的时序结构、功率谱或是时频谱图等特征分析展开。为了更全面地分析目标噪声在真实环境下的特性,研究它的声学线谱特征是很有必要的。假定目标噪声由线谱和连续谱组成且符合平稳态随机过程,其中,线谱通常分布在 1kHz 以下的低频端。将多组具有随机相位的正弦波作为目标信号的线谱分量,表示为

$$S(nT) = \sum_{k=1}^{K} A_k \sin(2\pi f_k nT + \varphi_k) \tag{3-4}$$

式中:K 为线谱数量;A_k为第 k 条线谱的幅度;f_k为线谱频率,在模拟不同的信号时,f_k控制在 1kHz 以内;φ_k 为随机的相位。时频分析可以从 LoFAR 分析角度进行。虽然信号具有非平稳性,但是在局部时间内还是具有平稳特性的。因此,LoFAR 谱

图利用这一特点,将信号做短时傅里叶变换得到时变功率谱,并以时间顺序展开,得到关于时间和频率的二维图像。其具体处理流程如下:

(1) 定义 $S(n)$ 为原始信号的采样序列,将其分成 K 个连续部分,每个部分再分别进行设置。

(2) L 个采样点。其中 K 个连续部分之间允许有数据交叉重叠的部分,如交叉重叠度可以设置为 50%,或者根据具体情况综合确定。

(3) 定义 $M_j(n)$ 为第 j 段信号的采样样本,并对其做归一化和中心化处理。其目的是让信号的幅值在时间上分布均匀和达到去直流使样本的均值为零。其归一化处理操作为

$$u_j(n)=\frac{M_j(n)}{\max[M_j(n)]}(1\leqslant i\leqslant L) \tag{3-5}$$

为了便于进行傅里叶变换,通常将 L 的取值设置为 2 的整数次幂。其中心化处理操作为

$$x_j(n)=u_j(n)-\frac{1}{L}\sum_{i=1}^{L}u_j(i) \tag{3-6}$$

(4) 定义 FFT$\lfloor * \rfloor$为短时傅里叶变换,经过变换后得到第 j 段数据信号的 LoFAR 谱图,其操作为

$$X_j(k)=\mathrm{FFT}\lfloor x_j(n)\rfloor \tag{3-7}$$

将上面获得的各段数据的功率谱按时间顺序依次展开,即得到完整的 LoFAR 谱图。

虽然 LoFAR 谱图是二维图像,横轴表示时间,纵轴表示频率,但反映的是三维信息。可以用灰度值的大小来表示在该时间和该频率下的能量大小。将 LoFAR 谱图作为目标特征提取的对象,是因为 LoFAR 谱图含有目标多维的特征,所携带的信息量丰富并且其二维数据结构正好满足具有特征抽取能力的卷积网络输入要求。

3.4.3 特征提取所用网络模型

依据第 3.4.1 小节介绍的试验样本集合,选取工况级别为 200Hz、距离为 326m、换能器发射声源级为 145dB 的数据作为目标 1;选取工况级别为 500Hz、距离为 324m、换能器发射声源级为 145dB 的数据作为目标 2;选取工况级别为 800Hz、距离为 324m、换能器发射声源级为 145dB 的数据作为目标 3。具体数据量如表 3-3 所列。每组选取 1300 个样本作为训练样本,余下的作为测试样本。训练样本约占总样本数的 75%,而测试样本约占总样本数的 25%。

表 3-3　试验样本(LoFar)总体情况

目标分类	目标 1	目标 2	目标 3
样本数量	1700	1650	1700

传统卷积神经网络和特征加权卷积神经网络使用大致相同的网络结构,依前所述,特征加权卷积神经网络在内部增加加权操作,最后一层为 Softmax 分类层。特征加权网络结构与参数如表 3-4 所列,其中网络的输入为 224×224 的 LoFAR 二维灰度图,第一层为 8 通道卷积层该层卷,感受野大小为 5×5 ,滑动步长为 2;第二层池化层的输入大小为 55×55,池化窗口为 3×3,滑动步长为 2。随后卷积池化层交替连接,再经过加权操作得到一维特征向量输入到全连接层。

表 3-4　特征加权卷积神经网络参数

层　　数	通　道　数	卷积核大小	输 入 大 小
卷积层 1	3×3	5×5	224×224
池化层 1	48	3×3	55×55
卷积层 2	128	3×3	27×27
池化层 2	192	3×3	13×13
权重	192	—	13×13
Softmax	192	—	192

3.4.4　结果及分析

网络结构差异和网络参数不同,都有可能会对试验结果造成影响。以特征加权卷积神经网络结构为蓝本,分析滤波器大小和滤波器数量的不同对试验结果造成的影响,及在使用不同激活函数情况下的分类效果。感受野的大小反映了对特征图处理的粒度,感受野越大,滤波器所提取的局部区域就越大,反映的特征就越粗粒化。极端情况下,感受野为整个特征图,提取的特征就是全局特征。在对滤波器按照表 3-5 所列的设计方案进行调整,再进行试验结果分析。

表 3-5　特征提取模型中感受野调整方案

方　　案	卷积层 1	池化层 1	卷积层 2	池化层 2
方案 1	36×25	3×3	36×25	3×3
方案 2	40×45	3×3	40×45	3×3
方案 3	18×15	3×3	18×15	3×3

感受野调整方案中,以方案1为基准,方案2则是朝着感受野窗口增大的方向进行调整,也就是说,粗化了特征提取的粒度;方案3则是将感受野窗口减小,是朝着更小的局部区域进行特征提取的。试验结果如图3-6所示,从图上可以看出,局部感受野小的分类效果优于局部感受野大的分类效果。分析的窗口越小,提取的特征越具体,越能反映出目标特有的类别信息;反之,提取的特征越没有表现力。

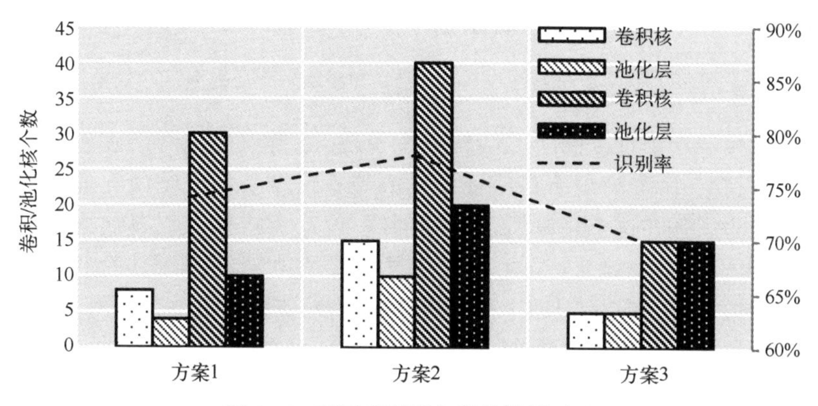

图3-6　不同感受野方案的结果对比

对于卷积网络中的每一层来说,有多少个滤波器就对应着多少个特征图,每个特征图又对应着一个权值矩阵。每个滤波器又视为一个特征分析角度,用所有滤波器的排列组合表征了上一层的数据特征信息。理论上,越详尽、越完备的滤波器组,对数据特征的分析能力就越强。但是太过完备的滤波器组会带来分析角度的冗余,并且会给网络带来更多的参数,进而影响网络的训练效率。如果滤波器设置过少又不能完全覆盖输入信息的所有特征,反而使得分析能力弱化。

从增加滤波器组数量和减少滤波器组数量两个方向进行对比试验,滤波器组设计方案如表3-6所列。

表3-6　滤波器数量与调整方案

方　　案	卷积层1	池化层1	卷积层2	池化层2
方案1	8	8	30	30
方案2	15	15	40	40
方案3	5	5	15	15

试验结果如图3-7所示,增加滤波器数量确实可以使得识别率有所提升,这与之前的理论分析结果相一致,即更完备的滤波器组对特征表现力更强;相反,相对单薄的滤波器组则对特征表达力不够。

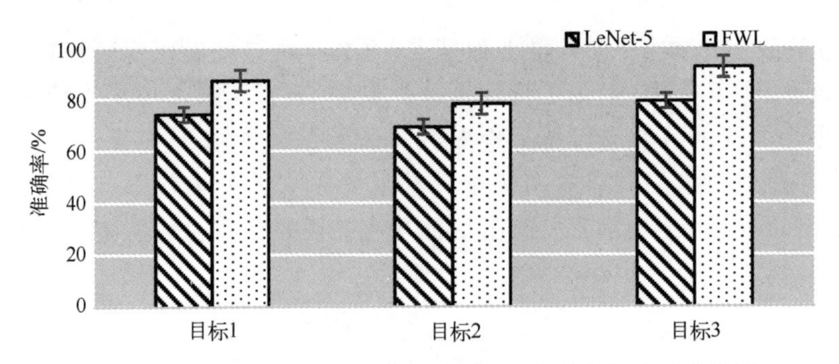

图 3-7　FWL 方法与 LeNet-5 卷积神经网络特征提取试验效果

通过对传统卷积神经网络的结构分析发现,当卷积神经网络在进行特征的全连接操作时,存在丢失特征所在特征图内的位置信息及特征图所在通道的空间信息的问题。为了弥补这个结构所造成的问题,设计了特征加权算法来强化全连接操作时的特征组合,主要从特征在特征图内的位置和特征图所在的通道空间两个维度进行加权组合,将空间中相同位置激活值的均值作为该空间位置的权重,将通道上每个特征图的图像熵值作为该通道的权重。由于位置信息与空间信息全部取材于模型的训练过程,因此特征加权过程不会引入额外参数,从而有效地提高模型的分类准确率。

第4章

基于注意力机制的水声信号分类卷积神经网络模型

4.1 引 言

随着研究的深入,计算机在图像分类中已达到甚至超过人类的水平,但是在水声目标感知领域,由于分类类别不够精细化,模型在实际应用中往往无法满足用户的实际需求。在水声目标智能感知中,由于在实际环境下各式各样目标的大量数据集难以收集和获取,只能以有限数据进行模型训练,同时在基于深度学习的水声目标感知过程中,还需要对提取的特征进行降维,如何保证在降维过程中尽可能地使特征不丢失是个难题。本章将深度学习模型引入水声目标感知领域,结合注意力机制提出一种可快速降维的注意力卷积神经网络模型(Faster Reduced Dimensional Convolution Model with Attention,FRD-CMA),FRD-CMA 基于卷积核与特征图对应关系形成注意力描述并以此进行快速降维,从而降低模型在小数据集上应用时存在的过拟合风险。同时,利用 FMCC 对模型输入单个水听器采集的信号进行预处理,将水听器阵中多路水听器采集的信号依照其时序关系进行矢量化处理和拼接,并将生成的矢量化数据处理成热力图形式作为模型训练的输入数据,从而既保持水声信号特征不被破坏又保持模型对特征的刻画能力。通过试验对比表明,FRD-CMA 对水声目标分类有明显改善。

4.2 问题描述

传统的水声信号预处理的目的是去除噪声,提高信号增益,并对各种因素造成的声信号弱化现象进行复原。国外常用的信号预处理方法有信号相关、自适应噪声抵消、小波分析、盲信号处理等。对水声信号进行谱估计是当前处理目标分类与识别及跟踪的有效手段之一，从功率谱中提取目标特征参数按提取过程方法不同，可以分为非参数化的谱估计、参数化的谱估计及高阶谱估计三种[135]。作为传统信号分析方法，在基于频谱分析的特征提取方面，国内外的学者都做了不少研究。Fargues 对海洋哺乳动物的声信号利用 AR 模型分析其声音信号的频谱，将得到的参数作为特征值用于对海洋生物进行分类识别研究[136]。同时，近几年大量的研究聚焦于利用小波变换分析以实现目标识别。有试验表明，在选取合适参数的情况下，由于小波变换对目标噪声的时变性捕捉较好，可以使目标辐射噪声的一部分频谱能量相对集中，从而便于提取出目标的优质特征为目标分类识别服务。比较常见的使用小波分析进行特征提取的应用主要有小波系数幅值分布特征和频域离散小波变换特征两种类型。Cornel Ioana 等提出了用小波变换对目标信号分解后进行重新组合，把小波分析作为辅助手段对重构的信号进行 Warpping 处理，从而得到特征值[137]。由于传统的目标特征提取方法提取特征表示相对单一，并不能很好地应用于卷积神经网络中，研究人员纷纷对水声信号数据处理展开研究。Cao 对目标噪声信号数据进行 ZCA 白化处理，并将其作为支持向量机和概率神经网络的输入取得 94.1% 的识别率[138]。Zhou 认为，虽然 MFCC 在表达水声目标特征是否适用仍不清楚，但是由于现实场景中声纳员对水下目标的识别过程与人耳对语音识别的原理是一致的，因此尝试将 MFCC 作为目标特征提取方法。试验证明，MFCC 所描述的特征可以很好地表达并区分摩托艇、鲸、海豚及潜水员等目标[139]。

作为机器学习的一个新领域，深度学习旨在建立模拟人脑分析与学习的神经网络。缘于硬件技术的发展，近几年来高速计算芯片的研制成功及制造成本的快速下降，使深度学习在各行各业中都取得了突破性的进展。从模式识别的角度来说，几乎所有的感知与识别问题都可以转化为分类问题从而解决掉，水声目标感知也是基于水声信号分类来实现的。然而，目前水声信号分类和目标识别的主要方法仍聚焦在水声信号处理方面，如主要集中在传统的 DEMON 与 LOFAR 特征提取和其他现代信号处理技术的特征提取上[140]，无法发挥当代计算机强大的计算能力。将深度学习引入水声目标感知的信号分类中，借助于深度学习强大的数据拟合能力，为水声目标感知提出一个水声信号数据分析方案，是一个可行且让研究人员热衷的解决办法。

就目前水声信号分类而言，深度学习的引入需要解决两个问题。

第一个问题是深度学习模型进行训练时需要大量的数据集支撑的问题。众所周知，深度学习模型是基于多层神经网络实现的非线性拟合模型，拥有大量的学习参数,对模型进行训练需要大量的经人工标记过的数据。早期提出的深层学习网络模型之所以较难收敛,主要有两方面的因素:一个是早期的深度学习网络模型,无论是结构设计还是函数搭配没有像现阶段深度学习模型设计的精巧,模型的激励函数当时多选择为 sigmoid 或者 tanh 函数,有研究证实,sigmoid 或者 tanh 函数作为激励函数受参数初始化影响较大且伴随层数的增加会产生梯度消失的情况。另一个是缺乏大规模有标记数据集的支持。深度学习模型参数的优化是依靠迭代训练实现的,大量待拟合参数通过大规模的迭代训练实现最佳的选择,这个过程如果没有大量的有效数据支持,其结果是可想而知的。在早期的深度学习模型研究过程中,由于可用的数据集规模小,无法支持模型训练,因此很难取得成功。2012年,有学者推出多达 120 万张标注样本的 ImageNet 训练数据集后没有大型数据集支撑模型训练的问题才得以解决[50]。标准数据集对于深度学习模型训练的影响可见一斑。深度学习之所以能够在各种应用中取得惊人的成绩,与大量的标准数据集是分不开的,可是在水声目标感知与识别领域并没有像 ImageNet 那样具有可用于模型训练的公开标准数据集,研究人员多选择自己所拥有的数据集。由于水声目标感知与识别领域存在可用数据少、试验数据标准不一的情况,因此深度学习与水声目标感知与识别领域结合,要解决的问题之一是如何用小数据集来训练深度学习模型,并想方设法降低模型的过拟合风险。

第二个问题是如何对水声信号进行预处理,将深度学习应用于水声信号分类,在模型上应该选择目前在图像识别领域上获得较大成功的卷积神经网络模型。卷积神经网络模型具有独特的网络结构,使其适应于图像识别应用。在声音识别领域,卷积神经网络也有较为成功的应用。但目标辐射噪声经过与环境背景噪声、传输信道的非线性作用,在传感器采集到的水声信号中的特征有了很大的变化,虽然深度学习结合于语音识别领域且已成熟应用,但在水声目标感知和识别领域还处在探索的阶段。主要问题是水声信号与现实世界的语音信号无论是成因还是成分都有很大的不同,水声信号多为水中目标辐射噪声与环境背景噪声的混合,由于水下环境复杂和水声通道的特殊性,目标辐射噪声的特征分离与提取较为困难。如何在数据预处理阶段找到一种既可以尽可能保持目标辐射噪声的所有特征,又能较好适应卷积神经网络模型并保持卷积神经网络模型的拟合能力的数据预处理方法,就显得尤为重要。由于水声信号的复杂性和研究样本的局限性,如何提取有效的特征从而很好地支持深度学习模型一直是研究界的难题。从当前的研究情况来看,基于水声信号的目标感知与识别工作过程,还是以声纳员的主观听觉判断为主。声纳员在进行结果判定时受外界影响较大,同时其身体素质与精神状态也不可避免地影响其对目标感知识别的准确率。从实现工作过程来看,声纳员直接根据听觉系统收听到的水下目标辐射噪声的音频信号对目标类别进行分析的过程,是一个典型的模式识别过程。从工作实质来分析,它实际上是一个声音辨识的过程。针对声音信号,声纳员同样也是从声音音调、声音响度和声音音色等方面辨别目标噪声的特点的,这一过程不仅与目标辐射噪声的频域特征有关,而且与目标噪声的时域变化特征关系密切[141]。据此,根据声纳员的识别过程将水中目标设想为一个在水介质中发声的个体,借助声音识别的方法来研究水声目标噪声的时频域特征,成为水声信号预处理的方法。研究表明,利用倒谱特征表示目标辐射噪声的时频域特征在目前复杂水下环境中是一种较好且易实现的方法,同时,倒谱特征可以事先设定维数较易于与深度学习模型结合。根据求取倒谱算法的差异,求取声音信号倒谱特征主要有线性预测倒谱、Mel 倒谱等方法,其中,由于 Mel 倒谱特征能够很好地表现人类听觉系统的特性。水下发声体的声频冲激响应是由目标的物理参数等固定量所决定的,因此直接利用发声体的声频冲激响应作为感知识别特征可以很好地反映水下目标类别间的区别。同时,基于梅尔倒谱对目标噪声进行描述,提取发声体冲激响应在倒谱域中的表示,组成分类识别特征矢量。由于倒谱特征是时域特征的一种较好的描述,倒谱域其本质也是一种时域表示,这种倒谱描述既考虑了噪声激励源和声道的特点,又体现了人耳的听觉规律,与实际中声纳员所听到的噪声内容及其产生途径相接近,从一个侧面描述了声纳员的听测经验[141]。由于在水声信号采集过程中,为了能够获取尽可能多的数据,一般采用多个水听器组成阵来录取水声信号。将这些水声信号进行预处理后获得的按照水听器的排布位置进行拼接,这样既能满足深度学习对训练数据量的要求,又能符合水声信号的时序关系。本章提出快速降维的注意力机制卷积神经网络模型,基于输入数据可以快速按特征关注度进行快速降维,从而降低模型的过拟合风险。

4.3 基于注意力机制的卷积神经网络

近年来,生物学研究人员发现,人类在观察事物时凭借自身的直觉会不经意地将注意力快速集中到有价值的目标上,从而可以在大量的信息中快速地获取高价值的知识。这样的知识获取方式,生物学将其定性为人类的注意力机制。从 2014 年谷歌公司 Deep Mind 研究小组发表关于视觉注意力机制的文章开始,注意力机制陆续被引入到自然语言处理[142]、机器翻译、目标分割[143]等各种行业的应用中。本章针对目前将深度学习模型引入水声目标感知时,存在由于数据量偏小而模型在训练过程中易引起过拟合的问题,利用卷积核的运算梯度作为模型对数据的注意力,从而引导模型收敛,形成快速降维的注意力池化卷积模型,模型以卷积核作为注意力机制的描述在不额外增加模型参数的情况下可加快模型的训练速度。

4.3.1　MFCC 的数据拼接

数据预处理作为深度学习模型训练的一个重要部分,一直以来受到广大中外学者和研究人员的关注。在数据预处理阶段,首先对水声信号数据以 100ms 为单位进行分段,针对每段信号数据提取其 MFCC,将其变成定长的矢量化数据;然后将定长的矢量化数据按实际水声信号采集过程中水听器的排布位置及其时序关系进行拼接,继而将其转成对应的图片形式作为深度学习模型的输入数据集。

水声信号数据预处理过程如图 4-1 所示。

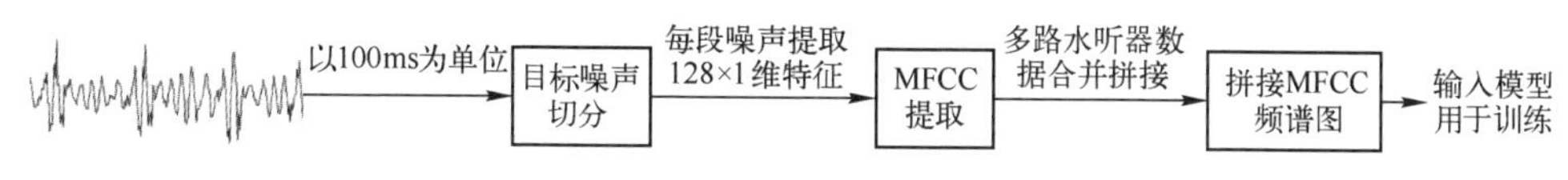

图 4-1　水声信号数据预处理过程

以第 2 章在消声水池中采取的水声信号数据作为输入,进行 MFCC 的提取和拼接,考虑卷积网络的结构特性,采用中间 16 路水听器采集的水声信号数据进行分切,分切单位为 100ms,然后再进行拼接,从而形成训练卷积网络模型的输入数据集。

1. MFCC 提取

使用传统的 MFCC 提取过程对水声信号数据进行特征向量的提取,其 MFCC 处理过程如图 4-2 所示。

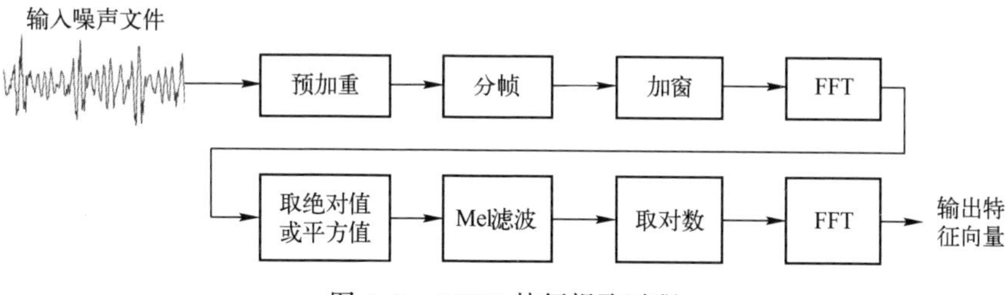

图 4-2　MFCC 特征提取过程

MFCC 的提取下式所示:

$$m = 2595\lg\left(1+\frac{f}{700}\right) \tag{4-1}$$

针对每段噪声分 512 帧,利用 16 个三角滤波器同时提取 MFCC 和一阶动态 MFCC,从而每段分切后的噪声数据得到一个 128×1 维的特征向量。

2. 多路数据拼接

每段水声信号数据通过上一步将得到相应的 MFCC 表示。按多路水听器的排放位置及数据之间的时序关系进行拼接,从而形成深度学习模型输入数据集。

图 4-3 为对 6 组水听器采集的数据进行拼接处理的结果。

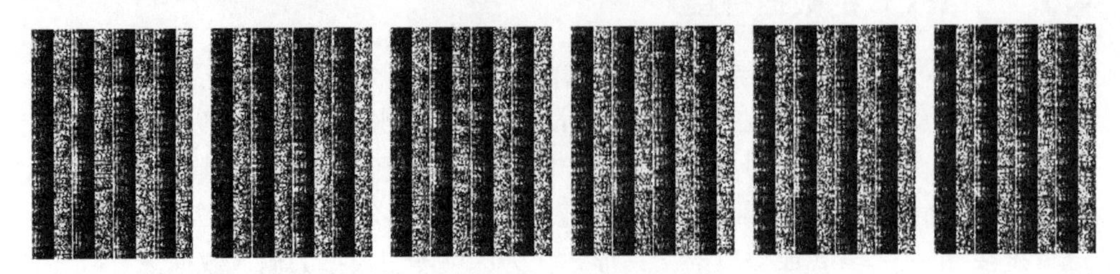

图 4-3　6 组水听器信号的 MFCC 特征拼接结果

4.3.2　卷积神经网络池化操作分析

卷积神经网络通过对输入数据进行逐层线性和非线性映射处理,这种网络结构能够有效且更加抽象描述出具有复杂分布的图像信息,从而提取出深层次的图像特征[144]。利用上述理论,把卷积神经网络在处理图像方面的独特能力应用在对 LoFAR 谱图的处理上,进而对目标信号进行深层特征分析,最后利用提取到的深层特征进行水声信号分类。

卷积神经网络在对 LoFAR 谱图进行分析时,其卷积滤波器在沿着频率轴方向扫描时是对局部时间上不同频率信号进行分析的,这样会保留 LoFAR 谱图的短时平稳态信息,而滤波器在沿着时间轴方向扫描整个 LoFAR 谱图时又保留了信号的时序特征,进而实现了对信号从时域和频域两方面的综合。卷积神经网络中每一层都是由多个二维特征图排列而成的,每个特征图中一个像素代表一个神经元节点[49, 144]。卷积神经网络训练过程如图 4-4 所示。

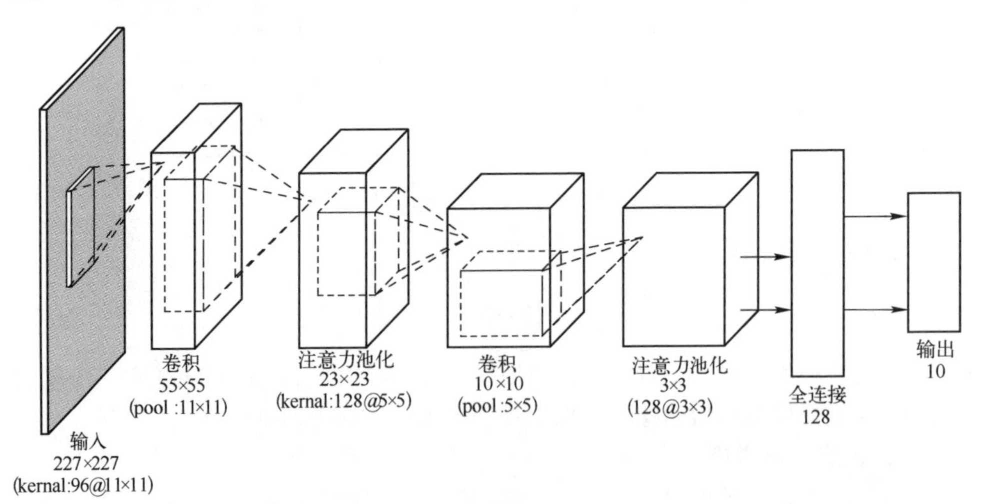

图 4-4　卷积神经网络训练过程

卷积神经网络把神经元节点分为卷积神经元和池化神经元。池化神经元组成二维池化特征图,其激活值对应特征图像素值,而池化特征图的组合又形成了池化层。卷积神经元、卷积特征图和卷积层之间存在类似的关系[145]。卷积神经网络以卷积层和池化层交替栈式结构连接而成,网络将二维图像数据作为输入。区别于传统模式识别手段,样本的数据处理、特征提取及分类流程都隐式地嵌入这种深度互联结构的卷积网络中。一般情况下,卷积层又称为特征提取层,前一层的某一局部感受野以适当大小输入到卷积层对应的神经元上,将这一过程称为提取局部特征,也就是说,局部特征之间的位置关系较上一层的输入是未发生位置变化的;又将池化层称为特征映射层或下采样层,将每个特征图映射为一个平面。为了保持特征映射过程中特征的位移、旋转不变性,卷积层的激活函数通常采用激活值不易发散的 Sigmoid 函数。另外,因为每个特征映射层上的神经元采用权值共享的原则,从而极大地减少了网络参数的数量,又避免了过多的自由参数带来的过拟合现象[49]。网络中每一个特征提取层(卷积层)后伴随着一个特征映射层(池化层),这种带有池化结构的网络,可以使得模型对原始数据具有很强的降噪和抗干扰能力。池化层中某一区域内的多个神经元中,只有激活值大的神经元才能起到强化权值的作用,符合了神经元“最大值检出”假说。这种神经元在不断强化自身的同时还控制了周围神经元的输出结果,也就是特征映射图中提取到的特征为每个局部区域的相同特征[114]。

通过图 4-4 可以看出,卷积神经网络结构以原始图像作为网络输入,每层各个特征图中的相邻神经元以卷积核大小为单位,逐层将局部信息向下层传递,而下层则对传递过来的信息进行卷积运算即特征提取,如边缘特征或方向特征[146]。网络的训练过程则是不断修改卷积核中参数的过程。同一个卷积核是被特征图所共享的,可以视卷积核为一个可滑动的滤波器,扫描整个特征图的过程即为对某一特征进行提取的过程。作为二次特征提取的池化层可视为模糊滤波器,可以理解为将众多杂糅在输入数据中的特征信息经过网络过滤最终分散到各个低分辨率特征图上。

4.3.3　基于注意力机制卷积神经网络的结构改进

从深度学习模型的应用过程来说,在卷积神经网络中通过卷积操作获得相应数据集的代表特征之后,可直接使用这些特征对数据集做分类操作。如果直接训练,则会面临极大的计算量挑战。研究人员从生物学得到启发,利用人类在图像分类识别时具有的“静态”属性,对不同位置特征进行聚合统计,经过聚合统计后得到的统计特征可以有效降低原来提取到的特征维度,减少模型计算量从而提高模型的运算效率;同时大量减少的特征维度,还可以让模型只需要较少的拟合参数就可以实现对数据集的描述,从而降低模型的过拟合风险。卷积神经网络将利用这种聚合操作称为池化操作[125]。

传统卷积神经网络结构中的池化策略有一般池化、均值池化、最大值池化[125]、重叠池化[49]、空间金字塔池化[147]及随机池化等。均值池化用于图像中不重合的区域,具有可以减小因池化区限制引起的估值方差大的优点,保留更多原有目标的背景信息。最大值池化利用池化区域中的最值作为池化结果,可以有效减少卷积层参数误差引发的结果偏移,最大化地保留目标的细节特征;但过多的细节特征在后期的拟合过程容易出现模型过拟合。随机池化在每个池化区域内按概率选取激活项,利用概率选择的方式为池化操作添加随机特性,有效防止模型训练时出现过拟合。重叠池化会在相邻池化窗口之间包含重叠区域,提高了池化操作结果的分辨率。有试验表明,在仅使用重叠池化的情况下,模型识别的 Top-1 和 Top-5 的错误率有 0.4%~0.3%的下降。空间金字塔池化作为一种特征提取方法,与 Sift、Hog 等特征息息相关。空间金字塔池化是一种典型的多尺度图像池化操作,在池化过程中由于存在多个尺度的描述信息,因此可以获取更多目标特征。

传统的池化策略是所采取的池化策略都是固定的,即池化操作时只是单纯粗暴地对上一层卷积结果进行降维,导致池化过程只是为了快速降低模型要处理的数据维度而与任务优化无关。为此,本章提出一种结合卷积神经网络和注意力机制的池化拼接模型,模型整体分为层间特征注意力池化模型与面向全连接层的特征拼接的注意力拼接模型。层间特征注意力池化模型在进行池化操作时充分考虑模型使用的卷积核特点,依照卷积核特点进行池化,不仅可以较大幅度地提高池化的尺度,对特征图进行快速降维,还可以防止在较小的数据集上使用深度学习模型易引发的过拟合现象。同时,以注意力机制描述的池化操作进行的可以在快速降维的过程中保持输入数据的特征不丢失,提高模型的优化效率。

1. 基于注意力模型加速池化操作

编码器-解码器结构在多个领域展现出先进水平,但这种结构将输入序列表示为固定长度的内部表示。限制了输入序列的长度,也导致模型对特别长的输入序列的性能变差。利用注意力模型可以将关注点从前 n 个固定序列中解放出来,从而做到关注想要关注的 n 个前序序列。注意力机制是一个将编码器-解码器结构从固定长度的内部表征中解放出来的方法。通过保持模型对输入序列处理过程中每一步的中间输出结果,训练模型学习如何选择性地关注输入,并将其与输出序列中的项联系起来。基于生物学提出的注意力机制可以了解人类在对目标进行观察时,其实并不是按顺序依次对目标进行细致的观察,其大多数是根据观察目的将注意力集中到目标的特定部分以完成对目标的快速了解,而且人类在观察目标时会积极调用之前储备的与当前观察任务相关的先验知识，从而实现快速的注意力资源分配[148]。

使用注意力模型来加速池化操作的降维过程，如图 4-5 所示。

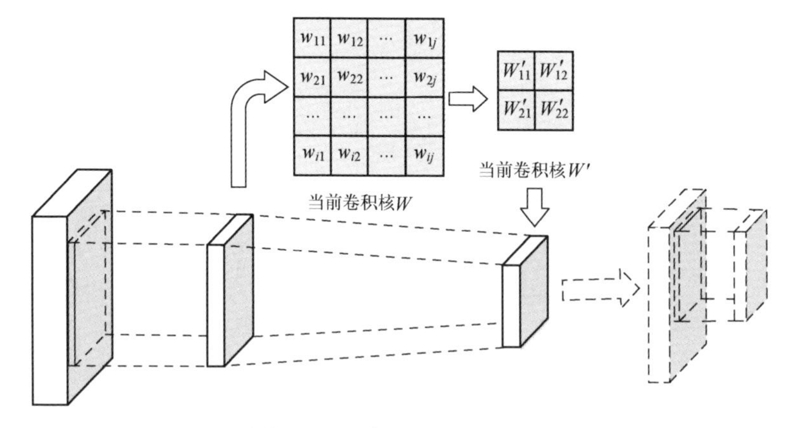

图 4-5　注意力池化训练过程

简单地说，模型在进行池化时充分考虑上一层卷积核的作用，并以上层卷积核作为模型的注意力使用，在提取卷积核的特征基础上进行池化。模型使用 AoC_{L_i} 表示，其计算公式为

$$\mathrm{AoC}_{L_i}=\mathrm{eigVector}(k_i)\cdot\mathrm{Area}(k_i) \tag{4-2}$$

式中：L_i表示第 L 层第 i 个池化结果；eigVector(k_i) 表示第 k_i 个卷积核所提取的特征向量；Area(k_i) 表示第 k_i 个卷积核所覆盖的区域。注意力池化算法如算法 4-1 所示。

算法 4-1　注意力池化算法

输入：　*kernal*//上层卷积核

　　　　m,n = *kernel.shape*( )//卷积核大小

输出：　*kernalDivergence*//卷积核特征与池化结果

1：　//判断卷积核散度并提取卷积核特征

2：　*kernalDivergence* = *Divergence*(*kernal*)

3：　For i in range(m)

4：　　　For j in range(n)

5：　　　$kernalDivergence[i][j] = \frac{1}{m\times n}\times kernalDivergence[i][j]$

6：　　　End For

7：　End For

　　　/ * *

```
        利用提取的卷积核特征选择池化方法
        如果特征向量提取成功,用特征向量乘以卷积核大小的区域进行池化,超出图像部分补0,以完成池化。
        如果卷积核特征提取失败,以卷积核大小区域采用均值池化方法进行池化操作。
8:      */
9:      if kernalDivergence = null then
10:         For i in range(m)
11:             For j in range(n)
12:                 kernalDivergence[i][j] = 1/(m × n) ×kernal [i][j]
13:
14:             End For
15:         End For
16:     End If
        //返回池化操作结果
        return kernalDivergence
```

2. 基于注意力机制的特征连接方法

卷积神经网络中的全连接层将提取到的特征输入到分类器中。卷积神经网络模型在利用卷积核对输入数据进行相应的卷积与池化降维操作后,提取了输入原始数据映射到隐层特征空间的映射关系,全连接层则将映射关系以某种方式连接起来供分类器使用[52]。在实际应用中,可以使用1×1卷积核以卷积操作的形式实现特征的全连接,使用卷积操作一方面可以提高全连接的速度,提高模型的降维效率;另一方面在多通道的输入数据下,1×1卷积核的卷积操作可以将多个通道的输入数据进行跨通道接合,达到进一步减少参数的目的[149]。从卷积神经网络的模型结构来看,卷积神经网络中卷积层与池化层共同实现了对生物视觉通路特征的提取,全连接层负责将这些特征组合以供分类器或回归器使用。

现在分类器或回归器的输入形式为一维化的向量,而卷积神经网络提取的特征为多维向量,对于维度不匹配问题,卷积神经网络中的全连接层将多维特征通过顺序连接的方式实现特征的一维化。全连接层仅仅将特征无区分地连接在一起,没有将特征区别对待,同时将卷积核视作形成特征图的依据,其对特征的连接应具有一定的影响作用。因此,利用卷积核作为输入数据的特征关注趋势,利用一个预训练的多层感知机实现依照卷积核计算特征的连接参考权重,从而以线性结合的方式将卷积神经网络提取的特征连接起来,实现全连接层的功能。基于注意力机制的特征连接方法既考虑全连接层的处理特点,又依照特征的相关性对特征进行

连接。注意力拼接操作过程图 4-6 所示。

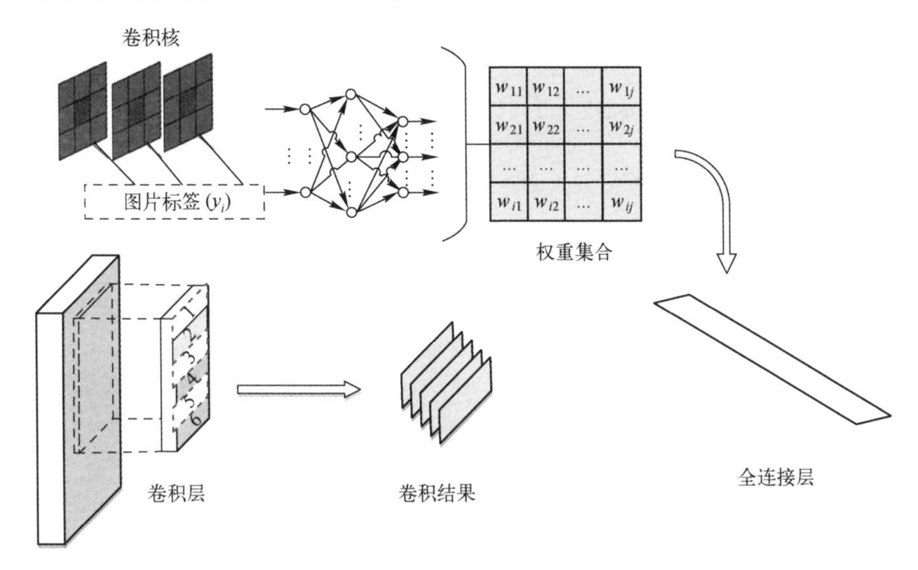

图 4-6　注意力拼接操作过程

IoC_i代表基于卷积核影响的注意力模型,其计算公式为

$$\text{IoC}_i = \sum_{i=1}^{m} \boldsymbol{w}_i \cdot R_{k_i} \tag{4-3}$$

式中:$\boldsymbol{w}_i$为权重矩阵,记录每一维特征在整个特征图中的比重;R_{k_i}为全连接层之前模型处理结果。

w_i的计算以一个简单的多层感知机(MLP)计算得到,其计算公式为

$$w_i = f(k_i, y_i) \tag{4-4}$$

式中:$f(*)$表示一个前馈神经网络。前馈神经网络以卷积核为输入,以 k_i代表其所对应的卷积核,y_i表示此特征所对应的标签。

注意力特征连接算法如算法 4-2 所示。

算法 4-2　注意力特征连接算法

输入:　*kernal*//所有卷积核
　　　featureMaps //所有特征图
　　　knlsNum = len(*kernals*)//卷积核个数
　　　OP_Function(*kernals*)//处理卷积核的操作函数
输出:　//注意力连接特征,其维度为 1×*knlsNum*×(*m*×*n*)
　　　reducedDismsFeatures
　　　m,*n* = *kernel*.*shape*()//卷积核大小
1:　　//定义变量

```
2:    List weightForEachKernal
3:    //以卷积核为单位处理特征图的权重,实验中选择预训练的 MLP
4:    For i in range(knlsNum)
5:      weightForEachKernal[i] = OP_Function(kernals)
6:    End For
7:    //将特征图与权重结合
8:    For i in range(m)
9:      reducedDismsFeatures[i] = weightForEachKernal[i] + featureMaps[i]
10:   End For
11:   //返回操作结果
12:   return reshape(reducedDismsFeatures,1, knlsNum×(m×n))
```

4.4 试验与结果分析

4.4.1 试验数据集

试验数据采用 2.5.1 节中在消声水池采集的水声信号数据作为输入,相关目标定义和数据分布如表 4-1 所列。

表 4-1 试验数据总量及分布情况

名　称	总　量	训　练	测　试
方案 1	4800	3600	1200
方案 2	10000	7200	2800
方案 3	3470	2450	1020

从表 4-1 可知,实验对三种水声信号数据做精细化分类。样本总数为 18270 个,其中 13250 个样本作为训练集使用,占总体样本的 72.5%,5020 个样本作为测试集使用,占总体样本集的 27.5%。

4.4.2 对卷积网络结构调整的试验

基于注意力机制改进的水声信号分类模型结构如图 4-7 所示,该模型结构一共由 2 层卷积、2 层池化及一个全连接层组成,其中,输入数据的维度为 227×227 大小的样本。

基于注意力机制改进的水声信号分类模型具体参数情况如表 4-2 所列。从表 4-2 中可以观察到,FRD-CMA 模型相比 AlexNet 模型所需参数大为减少,尤其

需要提及的是,表中 AlexNet 模型所列参数是以单路计算的,而常规 AlexNet 模型是标准的基于双路 GPU 实现的模型,其参数几乎是表 4-2 中的 2 倍。模型参数量的减少一方面可以提高模型的使用效率,另一方面可以降低模型在所用数据集上的过拟合风险。

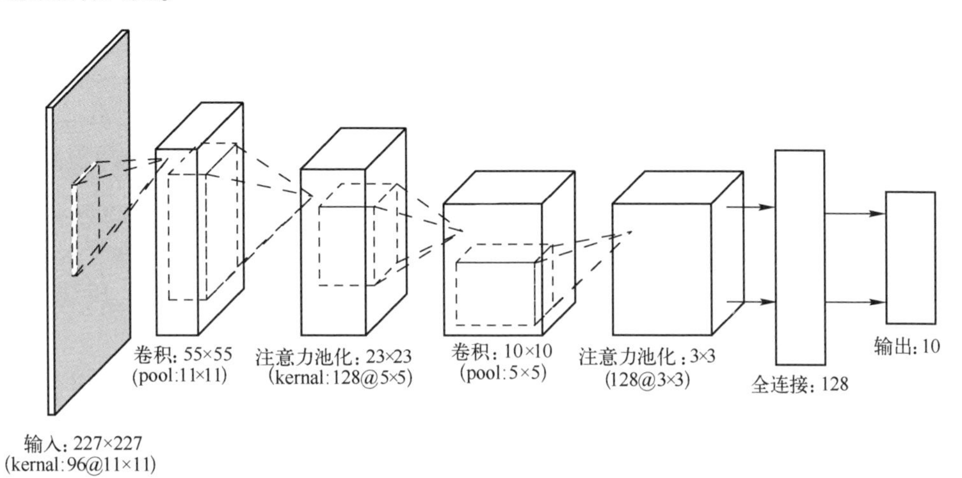

图 4-7 基于注意力概念修改后的模型

表 4-2 AlexNet 模型与 FRD-CMA 模型参数对比

层名称	AlexNet Parameters(以单路计)	FRD-CMA Parameters
conv1	num_output(卷积核个数): 96 kernel_size(卷积核大小): 11 stride(步长): 4	num_output(卷积核个数): 96 kernel_size(卷积核大小): 11 stride(步长): 4
pool1	pool(池化方法): MAX(最大池化法) kernel_size(卷积核大小): 3 stride(步长): 2	pool(池化方法):ATT-POOL(注意力池化法) kernel_size(卷积核大小): 11 stride(步长): 2
conv2	num_output: 256 pad: 2 kernel_size: 5 group: 2 stride: 1(默认值)	num_output: 256 pad: 2 kernel_size: 10 group: 2 stride: 1(默认值)
pool2	pool: MAX kernel_size: 3 stride: 2	pool: ATT-POOL kernel_size: 5 stride: 2
conv3	num_output: 384 /pad: 1 /kernel_size: 3 stride: 1(默认值)	—
conv4	num_output: 384 /pad: 1 /kernel_size: 3 group: 2 /stride: 1(默认值)	—

续表

层名称	AlexNet Parameters(以单路计)	FRD-CMA Parameters
conv5	num_output: 256 /pad: 1 /kernel_size: 3 group: 2	—
fc6	num_output(输出个数): 4096	输出个数:128
fc7	num_output: 4096	—
fc8	num_output: 1000	输入个数:10

模型的输入是 227×227,其原因是该模型为 AlexNet 改进型。在进行水声信号分类的过程参考借鉴前人经验,不断进行模型结构调整和参数优化。在直接应用 AlexNet 模型时发现,在水声信号分类试验中直接使用原始水声信号作为输入和将水声信号转成频谱图作为输入,其模型训练损失误差下降的速度比较慢,模型的整体分类准确率不是很理想。

根据现有数据集对提出的基于注意力机制的卷积神经网络进行了模型的相关参数的定型试验。利用不同的卷积核对水声信号数据集水下目标分类感知的试验,试验结果如图 4-8 所示。

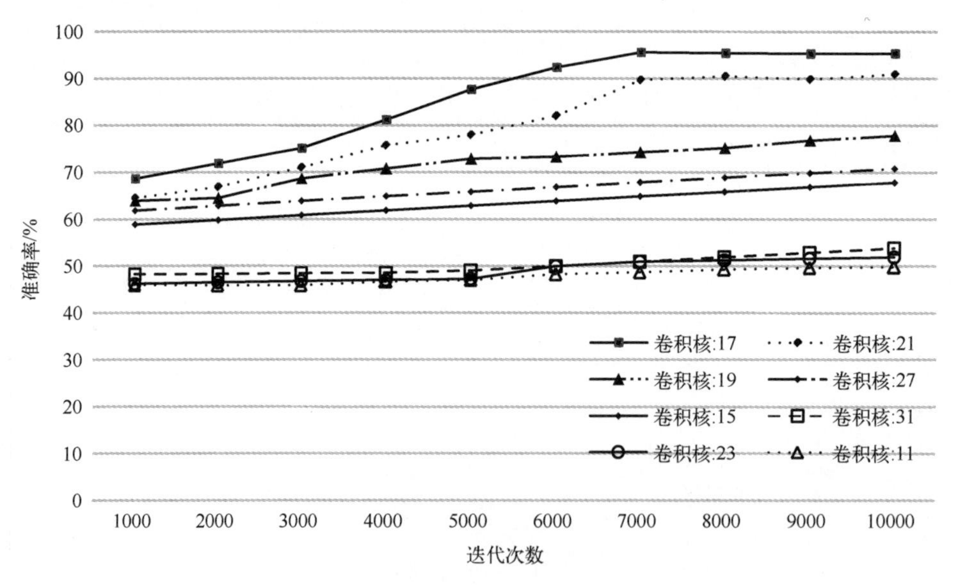

图 4-8　不同初始卷积核训练结果对比

图 4-8 描述的是不同卷积核(初始选择)在水声信号分类的准确率,横坐标是迭代次数,纵坐标为不同卷积核作用于水声信号分类的准确率,折线精确反映了相应的准确率。从图中可以观察到,随着迭代次数的增加,模型的准确率都在上升,在迭代达到一定次数后,模型都趋于收敛。当卷积核为 17×17 与 21×21 时,模型的

分类准确率达到最好的状态,分别为 95.33%与 92.7%。同时,其他卷积核作用在水声信号分类任务时,其准确率并不是按卷积核大小线性变化的。按其准确率排列,当卷积核为 19 时,模型的准确率为 78.7%;当卷积核为 27 时,模型的准确率为 70.9%;当卷积核为 15 时,模型的准确率为 67.9%;当卷积核为 31 时,模型的准确率为 53.7%。此外,通过观察对比卷积核为 11 与 21 的曲线可以知道,卷积核为 11 的准确率曲线与卷积核为 23 的准确率曲线均在迭代的中后期趋于平缓,这说明模型在经历过前期的迭代后,趋于收敛。

4.4.3　特征提取及试验结果比较

表 4-3 列出了使用多路水听器的 MFCC 矢量拼接作为数据输入与单独使用 MFCC 作为数据输入在不同类型分类器上的对比结果。其中,MFCC 矢量拼接由于融合多路水听器的信号数据,其分类准确率明显高于单独使用 MFCC 对声音进行描述的方法。

表 4-3　不同模型实验结果对比

方法描述	识别准确率/%
MFCC+SVM	82.04
WAV+CNN	67.31
MFCC+CNN	78.23
MFCC 矢量拼接+CNN	93.17
MFCC 矢量拼接+FRD-CMA	94.43

从表 4-3 可以看出,多路水听器数据拼接对提升水声信号分类的准确率有较大的影响。此外,使用 WAV 作为卷积神经网络输入,分类准确率表现一般,明显低于其他方法,与其他几种分类模型进行比较,其中使用水声信号 WAV 类型数据作为输入的效果最差,可以看出环境背景噪声对水声信号分类的效果影响较大,同时也说明数据预处理对模型训练的影响较大。

如图 4-9 所示记录了不同模型在相同数据集上训练时间与模型分类准确率的对比,图中实线表示不同模型的分类准确率,虚线表示不同模型的训练时间。从图中可以明显地观察到,FRD-CMA 接合 MFCC 矢量图的方案优势很明显,这说明模型分类准确率较高且训练时间最短。

表 4-4 列出不同模型在水声信号数据集中训练过程所消耗的时间,反映出不同模型的训练效率。

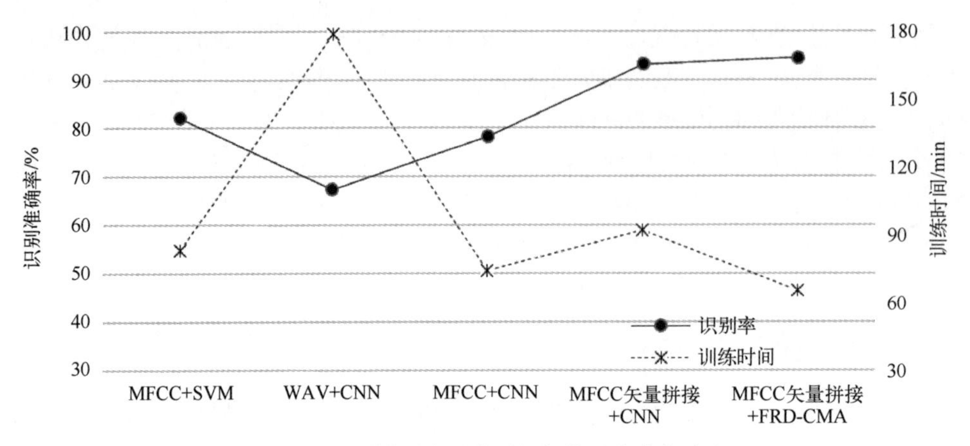

图 4-9　不同模型的训练时间与模型准确率对比

表 4-4　各模型的训练时间对比

模型方法	迭代次数	训练时间/min
MFCC+SVM	10000	83
WAV+CNN(LeNet)	10000	179
MFCC+CNN(LeNet)	10000	74
MFCC 矢量拼接+CNN	10000	92
MFCC 矢量拼接+FRD-CMA	10000	65

从表 4-4 所列数据中可以明显观察到,各模型在训练过程中所需要的训练时间差异。其中,各模型均以相同样本数并迭代 10000 次计数,其中,FRD-CMA 模型耗时最少,以 WAV 类型数据为输入的卷积神经网络最长,两者相差近 3 倍,主要原因是数据的预处理对模型训练的影响。另外,FRD-CMA 拥有比 AlexNet 更为简化的结构及快速的降维梯度,因此,FRD-CMA 模型可以在明显少于 AlexNet 模型训练时间的基础上,取得远超过 AlexNet 模型所获得的水声信号分类准确率。

从试验过程和结果上看,利用 FMCC 对水听器采集的信号进行预处理后,将其水听器的排列顺序进行时序化的矢量拼接,并作为模型训练的输入数据,从而既保持声音特征不被破坏,又保持了对特征的刻画能力。在此基础上,结合基于注意力的卷积神经网络,通过引入注意力机制,改变卷积神经网络池化层简单粗暴降低输入向量的维度,而是以卷积核作为注意力来指导池化层的降维,使得卷积神经网络在较小样本量上进行分类过程能够保持较高准确率,也有效地降低了模型训练过拟合的风险。

第5章

基于聚类的水声信号增量集成分类方法

5.1 引言

针对水声目标感知技术的研究,无论从国民经济发展的角度,还是在国防领域的应用上都具有十分重要的现实意义。伴随着国家经济的高速发展及海务安全要求的提高,对水声目标感知分类准确率的要求也越来越高。但由于海洋环境的复杂性及减振降噪技术的发展,现阶段水中目标辐射噪声有的已接近于海洋背景噪声,使得传统的使用水声信息处理方法提取水声信号中有效信息进行目标感知难度变大。此外,由于水声目标的机动性使其在复杂多变的海洋环境中进一步模糊了自身的声学特征,在感知过程中需要更为细致的特征区分能力。

水声信号分类相较于常规的目标分类识别的不同之处是:常规分类识别属于既定分类下的静态学习,而水声目标感知的信号分类是典型的非限定类别的动态学习。真实海洋环境中,用于目标感知的水声信号分类必然不是固定分类,而是随着水声信号数据的不断积累和增加,实现数据增加式和目标增量式的动态分类的,要求分类模型对特征要具有敏感性和健壮性。目前,多数模型是基于批量学习训练而成的,批量学习训练方法要求一次性将训练样本用于模型的训练,若存在新的样本数据时,需要将新的样本数据与原有样本数据一同输入模型进行重新训练,这样的训练方式使模型训练效率较低。

深度学习来自机器学习和模式识别,其分析数据的主要方式是利用实际数据构建一个具有较强泛化能力的预测模型,从而能够处理实时在线的数据。当前主流的模型训练方法为批量监督学习算法时,其训练方式属于离线训练,在模型训练时要求一次性地将样本数据输入模型中,训练后的模型可对样本数据所构成的样本空间提供很好的分类表现的同时具备一定的泛化能力;但深度学习的"遗忘灾难”特性使其在遇到训练数据样本空间之外的全新数据时表现平庸。这样的特性使得当前的深度学习模型难以胜任复杂非限定海洋环境中的水声信号分类。

面向水声目标感知的要求,基于深度学习的水声信号分类模型的要求是在保证不遗忘原有知识的情况下对新类型保持敏锐的发现能力,这要求模型需要具有不断适应新数据和新类型的能力。增量学习作为一种既可以从新样本中不断学习新增知识又可以保证模型对原有已理解的知识不产生遗忘的学习算法,可以使模型在保持稳定性与可塑性之间达到一个平衡[87]。作为有效解决模型二次学习问题的手段,利用增量学习模型可以更加有效地理解原有样本数据的同时,对原有样本数据空间外的新样本数据保持持续获取状态,因此可以实现类型增量式在线分类,这样的特性恰恰满足水声目标感知的需求。

在水下目标感知的实际任务中,由于目标辐射噪声受环境背景噪声影响严重,目标感知算法在输入数据质量不高的情况下,为保持感知模型的准确率需要对接收到的目标辐射噪声数据特征做动态调整与取舍,从而利用特定目标的典型特征实现对目标高准确率感知识别。同时,在实际的水下目标感知任务中,模型还需要充分考虑出现模型未知样本数据的可能,即模型应对未知样本数据具有健壮性。针对模型应用的实际要求,本章提出基于聚类的增量分类方法(UTICC)实现水声信号增量分类。该方法通过聚类选择实现对信号特征的敏感度调整,同时,利用各基分类器的错误分类结果来计算分类器所标识出的不同样本类别间的距离,从而实现水下目标感知深度学习模型对未知样本数据的支持。通过解决传统增量学习在模型训练时隐藏层节点个数不易确定、训练时间过长等问题,本章所提出的学习可以在支持卷积神经网络模型协同训练的同时,使模型在分类过程中充分增大各基分类器间差异,保证整体分类模型的泛化性能。

5.2 问题描述

现代水声学认为,从水声信号中提取到的目标特征可以作为目标分类的关键性特征使用。因为目标的外部腔体轮廓形状、内部结构安排与构造、运动时其自身振动频率及运动姿态、运动速度等方面存在着较大的不同,所以目标辐射出的噪声特征也不尽相同。因此,利用提取出的目标辐射噪声特征作为目标独有特性来区分不同目标类型具有可行性。

以目标辐射噪声特征为基础的目标分类识别作为一个研究热点,研究人员虽然已经研究了许多行之有效的方法与模型,但这些方法都或多或少地存在局限性。随着网络和信息科学的持续发展,数据的采集在许多应用领域中变得越发容易,深度学习在各行业的应用越来越占据主导地位。由于深度学习是典型的批量学习的训练方法,其训练过程要求一次性地导入全部样本空间的数据,在模型训练过程中有效获得样本空间内的数据特征,以得到较好实际效果。这种批量学习方法往往很难从新增数据中持续获得有用的信息,并实现对新增类型的分类识别。若模型需要实现对新样本数据的支持,就需要抛弃之前训练的成果,使用更新后的完整数据集对模型重新进行训练。现在大多数深度学习模型对二次学习难以适应,对应于现实世界随时随地增加的新数据无法持续获取特征。同时,现实世界中不断增加的数据规模,对模型的表示空间和训练时间也是极大的挑战。因此,需要研究可以支持数据持续增加并且类型也可能增加的学习方法,使模型能够在线保持对更新数据的拟合能力,对之前学过的知识进行修正和增强,使得模型能够适应新增加的数据,同时不对旧的数据产生遗忘。再从水声目标感知的实际情况来看,水声信号分类模型主要存在两个亟待解决的问题:

第一个亟待解决的问题是分类模型稳定性的问题。因为目标辐射噪声时刻受到目标运动速度、目标运动姿态、海况条件及介质环境的影响,其呈现出的噪声特性差异很大且极不稳定,分类模型表现出准确率波动较大的现象。究其原因:一方面现有的水声信号分类模型所用的数据集受制于数据采集的成本,无法形成完备的数据集,而且,由于海洋幅员辽阔且体量巨大,覆盖的自然条件也极为复杂无法穷尽,用理想条件或有限条件下采集的数据训练分类模型自然在实际应用中数据质量、维度缺失等原因而表现不稳定,无法达到实际应用的程度。另一方面当前分类模型对提取的特征敏感度和健壮性不够,分类模型在使用提取到的特征进行目标类别判定时均等地对待每一个特征,模型不会因为某一个特征存在特别的突出响应决定目标的类型属性。这种看似沉稳的方式并不适合于水声目标感知。因为目标在海洋环境中,无论是运动状态还是静止状态,受环境的严重影响,水声信号所表现出的特征是时刻变化的动态特征。

第二个亟待解决的问题是目标类别的问题。现有的水声目标分类模型几乎是封闭类别的训练,模型在训练完毕后只对应于训练数据中存在的目标类别予以较好支持,对于类别不属于训练数据集内的新样本数据,模型只会根据样本数据在当前已标识类别集中的相应概率值,以最大概率选择一个目标类别输出给用户,于是在实际应用中是会出现“目标以 XX%的概率判定为某类”的结论。由于海洋包容了大量未知的类别,因此用于水声目标感知的水声信号分类模型要考虑在开放的目标类别集下研究。目前能够支持数据在线增量的学习模型主要有集成学习和增量学习。

集成学习主要是针对一个问题利用多种方法或模型(下称为学习器)共同分析与研究并决策的一种学习方法[150]。集成学习通过融合多个学习器的结果进行表决,从而起到“1+1>2”的效果。集成学习通过组合多个基分类器得到更好用、更全面的分类结果。这种状况在水声目标感知任务中相似,进行水声目标感知研究的目标是对采集到的数据集进行学习训练,获得一个全面稳定的分类模型;但由于构建的水声信号数据集存在目标类别偏置、覆盖数据维度不全等问题,训练出的分类器只能在部分类别上保持较好的表现,是一个典型的存在偏好模型。业界内对集成学习的分类有广义和狭义之分,其区别在于组成集成学习的基分类器是否为同质的,广义上的集成学习的基分类器是由多种分类算法构成的,狭义上的集成学习的基分类器为相同分类算法实现。集成学习从数据集入手,利用采样方式从数据集中获得多个数据子集,用这些数据子集作为训练数据集训练不同的基分类器;然后,将获得的基分类器组合在一起构建代表模型的强分类器。在分类器的应用过程中,通过某种方式(如投票法)将不同基分类器对数据的判别结果组合在一起成为最终的模型输出。集成学习模型的训练过程可以简单地分成两个部分,即构建集成学习模型的基分类器与组合基分类器的判别结果。Bagging 算法[150-151]与 Boosting 算法[150, 152]是经典的两个集成学习算法,代表了两种不同的集成学习模型训练过程,两者的算法原理如图 5-1 所示。

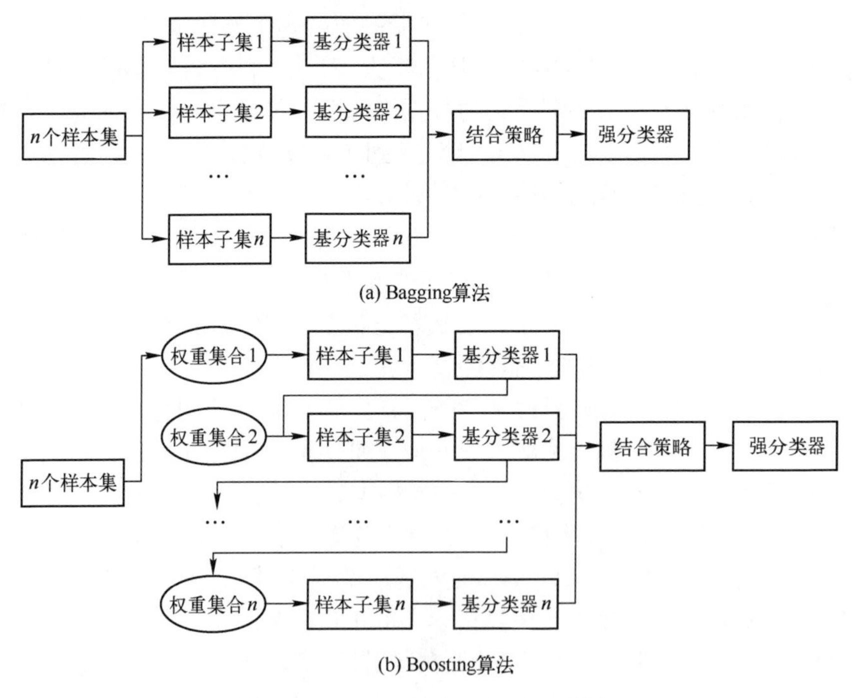

(a) Bagging算法

(b) Boosting算法

图 5-1　Bagging 算法与 Boosting 算法

从图 5-1 中可以明显观察出两种算法的差异:Bagging 算法是一种支持并行训练的集成学习算法,首先利用可重复采样的方法构造多个差异化的数据集,然后分

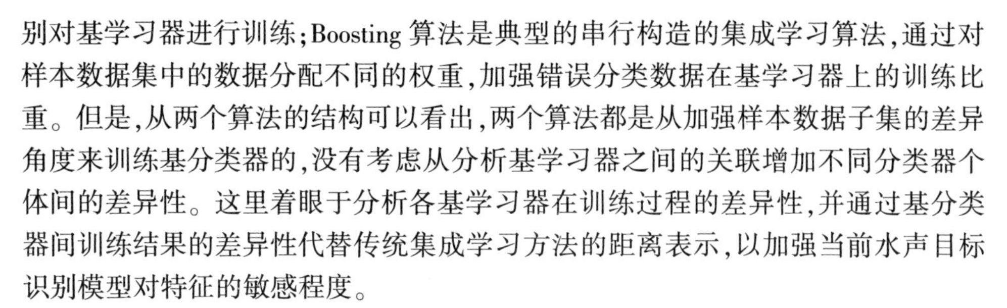

别对基学习器进行训练;Boosting 算法是典型的串行构造的集成学习算法,通过对样本数据集中的数据分配不同的权重,加强错误分类数据在基学习器上的训练比重。但是,从两个算法的结构可以看出,两个算法都是从加强样本数据子集的差异角度来训练基分类器的,没有考虑从分析基学习器之间的关联增加不同分类器个体间的差异性。这里着眼于分析各基学习器在训练过程的差异性,并通过基分类器间训练结果的差异性代替传统集成学习方法的距离表示,以加强当前水声目标识别模型对特征的敏感程度。

增量学习作为一种支持模型,在学习未知领域知识的同时能够保留已掌握的历史知识的算法,可以有效地解决现阶段深度学习模型无法支持"二次学习"的问题。增量学习是通过将新增样本数据与部分历史数据混合后对模型重新训练实现模型对新增样本类别的在线学习[153]。在发现部分无法消化的新增样本数据时,模型会对已掌握的分类数据进行汇总与分析,从现有数据中抽取优质的类别数据作为代表与新增样本数据混合构建训练数据集,对模型进行二次训练,训练好的模型可以实现既不降低模型对历史数据的分类准确率,又可以较好地理解新增样本的类别[154]。Polikar 等明确指出,增量学习应该能够获得新知识、能够保留旧知识、不保留训练样本、不依赖于数据的先验知识[90]。

本章旨在运用增量学习来增强模型对未知样本的鲁棒性。通过将模型无法正确分类的样本构建为模型的新增样本,并对新增样本数据单独训练相应的基分类器,以相同目标的基分类器实现水下目标感知模型对不同目标典型特征的敏感获取,然后运用集成的思想将分类结果融合在一起,实现水声目标识别模型在保留原有目标识别能力的同时能够对新增样本类别给予支持。

5.3　基于聚类的增量学习方法

5.3.1　增量负相关差异表示方法

目前,集成学习在实际场景应用中存在一些原生问题。例如,集成学习集成了基分类器,从结果上来看的确起到了对基分类器的强化作用,但是多个弱分类的训练过程减缓了整个集成分类器的训练速度。同样的情况也出现在集成学习模型的使用过程中。对于样本数据,集成学习首先需要在若干个基分类器中依次地对其进行判定,继而将多个基分类器的结果按照组合策略进行汇总组合,这样的判定过程明显影响了模型对样本数据做出判定的时间性能,而且时间增加程度与集成的基分类器数量有直接关系。此外,随着集成基分类器的数量增加及样本数据的迁移,模型中集成基分类器的性能一直在变化,模型中必然存在性能不好或者冗余的基分类器,这些性能不好的基分类器会进一步拉低集成学习模型的时间性能,增加模型的存储空间。本章使用基于神经网络集成的负相关增量学习对水声信号进行增量学习,以反向传播神经网络作为集成的基学习器,通过在反向传播神经网络的误差函数中增加惩罚项,利用惩罚项使得反向传播神经网络的训练误差向彼此的负相关方向变化,从而增加集成网络之间不同分类器的差异度。增量负相关差异表示过程如图 5-2 所示。

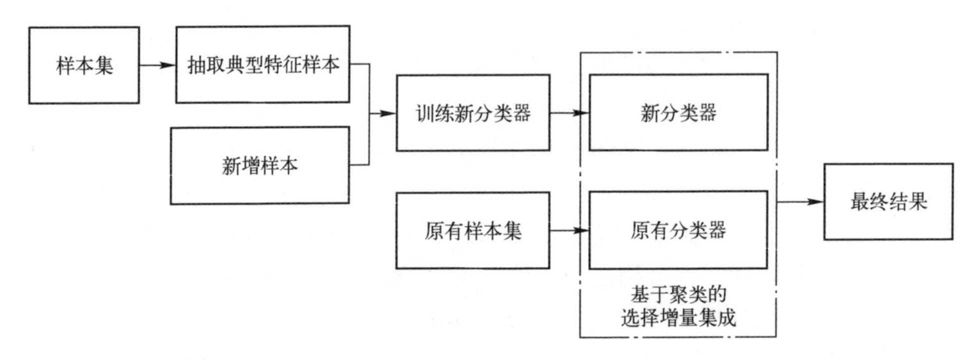

图 5-2　增量负相关差异表示过程

从网络的训练方法上改进负相关学习方法,并运用于水声信号数据处理,使其实现增量学习的目标。负相关学习方法本身是一种基于神经网络的集成方法,对其改进的根本问题是如何确定神经网络个体中隐藏层的节点个数。这里从模型训练和选择两个角度,结合剪枝和增长机制提出了结构自适应的负相关表示算法(Adaptive Negative Correlation Representation Algorithm,ANCRA)。

ANCRA 先以经验公式设置相关参数的初始值,以期用良好的经验参数减少模型的训练次数,然后利用节点增长和剪枝方法在网络的训练过程中调整节点个数。相较于以往单纯依赖节点增长或者单纯依靠剪枝的方法,可以有效避免初始值设置过于极端而引起训练次数居高不下的问题。同时,在训练策略上,ANCRA 不是使用单一的节点调整策略对隐层节点数量进行增加或删减,而是通过在模型训练过程时刻评价网络中隐藏层的学习能力来决定对节点的操作。这种算法对节点的操作也不仅仅是增加或减少,还包括节点权重修改。例如,当网络隐藏层的学习能力较强时,对模型的优化就不是针对节点的个数调整,而是利用反向传播机制调整节点的权重。ANCRA 流程图如图 5-3 所示。

ANCRA 算法如算法 5-1 所示。

算法 5-1　ANCRA 算法

输入：　//预训练的节点参数

　　　　(N, $inputNum$, $outputNum$, $hiddenNum$)

输出：　//集成网络

　　　　en_MLPs

1：　　//初始化神经网络

2：　　List *MLPs*

3：　　For *i* in range(*N*)

4：　　　　*en_MLPs*[*i*] *en_MLPs* [*i*]= MLP(*inputNum*,*outputNum*,*hiddenNum*)

5：　　End For

6：　　//训练网络集成，ε 为损失函数的误差

7：　　While(*lossValue* > ε)

8：　　*lossValue* = *lossValue* + loss(*en_MLPs*[*i*])

9：　　*i* = *i*+1

10：　　End While

11：　　return *en_MLPs*

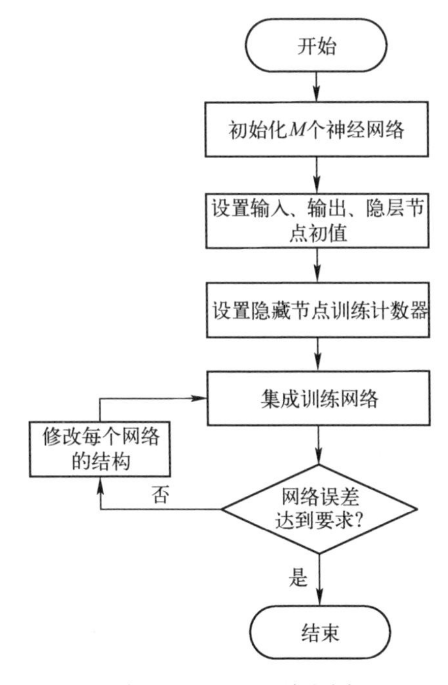

图 5-3　ANCRA 流程图

ANCRA 中隐藏层节点个数为

$$\text{node}_h=\sqrt{\text{node}_i+\text{node}_o}+\alpha \tag{5-1}$$

式中：node_i、node_h、node_o 分别为待训练神经网络的输入节点数、隐层节点数及输出层节点个数；α 起到差异化的作用，通常设置为一个随机自然数。

隐藏层节点更新依照隐层节点的差异性进行更新，这里节点的差异性就是代表基分类器的重要性，节点的差异性计算如下式所示：

$$\text{node}_{\text{h}_{imp}} = \frac{\sum_{i}^{\text{node}_\text{h}} \sum_{j}^{\text{node}_\text{h}} \sqrt{\text{node}_{\text{h}_i}^2 - \text{node}_{\text{h}_j}^2}}{\sqrt{\mu_{\text{h}_i}}} \tag{5-2}$$

式中：μ_{h_i}为第 i 个隐藏节点的训练次数。

更新过程如下式所示：

$$\mu_{\text{h}_i} = \mu_{\text{h}_i} + \tau, i = 1, 2, \cdots, \text{node}_\text{h} \tag{5-3}$$

式中：τ 为每个网络的训练次数，由人为事先设定。

5.3.2 聚类选择性负相关集成方法

本章提出了基于聚类的选择性负相关集成增量学习算法实现水声信号增量分类，该算法着眼于集成训练好的基分类器。对已训练的基分类器（神经网络）进行集成时，利用基分类器的结果差异从已训练好的网络中选择符合要求的网络面向任务集成。选择已训练网络的指导思想借鉴周志华等[155]提出的基于遗传算法的选择性集成方法的思想，其过程如图 5-4 所示。

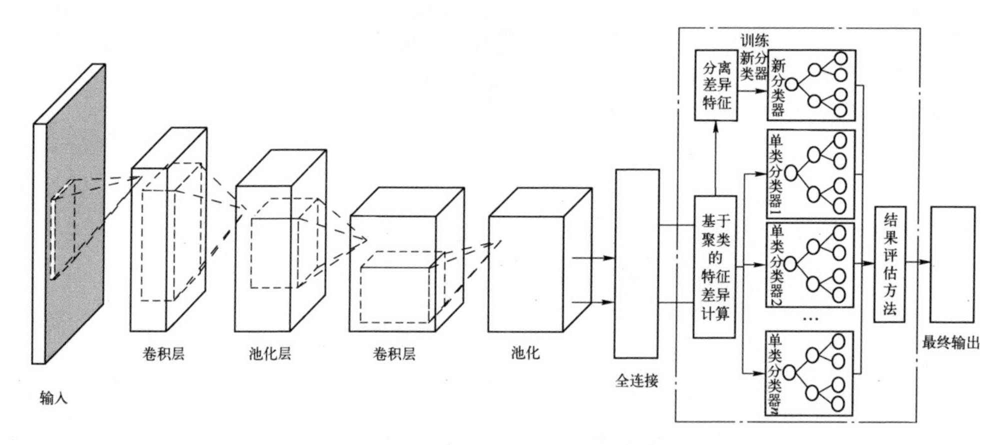

图 5-4　基于聚类选择性负相关网络集成方法

基于聚类的选择性负相关集成方法的基本思想是，每次获得第一个数据集时，将样本集分成训练样本数据集和测试样本数据集，使用该训练样本数据集对初始网络进行训练，得到符合当前数据集的集成网络模式。基于 Bagging 的训练思想，尽可能选择不稳定的基分类器，从而提高网络集成后的模型在数据集上整体过拟合能力。首先，对数据集利用重复采样的方式生成指定个数的训练集，生成若干个与当前训练样本数据集的大小相等的子训练集；其次对应训练相应个数的神经网络，也就是基分类器，进行网络训练；然后使用验证集验证基分类器的集成训练结果，如此迭代训练直到得到结果稳定的集成模型。当集成网络出现无法正确分类的数据样本时，模型认为样本数据存在新的数据类别。首先将当前集成模型复制，以备保留原有的模型识别能力；然后在新复制的集成网络模型中重复之前的迭代过程以训练新的样本数据。

基于聚类的选择性负相关集成算法如算法 5-2 所示。

算法 5-2　基于聚类的选择性负相关集成算法

```
输入：  //2 * N 个网络
        (2×N,MLPs)
输出：  // N 个集成优化后的网络
        (N,finalMLPs)
1：     /**
        集合 finalMLPs 表示网络集成结果，集合 tempMLPs 表示待选择网络集合初始情况，finalMLPs 为空，tempMLPs 为当前所有 2N 个网络
        */
2：     While(tempMLPs != null)
3：       //计算 Net_i 和 B 中其余网络的相关性；
4：         For i in range(Len(tempMLPs))
5：         //从集合 B 中随机选出网络
6：         tempNet[i] = RandChoose(tempMLPs)
7：         corValueFalg= CorrelationMatrix(tempNet[i], tempMLPs)
8：             For j = i+1 in range(len(tempMLPs))
9：                 tempNet[j] = RandChoose(tempMLPs)
10：                corValue = CorrelationMatrix(tempNet[i], tempMLPs)
11：                if(corValue > corValueFalg) then
12：                AddMatrix( finalMLPs, tempNet[j])
13：                Else
14：                    AddMatrix(finalMLPs, tempNet[i])
15：                End If
16：            End For
17：        End For
18：    return(N, finalMLPs)
```

5.4 试验与结果分析

5.4.1 数据集的选取

对水声信号的特征提取与目标感知工作都是利用辐射噪声的时序信号结构、功率谱特征或时频谱图分析等手段展开的。试验通过在海域中布置多个水声信号采集设备来完成数据的采集。目标船只携带发声设备在江面上按试验要求沿不同的方向以不同速度运动。基于课题组所提出的在湖上数据取得的不错成绩的水下目标识别注意力卷积模型进行验证试验。通过在海上环境新采集的数据用于模型多分类器集成调优,以海上试验作为包含新样本类型的新数据集,验证本章所提出的增量集成学习。同时,使用全新的海洋数据还可以丰富算法对实际数据采集条件的覆盖率,从而进一步调整与优化算法,以及参数提高算法对应于真实数据的适应性。数据采集试验工况及数据分布如表 5-1 所列。在湖上试验的基础上,试验在青岛某近海海域进行。在海上试验中使用了两艘船,一艘船携带有 32 路水听器组成阵采集水声信号(采集船),另一艘船携带发声换能器(目标船),能够以不同频率发出不同声源级的声音。试验过程中,采集船通过锚链固定住,并关掉船上的发动机和辅机等发声设备,目标船距离采集船一定距离(分别为 1km、2km、4km、8km)也用锚链固定(对应表 5-1 的“距离”列)。数据采集的样本采样率为 51.2kHz,每组数据采集时间为 3~6min。在表 5-1 中,“工况组别”这一列中 100Hz、800Hz、3.2kHz 是换能器发出通信声音的频率,在换能器连续发声时,目标船的发动机关闭,只有辅机在工作;“背景+不开发动机”是指发声换能器不工作,目标船的发动机也关掉,只有辅机在工作;而“背景+开发动机”是指发声换能器不工作,目标船的发动机和辅机都在工作。

表 5-1 数据采集试验工况及数据分布

工况	距离/km	换能器工作情况
100Hz	1	连续发声
800Hz	1	连续发声
3.2kHz	1	连续发声
背景+不开发动机	1	
背景+开发动机	1	
100Hz	2	连续发声
800Hz	2	连续发声

续表

工况	距离/km	换能器工作情况
3.2kHz	2	连续发声
背景+不开发动机	2	
背景+开发动机	2	
100Hz	4	连续发声
800Hz	4	连续发声
3.2kHz	4	连续发声
背景+不开发动机	4	
背景+开发动机	4	
100Hz	8	连续发声
800Hz	8	连续发声
3.2kHz	8	连续发声
背景+不开发动机	8	
背景+开发动机	8	

海上数据记录总量及记录文件名如图 5-5 所示。根据试验过程中数据采集的记录形式为多路数字文件,其文件类型为文本文件。对于单一的数据文件来说,每个文本文件中记录数据为浮点数矩阵,包含列。水听器阵采用 32 路水听器,因此数据采集的记录形式为 5120000×32 的数字矩阵,矩阵中的每一列对应一路水听器录入的数据。

图 5-5 中的单个文件的数据维度无论是行角度还是列角度都比较大(如 5120000×32),若将文本文件整体作为输入数据直接输入到前文提出的基于卷积神经网络进行模型训练,将存在两个问题:一是由于数据矩阵过大模型无法接受,模型会直接抛出内存溢出的错误。过大的输入数据需要成倍地增大计算设备的内存用于模型训练,同时,大量数据对模型的优化也消耗大量时间。二是 UTICC 模型也存在输入矩阵大小的约束,虽然可以将输入数据 resize 为 32×32 或 256×256 的矩阵,但在输入阶段对原始输入数据直接做 resize 操作,相当于放弃了大量的样本细节特征,造成模型训练效果差。

因此,试验采取对原始样本数据进行分割处理,从而构造多个同构数据集。数据分割方案以每 1024 行作为 32 个水听器同时采集的一组样本,并以此方法构建训练本章所提出的水下目标感知增量模型的数据集。选择每个 .txt 文件中的 10000 个样本进行试验,则四分类试验的样本总数为 40000,其中 28000 个为训练集,占总体样本的 72.5%,选择 12000 个样本为测试集,占总体样本集的 27.5%。经过模型训练和测试后的试验结果如表 5-2 所列。

名称	修改日期	类型	大小
工况01：距离1km，100Hz连续.txt	2017/11/9 12:11	文本文档	1,445,008 KB
工况04：距离1km，800Hz连续.txt	2017/11/9 12:28	文本文档	1,445,002 KB
工况06：距离1km，3.2kHz连续.txt	2017/11/9 12:45	文本文档	1,445,002 KB
工况08：背景+不开发动机，距离1km.txt	2017/11/9 13:02	文本文档	1,445,004 KB
工况09：背景+开发动机，距离1km.txt	2017/11/9 13:09	文本文档	1,445,001 KB
工况10：距离2km，100Hz连续.txt	2017/11/10 8:15	文本文档	1,445,003 KB
工况13：距离2km，800Hz连续.txt	2017/11/10 14:22	文本文档	1,445,002 KB
工况15：距离2km，3.2kHz连续.txt	2017/11/10 14:38	文本文档	1,445,001 KB
工况17：背景+不开发动机，距离2km.txt	2017/11/10 14:55	文本文档	1,445,001 KB
工况18：背景+开发动机，距离2km.txt	2017/11/10 15:04	文本文档	1,445,002 KB
工况19：距离4km，100Hz连续.txt	2017/11/10 15:12	文本文档	1,445,001 KB
工况22：距离4km，800Hz连续.txt	2017/11/10 15:47	文本文档	1,445,001 KB
工况24：距离4km，3.2kHz连续.txt	2017/11/10 16:18	文本文档	1,445,001 KB
工况26：背景+不开发动机，距离4km.txt	2017/11/10 16:34	文本文档	1,445,001 KB
工况27：背景+开发动机，距离4km.txt	2017/11/10 16:42	文本文档	1,445,001 KB
工况28：距离8km，100Hz连续.txt	2017/11/10 16:49	文本文档	1,445,001 KB
工况31：距离8km，800Hz连续.txt	2017/11/10 17:12	文本文档	1,445,001 KB
工况33：距离8km，3.2kHz连续.txt	2017/11/10 17:25	文本文档	1,445,001 KB
工况35：背景+不开发动机，距离8km.txt	2017/11/7 14:02	文本文档	1,445,001 KB
工况36：背景+开发动机，距离8km.txt	2017/11/7 15:14	文本文档	1,445,001 KB

行 5120001　列 32　字符 32　Ins

图 5-5　海上环境数据采集总量及形式

表 5-2　海上数据试验结果

试验识别目标	试验类型	输入数据类型	准确率/%
工况 01,工况 10,工况 19,工况 28	四分类	数字矩阵	95.4
工况 04,工况 13,工况 22,工况 31	四分类	数字矩阵	95.2
工况 06,工况 15,工况 24,工况 33	四分类	数字矩阵	94.7
工况 08,工况 17,工况 26,工况 35	四分类	数字矩阵	96.1
工况 09,工况 18,工况 27,工况 36	四分类	数字矩阵	94.9
工况 01,工况 08	二分类	数字矩阵	96.2
工况 01,工况 09	二分类	数字矩阵	96.1
工况 04,工况 08	二分类	数字矩阵	97.0
工况 04,工况 09	二分类	数字矩阵	96.9
工况 06,工况 08	二分类	数字矩阵	94.8
工况 06,工况 09	二分类	数字矩阵	95.2
工况 08,工况 09	二分类	数字矩阵	97.3
工况 01,工况 08,工况 09	三分类	数字矩阵	96.4
工况 04,工况 08,工况 09	三分类	数字矩阵	94.4

续表

试验识别目标	试验类型	输入数据类型	准确率/%
工况 06,工况 08,工况 09	三分类	数字矩阵	94.9
工况 01,工况 04,工况 06	三分类	数字矩阵	95.4
工况 28,工况 35	二分类	数字矩阵	94.3
工况 28,工况 36	二分类	数字矩阵	95.5
工况 31,工况 35	二分类	数字矩阵	95.7
工况 31,工况 36	二分类	数字矩阵	95.6
工况 33,工况 35	二分类	数字矩阵	96.2
工况 33,工况 36	二分类	数字矩阵	93.7
工况 35,工况 36	二分类	数字矩阵	94.8
工况 28,工况 35,工况 36	三分类	数字矩阵	95.2
工况 31,工况 35,工况 36	三分类	数字矩阵	94.6
工况 33,工况 35,工况 36	三分类	数字矩阵	99.4
工况 28,工况 31,工况 33	三分类	数字矩阵	97.6

5.4.2　结果及分析

下面主要从集成模型的方法选择与数据集的向量维度验证本章所提出方法的有效性。首先通过对比试验确定模型训练数据输入的最优参数,然后验证 UTICC 在增量学习数据集的特征向量个数,并与 Learn++算法与 FSNCL 算法进行比较。Learn++算法作为典型的节点增长式的增量学习算法,对模型的原有知识有很强的记忆;FSNCL 算法则作为规模固定式的增量学习,可以保证集成模型的规模不会随着新样本增加而扩大。

与第 2 章所阐述的数据分割方式相同,首先将输入的水声信号数据经过 MFCC 处理。试验采用 16 个滤波器作为一组获取水声信号数据 16 维的一阶 MFCC 后,又补充了 15 维一阶差分 MFCC。之所以补充 15 维一阶差分 MFCC,是因为一阶 MFCC 仅能够描述水声信号分帧后的离散特征,无法描述帧间的动态特征。在参数比较试验中特征向量维数选择 5、11、17、19 和 27。具体的试验结果如图 5-6 所示。

不同参数设置下的识别准确率如图 5-7 所示。从图 5-7 中可以明显看出,随着特征向量维数的增加,UTICC 模型的准确率稳健增加,这样的情况直到特征向量

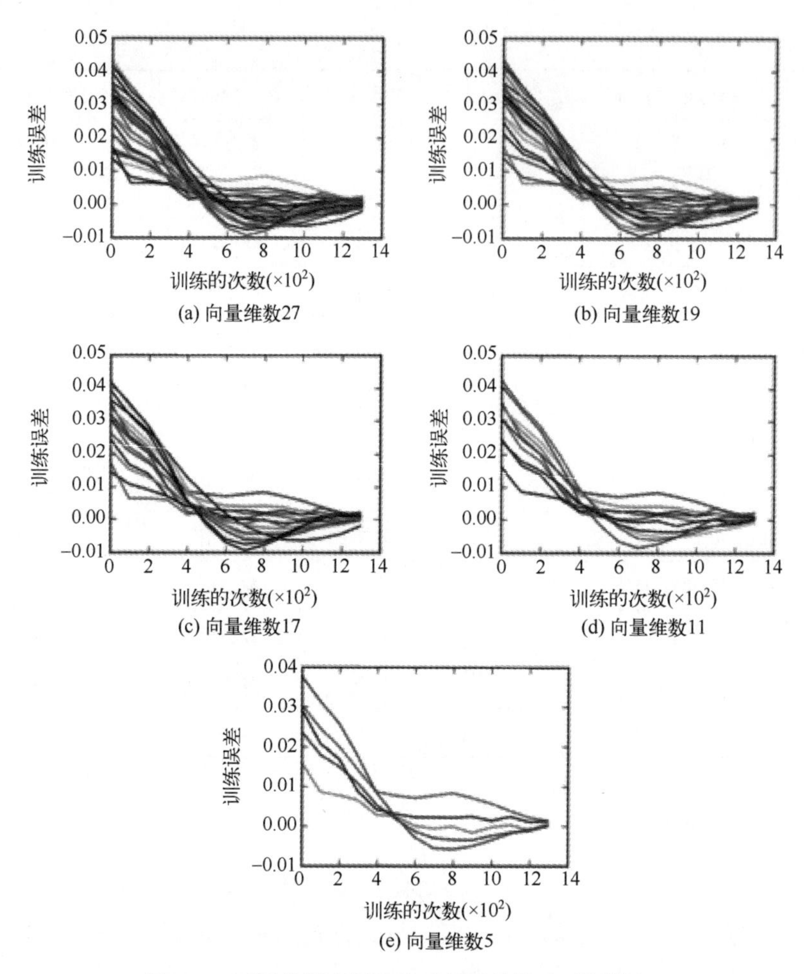

图 5-6　不同特征向量选择对结果的影响(见彩插)

维数增加到 17 时,模型的性能拐点出现。随后,模型的准确率与特征向量的维数增长方向成反比,随着特征向量维数的增加,模型准确率开始下降。从特征向量维数验证试验可以观察出,特征向量维数的选择对 UTICC 模型存在影响关系。仅就特征向量的维数而言,试验证明 UTICC 模型存在明显的性能峰值。这一现象可以从数据损失的角度理解,特征向量的维数直接关系到输入的水声信号数据的降维程度。特征向量的维数选择过少时,说明对水声信号的原始输入数据降维程度过大,过大幅度的降维操作虽然可以提高模型的处理速度,但对输入数据来说特征损失过大,间接降低了 UTICC 模型的分类准确率。后续的试验继续调整了维度参数,将特征向量维数逐步增加到 19 和 27,但是没有超过 17 维时训练数据出现的峰值。这说明过多冗余的特征参数不但没有使得模型的识别准确率提高，反而对模型的分类产生了一定的干扰。因此，在后续试验中特征向量的维数设置为17。

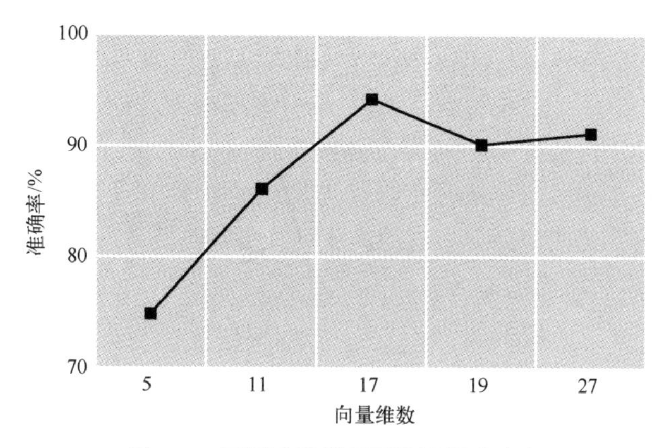

图5-7　不同参数设置下的识别准确率

在增量试验中，使用1000组数据集来模拟增量学习，为保证试验的结果具有对比性，测试样本数据集取样于1000组数据集本身且在试验过程中维持不变。为了更加直观地分析增量训练的次数和分类准确率之间的关系，将三种算法的识别结果绘制成图5-8所示的折线图。

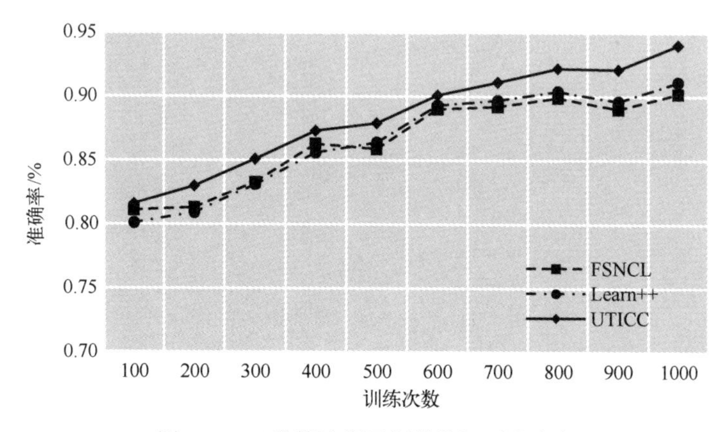

图5-8　三种算法增量训练的识别准确率

从图5-8中可以看出，三种算法对水声信号分类准确率总体上呈上升趋势。从试验结果可以清晰地看出，随着增量训练次数的增加，整个模型对于测试数据的分类准确率呈现上升趋势。其原因可以归结为模型对原有样本数据集进行充分训练后保留了原有样本的知识表示，同时原有知识表示能够对后续加入的新增样本有很好的支撑作用。试验证明，模型能够利用原有样本集的知识对新增样本进行学习,这符合增量学习的特点。在试验的后期,随着样本数据的持续增加,模型学习到的样本刻画趋于饱和,因此模型后期的分类准确率增加趋于缓慢。值得注意的是, UTICC 方法在整个试验过程中,都能得到远高于 FSNCL 算法与 Learn++算法的分类准确率提升比,这说明 UTICC 的训练效率要远高于 FSNCL 算法与 Learn++算法。从试验的整体结果来观察,UTICC 的分类准确率自始至终(从训练 100 次到训练 1000 次)处于优势地位。从训练曲线上看,UTICC 模型曲线“爬升”较快,说明相比于 FSNCL 算法与 Learn++算法过于直接的初始值设定方式,UTICC 基于预训练的参数设定方式使得基分类器的集成训练更加高效。

第 6 章

水下无线传感器网络立体交叉部署与自主组网方法

从本章开始论述通过多个水声信号传感器节点或声纳设备对目标进行协同感知，即通过多水声传感器节点部署和自主组网、自动事件发现和数据传递、多源信息融合实现目标探测发现、定位跟踪和状态监视，实现广义上的水声目标感知。

6.1 引 言

水下无线传感器网络由漂浮或潜浮传感器节点、可自移动(UUV、AUV)节点和主节点(船舶，也称为观测节点或汇聚节点)组成网络系统，传感器节点实时监测、采集分布区域内的各种监测信息，并通过水声通信或无线通信的方式将信息传输到移动节点或主节点。自移动(UUV、AUV)节点可携带传感器节点，具有重新部署、配置、回收网络传感器节点，及监测、通信等功能。主节点将汇聚的数据进行综合处理，并对整个水下无线传感器网络进行控制[158-159]。

受成本、环境等方面因素的制约，水下无线传感器网络主要由价格低廉、结构相对简单及复杂性低的传感器节点组成，因此传感器节点如何部署并组织成有机的网络系统，是水下无线传感器网络的一个重要研究方面。水下无线传感器网络的部署根据不同任务和使用要求有不同的部署模式：从部署空间视角上看，可以分为平面部署和立体部署，平面部署方式一般不考虑海洋或水下深度的因素，立体部署需要在不同深度上部署相应的传感器；从传感器节点部署密度的视角上，可以分为稀疏部署和密集部署；从节点部署方式上，可以分为随机部署和均匀部署。

应用于海洋环境监测、水下目标实时探测监视、水下求援目标搜索的无线传感器网络需要对所部署的水下空间实施无死角监视，并且要求将监测到的目标信息快速地传递到数据处理节点，这就要求在传感器节点上进行三维（3D）部署。水下无线传感器网络主要由传感器节点组成，传感器节点的能量是有限的，当它的能量耗尽后，传感器节点就无法工作。为了使网络能够有效持续工作较长时间，可以通过部署冗余的传感器节点尽量延长网络寿命。

本章在分析水下无线传感器网络全覆盖监测要求和特征的基础上，提出了一种立体传感器节点交叉部署与组网方法。该方法中，首先传感器节点采用交叉叠加结构进行立体部署，建立了节点交叉叠加结构计算模型和节点正向叠加结构计算模型，分析了传感器节点覆盖利用率，以便在数学建模层面上衡量传感器节点部署的效率，为三维水下无线传感器网络传感器节点部署提供技术指导；其次考虑传感器节点实际部署过程中的海洋环境、节点工作方式、网络寿命等方面的特征和要求，通过改进扩展拓扑生成（Expansion Topology Generation，ETG）算法[176]，建立了水下无线传感器网络的节点部署过程模型，构建了水下无线传感器网络的物理拓扑结构；最后构建基于 K-CDS[177] 的水下无线传感器网络组网算法。基于上述工作，能够形成水下探测监视区域全覆盖的水下无线传感器网络，为后续章节的研究提供了支持。

6.2 传感器节点立体部署模型

传感器网络节点部署问题主要有两个方面：

(1) 目标区域中传感器节点的优化配置及环境状态对传感器网络配置的影响；

(2) 网络资源优化管理，即节点冗余管理和延长网络生命周期的技术[180]。

部署方式可以分为确定部署和随机部署两种方式，确定部署的传感器节点能够被放置到预定的位置，而随机部署的传感器节点通常以抛洒的方式随机分布在目标区域[181]。

为了实现传感器节点对水下空间进行全覆盖的感知监测。首先要在不同的区域部署冗余的节点来延长网络寿命，此时部分节点处于工作状态，部分节点处于休眠状态，当有一部分传感器节点因为能量耗尽而停止工作时，唤醒处于休眠状态的节点工作，以便实现网络的覆盖要求。由于传感器节点的探测范围是有限的，要实现感知监测区域的覆盖，在传感器节点部署时需要考虑它们之间的探测范围相互重叠的问题。因此，从平面上看，水下无线传感器网络两个节点之间的位置关系如图 6-1 所示。

在图 6-1 中，假设节点距离为 R，通信半径为 r_b，探测半径为 d_b。为了达到全覆盖的要求，两个传感器之间的感知监测区域要求有重叠，则它们的关系为 $r_b>2d_b$，

$r_b>R$。为了分析方便,可以认为传感器节点的探测范围是一个规则球体。三维水下无线传感器网络节点的部署方式可以分为随机部署和均匀部署(图 6-2),随机部署的传感器节点的位置具有随机性,而均匀部署的传感器节点假设其位置是始终不变的。

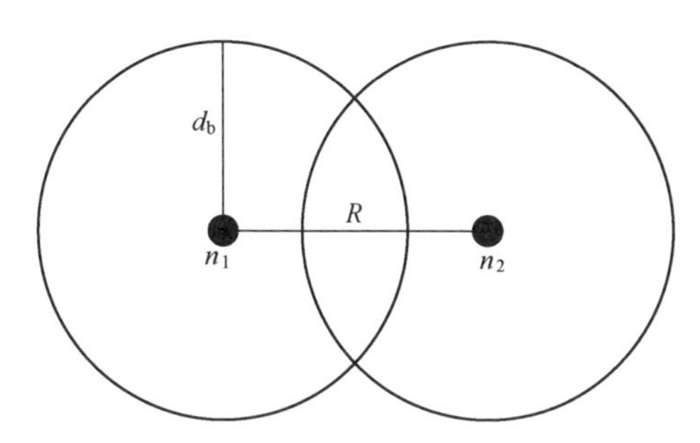

图 6-1　水下无线传感器网络两个节点之间位置关系

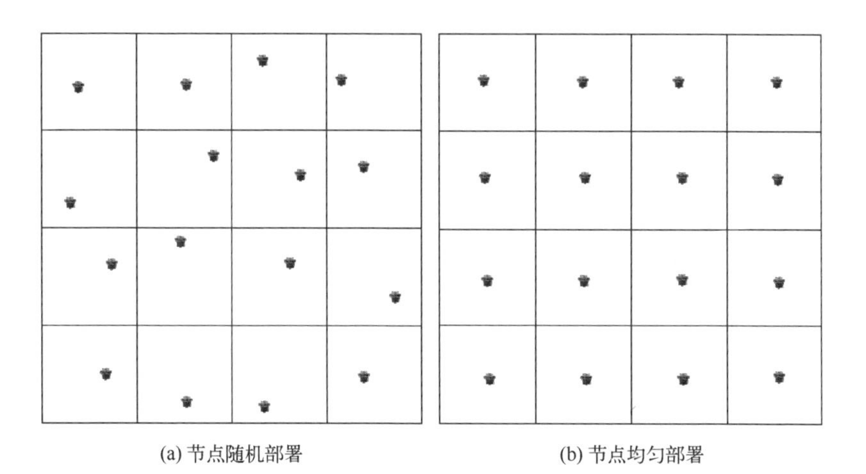

(a) 节点随机部署　　(b) 节点均匀部署

图 6-2　水下无线传感器网络节点部署方式

为了分析方便,首先假设传感器节点是均匀部署。三维水下无线传感器网络节点的部署要求对立体空间实现感知监测,从平面上,传感器节点的部署可以分为节点交叉叠加结构(Cross Overlap Deployment Structure,CODS)和节点正向叠加结构(Nomal Overlap Deployment Structure,NODS)两种,如图 6-3 所示。

从图 6-3 中看出,传感器节点交叉部署和节点正向叠加部署都可以实现全覆盖。无线传感器网络要求采用尽可能少的节点实现更大范围的覆盖。因此,在一定范围内需要计算达到覆盖要求的情况下,哪种方式需要的传感器节点数量更少。

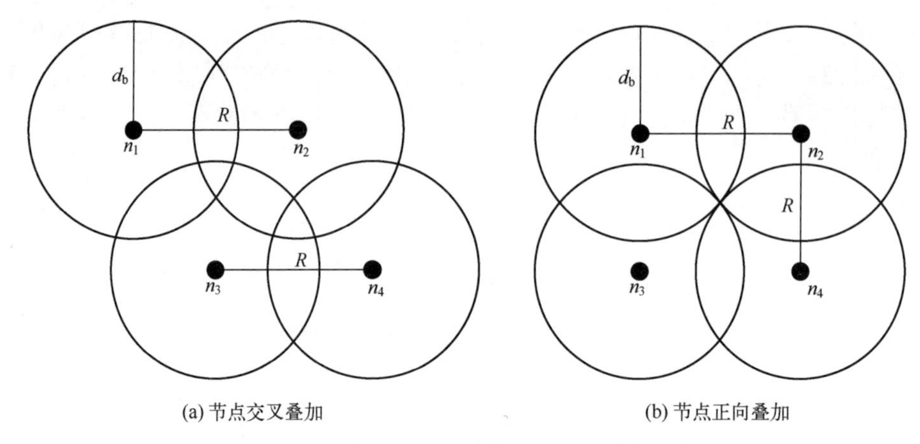

(a) 节点交叉叠加　　(b) 节点正向叠加

图 6-3　三维水下无线传感器网络节点的部署结构

为了更好地指导三维水下无线传感器网络方案设计及其节点部署,首先对水下无线传感器网络的节点部署和组网进行以下假设:

(1) 水下传感器网络的节点分为三类,分别是主节点、传感器节点和移动节点,主节点是用于最终数据处理的船只,传感器节点是部署的漂浮或潜浮传感器节点,移动节点主要是 UUV 和 AUV。

(2) 传感器节点初始时部署在海面上,工作时可以浮在海面上,也可以悬浮在海洋中的任何深度。传感器节点通过抛锚的方式固定在水中,可以通过改变自身的浮力来进行垂直方向的移动,随洋流小幅度来回移动。

(3) 传感器节点的水下感知范围是一个均匀的球体,半径为 d_b,对感知球体内部的目标能够进行精准的探测,在感知球体外部的目标无法感知,传感器节点具有活动、启动和休眠三种状态。

(4) 移动节点可以携带少量传感器节点,以便重新部署传感器节点和进行重新配置网络,并具有感知监测和通信等功能。

(5) 主节点部署并控制网络,并对水下无线传感器网络收集的数据进行综合处理。

根据上述假设及传感器节点的部署方式,进行三维水下无线传感器网络部署组网,首先根据两种传感器节点部署方式和结构,建立立体空间的传感器节点数量计算模型,以便能够采用尽可能少的传感器节点实现对特定立体空间的全覆盖;其次根据水下无线传感器网络的节点能量和状态,及网络寿命等要求,建立面向节点冗余的传感器网络部署过程模型,形成满足网络寿命、能量消耗等方面限制的网络部署方法;最后根据传感器节点部署情况,通过相应的网络通信方式、路由机制等,形成水下无线传感器节点之间的组网机制,将不同类型的节点组织成为有机的网络整体,实现对特定区域的感知监测需求。

6.3　传感器节点立体部署理论计算模型

水下无线传感器网络的构建首先要求将传感器节点部署到相应的位置，由于水下无线传感器网络的水下感知监测主要依靠传感器节点，主节点和移动节点数量较少（一般 1 个或 2 个），因此在本小节分析中，先忽略网络中的主节点和移动节点。根据图 6-3，水下无线传感器网络的节点部署有两种结构，从三维立体结构上看，分为正向叠加结构（图 6-4）和交叉叠加结构（图 6-5）。

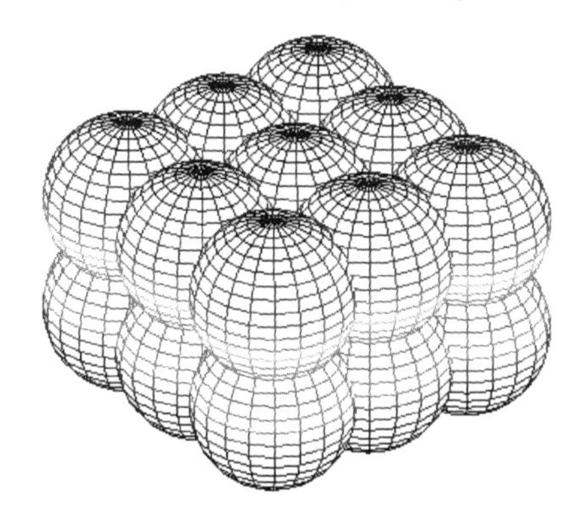

图 6-4　节点正向叠加结构（见彩插）

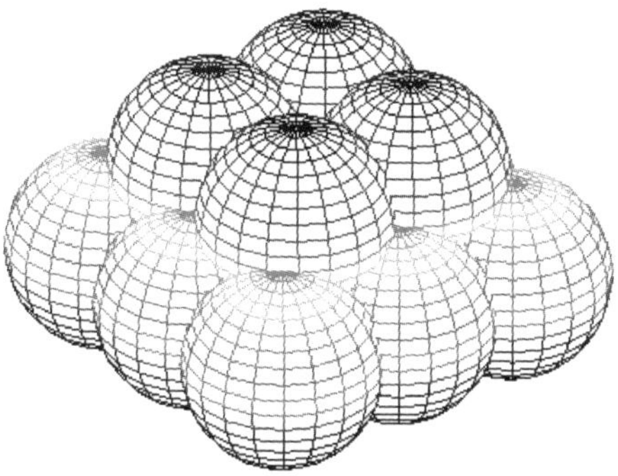

图 6-5　节点交叉叠加结构（见彩插）

从图 6-4 和图 6-5 中，实现全覆盖的传感器节点部署是规则排列的球一层一层叠加，两种方式不同的是：图 6-4 显示了节点正向叠加结构上一层球完全重合地叠加在下一层球的上面，图 6-5 显示了节点交叉叠加的结构，这种结构是将上面球叠放在下一平面层四个球排列形成的空隙处。

6.3.1　节点交叉叠加结构计算模型

理想情况下，在给定的感知监测海域范围内，部署的传感器节点需要实现对该海域的无缝隙覆盖。假设海域长度 x、宽度 y、深度 z，n_1、n_2、n_3 分别表示沿 x、y、z 方向上传感器部署的列数、行数、层数，同一层传感器节点的距离为 R。在节点交叉叠加结构中，传感器节点的位置关系如图 6-6 所示。

在图 6-6（a）中，当节点 N_4 探测范围恰好覆盖正方形中心点 N_4' 时，恰好做到无缝隙覆盖，传感器探测半径 d_b 和传感器节点的间距 R 满足：

$$\begin{cases} R_1 \leqslant \sqrt{2} d_b \\ R_2 \leqslant \sqrt{2} d_b \end{cases} \tag{6-1}$$

在图 6-6（b）中，N_2、N_3 表示下层的传感器节点，N_1 表示上层传感器节点，h 表示三个传感器节点共同覆盖区域高度，为保证层与层之间完全覆盖，则 h 满足：

$$h=\sqrt{d_{\mathrm{b}}^2-\frac{R^2}{3}} \tag{6-2}$$

N_1O_1 满足 $N_1O_1\leqslant d_{\mathrm{b}}$，因此，层间距 $H=N_1O_1+h\leqslant d_{\mathrm{b}}+h$。当 $R_1\leqslant\sqrt{2}d_{\mathrm{b}}$，$R_2\leqslant\sqrt{2}d_{\mathrm{b}}$ 时，$h=0$，则 $H\leqslant d_{\mathrm{b}}$。

图 6-6(c)表示传感器节点部署俯视图，l 表示节点按照感知监测海域宽度排布的行距，满足 $l=\frac{R_1}{2}$。

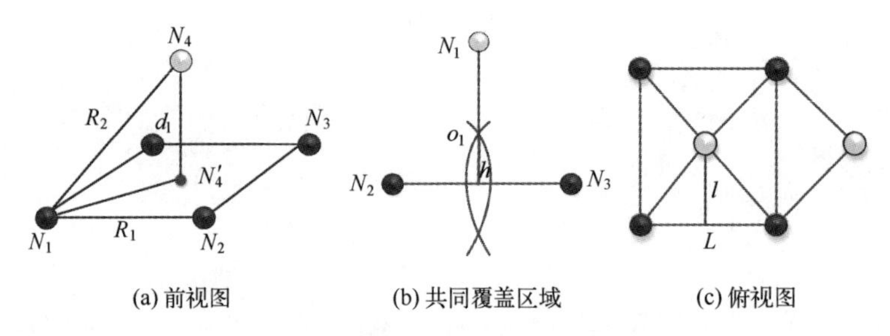

(a) 前视图　(b) 共同覆盖区域　(c) 俯视图

图 6-6　节点交叉叠加结构的位置关系图

L 表示节点按照感知监测海域长度排布的列距，满足 $L=R_1$。则该海域中需要的传感器节点数量为 Num，满足：

$$\begin{cases}(n_1-1)L\leqslant x,(n_1-1)L+L\geqslant x,(n_1-1)L+\dfrac{L}{2}\leqslant x\\(n_2-1)l\geqslant y\\(n_3-1)H+2h\geqslant z\\\mathrm{Num}=n_1n_2n_3-\left\lfloor\dfrac{n_2}{2}\right\rfloor n_3\end{cases} \tag{6-3}$$

或

$$\begin{cases}(n_1-1)L\leqslant x,(n_1-1)L+\dfrac{L}{2}\geqslant x\\(n_2-1)l\geqslant y\\(n_3-1)H+2h\geqslant z\\\mathrm{Num}=n_1n_2n_3\end{cases} \tag{6-4}$$

通过上述公式可以计算出在特定海域内需要的传感器节点数量。由于三维水下无线传感器网络的节点探测范围之间有重叠，从节点覆盖的角度上看，传感器节点的感知监测能力不能实现 100%的利用。此时，称传感器节点实际覆盖的区域大小与能够覆盖区域的大小之比为该传感器节点覆盖利用率。则该部署结构下的传

感器节点覆盖利用率为

$$\eta=\frac{(\sqrt{2}d_b)^2 2d_b}{9}=0.44d_b^3 \tag{6-5}$$

6.3.2　节点正向叠加结构计算模型

同样,在理想情况下,部署的传感器节点需要实现对所部署区域的无缝隙覆盖。假设区域长度 x、宽度 y、深度 z,n_1、n_2、n_3分别表示沿 x、y、z 方向上传感器部署的列数、行数、层数,同一层传感器节点的距离为 R。在正向交叉叠加结构中,传感器节点的位置关系如图 6-7 所示。假设任意两个传感器节点之间的距离为 R_L。

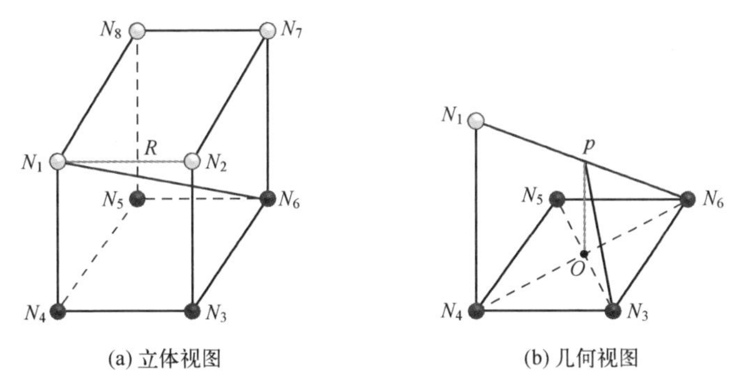

图 6-7　对角线节点探测范围无缝隙

当传感器节点探测范围相互有交叉时(图 6-7),由于情况比较复杂,只计算对角线节点之间恰好无空隙时的情况。此时,N_1 与 N_6 的距离恰好为 $2d_b$,即图 6-7(a)中 8 个节点所构成的正方体的对角线长度。此时需要求解 R,则有

$$3R^2=(2d_b)^2$$

$$R=\frac{2\sqrt{3}}{3}d_b \tag{6-6}$$

得到传感器节点之间间距的变化范围为 $R_L\in\left[\frac{2\sqrt{3}}{3}d_b,2d_b\right]$。

当传感器节点之间恰好无间隙时(图 6-7(b)),各个节点相交于点 p,则有

$$R_L=R=\frac{2\sqrt{3}}{3}d_b$$

那么

$$h=op=\sqrt{d_b^2-2\left(\frac{R_L}{2}\right)^2}=\frac{\sqrt{3}d_b}{3} \tag{6-7}$$

该区域中传感器节点排布的数目为 Num,满足:

$$
\begin{cases}
2d_{\mathrm{b}}+(n_1-1)R_{\mathrm{L}}\geqslant x\\
2d_{\mathrm{b}}+(n_2-1)R_{\mathrm{L}}\geqslant y\\
(n_3-1)R_{\mathrm{L}}+2h\geqslant z\\
\mathrm{Num}=n_1n_2n_3
\end{cases}
\tag{6-8}
$$

则该部署结构下的传感器节点覆盖利用率为

$$
\eta=\frac{\left(\dfrac{2\sqrt{3}}{3}d_{\mathrm{b}}\right)^3}{8}=0.1924d_{\mathrm{b}}^3
\tag{6-9}
$$

从两种部署结构上的传感器节点覆盖利用率上看，节点交叉叠加结构要比节点正向叠加结构的覆盖效果更好。也就是说，可以采用更少的传感器节点，实现更广阔区域的感知监测。

6.4 节点立体交叉部署过程模型

从6.3节的分析中，节点交叉叠加结构的传感器节点部署结构，使得传感器节点具有更高的覆盖利用率。因此，在三维水下无线传感器网络节点部署时，应采用节点交叉叠加结构。水下无线传感器网络的构建首先要求将传感器节点部署到相应位置。网络部署不仅在指定区域布置一定数量的传感器节点，并且要设置主节点收集数据策略、设定UUV的巡游路径等，从而构成了水下无线传感器网络的物理结构。水下无线传感器网络的节点部署在不同深度，组成不同的感知监测层；同时，传感器节点一般是从海面上部署的，并且要求采用节点冗余的方式来尽可能延长网络寿命。

由于假设水下传感器节点的探测范围是均匀的球体，目前三维空间中已知的最优球覆盖形式为体心立方格覆盖。传感器节点部署是根据感知监测区域深度、长度和宽度来决定的，首先将传感器节点按照一定的策略部署在海面上，然后确定哪些节点下沉到相应的深度并进入活动状态，哪些节点进入休眠状态，从而形成网络物理结构，本节通过改进ETG算法进行水下传感器节点的部署。

ETG算法的基本思想是利用传感器节点在垂直方向上的移动，由平面正方形格结构生成一个近似的空间体心立方格结构。首先将平面上随机分布的节点划分到不同正方形格的Voronoi单元中，同一单元内的节点根据单元内其他节点的信息，决定自己是否进入活动状态；其次按照体心立方格的Voronoi单元划分监视空间，活动节点根据体心立方格的覆盖半径决定传感器节点的移动深度，以分层的方式向体心立方格的Voronoi单元部署节点。在活动节点足够多的条件下，ETG算法可以形成一个由活动节点构成的三维水下监视网络，在保证覆盖的同时有效减少

网络整体能耗[176]。

基本的体心立方格单元如图 6-8(a)所示。图 6-8(b)显示了体心立方格在平面上投影形成的正方形格 L 的一个局部(对应图 6-5 的部署方式)。

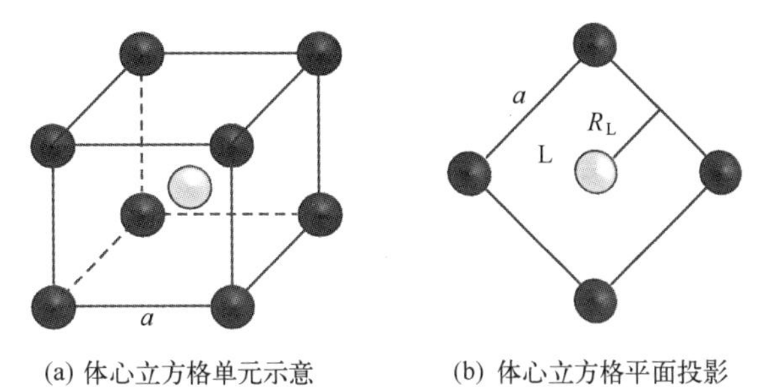

图 6-8　体心立方格结构

如果将立体交叉的网络结构(图 6-5)投影到一个平面上,则得到如图 6-9 所示的体心立方格平面投影。在图 6-9 中,每一层的球心都分布在正方形格 L 的顶点,其上下层的球心则分布在格的中心;不同层之间的顶点也构成了一个更小的正方形格 CL,在网络部署中,传感器节点被部署在 CL 格的顶点上(简称格点 Lp)。

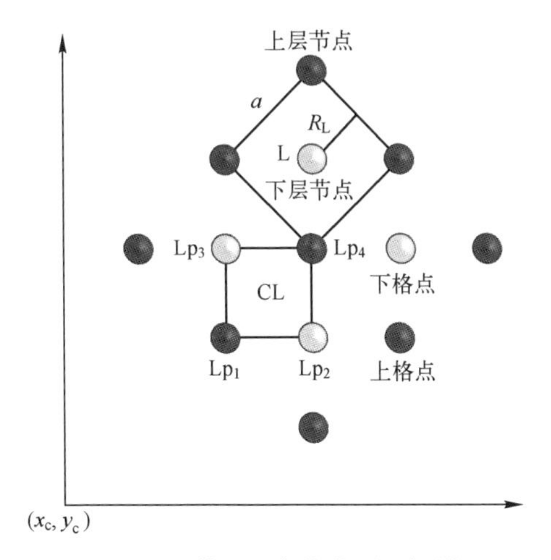

图 6-9　体心立方格的平面投影

由于初始时所有的传感器节点均部署在海面上,因此可以看作处于同一平面。如改进 ETG 算法则首先要将平面上的节点划分到不同的正方形 L 单元中。设正方形格 L 的覆盖半径为 R_L,假设坐标系原点坐标为(x_c,y_c),则 L 中格点坐标为$(x_c+u\sqrt{2R_L},y_c+v\sqrt{2R_L})$,其中 u 和 v 为整数。对于平面中任意的 L 格,可以用唯一的(u,v)来作为格的 ID。

为了实现水下无线传感器网络的三维部署，还需要将传感器节点下降到不同的深度。由平面部署在CL格点上的节点生成立体网络，需要区分节点所在的正方形格点的类型，例如，图6-9中，要区分出level up node和level down node两种类型。格CL中包含type up和type down两类格点。如果令type up和type down格点的ID分别为(u_u,v_u)和(u_d,v_d)，则正方形格CL中，type up格点ID中两个分量的和为$W_u=u_u+v_u$，type down格点ID中两个分量的和为$W_d=u_d+v_d$，则W_u、W_d两者中必然一个始终为奇数，另外一个始终为偶数。

假设开始时水下无线传感器网络节点所处区域的深度为D_0，它所要覆盖区域的最大深度为D_m。根据传感器节点基于平面格点的立体部署方式，将水下无线传感器网络所要覆盖的空间自上而下地进行分层，层与层之间的距离为d_1(图6-6)，则有

$$d_1=\frac{2\sqrt{5}}{5}R_2 \tag{6-10}$$

所以探测监测空间中第i层的深度为$D_0+id_1(i=0,1,\cdots,n-1)$，其中$n=(D_m-D_0)/d_l+1$。假设平面上一个正方格点ID为$(u,v)$，不失一般性，规定：当$u+v$为偶数时，传感器节点部署在偶数层；当$u+v$为奇数时，传感器节点部署在奇数层。假设传感器节点不断地放置在图6-9中平面正方形格CL的格点上，并依次逐层下降，那么就可以产生一个体心立方格结构的传感器网络。

在实际水下无线传感器网络中，通过船只将传感器节点布撒在海面上，传感器节点很难被精确地部署到它应该所在的位置上。为了延长网络寿命，可以在相近的位置部署多个节点。开始时，部分节点处于工作状态，部分节点处于休眠状态，当有些节点因能量消耗而停止工作时，唤醒休眠节点继续工作。根据假设，传感器节点存在活动、启动、休眠三种状态，在传感器节点部署阶段，需要确定哪些节点处于活动状态、哪些节点进入休眠状态，在活动状态和休眠状态之间的转换中，需要经历启动状态，节点状态及其变化如图6-10所示。在传感器节点部署过程中，传感器节点布放在水面上，它们的位置具有很大的随机性，在这种情况下，水下无线传感器网络部署及其拓扑结构的形成过程如图6-11所示。

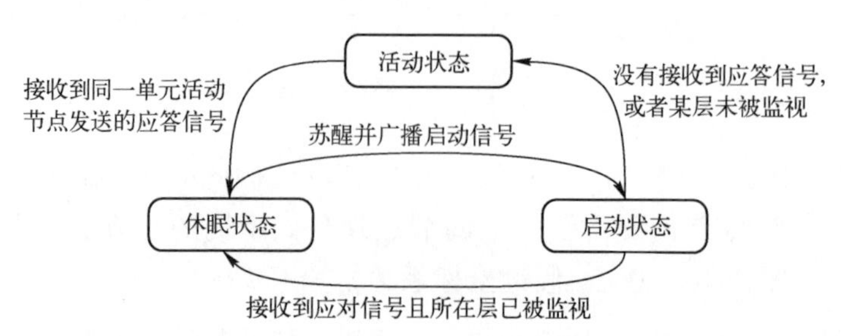

图6-10　传感器节点的状态转换关系

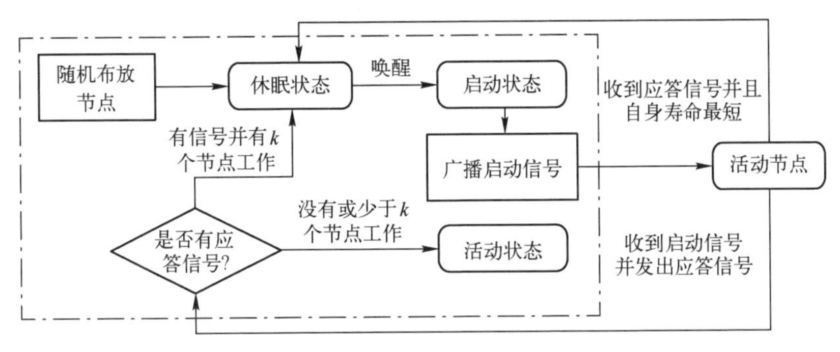

图 6-11 网络部署的过程描述

理想情况下,在一个立方格体单元内中,有一个节点在工作,就能够达到全覆盖的要求。然而,在实际节点部署过程中,由于实际部署位置与理论计算的理想位置无法做到精确吻合,同时由于水下环境复杂,传感器节点探测范围的理想球体很难实现,因此一般情况下,在一个立方格单元内需要有 $k(k\geqslant1)$ 个传感器节点,才能实现全覆盖的要求。假设水下无线传感器网络要求实现 k-覆盖的部署,每个单元内有 k 个传感器节点在工作,水下无线传感器网络的节点部署步骤如下:

(1) 传感器节点具有一定随机性地投放在海面上的预先指定参考点,节点抛锚固定后,通过 GPS 或其他方式获得自身的坐标位置,并且传感器节点需要根据部署顺序计算格点的 ID,然后自动进入暂时性休眠状态。

(2) 传感器节点进入休眠状态后,设定一段确定的休眠时间,经过设定休眠时间后,自动进入唤醒状态。节点休眠的时间服从一定分布,假设它的概率密度函数为 $f(t_s)=\lambda e^{-\lambda t_s}$,其中 λ 为启动速率,t_s 为休眠时间长度。参数 λ 的初始值决定了传感器网络部署阶段需要唤醒一定节点数量的时间。

(3) 传感器节点被唤醒,自动进入启动状态。此时传感器节点向半径为 r_b(设定为要求达到 k-覆盖下传感器网络节点的通信半径)的范围内发出该节点的启动信号,消息内包含自己的单元 ID。由于在同一个格单元可能存在多个冗余节点,只需要 k 个节点工作,为了确保同一单元内的所有节点能够接收到启动信号,应满足 $r_b\geqslant2R_{CL}$,其中 R_{CL} 为正方形格 CL 的覆盖半径。

(4) 任何活动节点在接收到启动信号后,如果判定自己和启动节点在同一单元内,并且该单元内的工作节点小于 k 个,则需要反馈一个相应的信号作为该启动信号的应答信息,该信号内包含该传感器节点所在的层数;否则,忽略启动消息。

(5) 如果处于启动状态的传感器节点在固定时间间隔内没有收到相应的响应信号,则该节点通过调整自身的浮力状态,从初始位置移动到最近的一层,然后进入活动状态。否则,即收到了一个或多个响应消息,首先根据节点的当前位置,判断节点所处格内各活动传感器节点的数量及其所在的层:如果格内有 k 个传感器节点处于活动状态,启动传感器节点重新进入休眠状态;否则,传感器节点移动到任意一个没有被监测的层,或者活动节点数量小于 k 个并且传感器节点数量最少的层,进入活动状态。

(6) 当处于活动状态的节点向它的相邻节点发出一个响应信号时,它首先判定该单元内是否有 k 个节点在工作:如果有小于 k 个节点在工作,则发出响应信号;如果发现有 k 个节点在工作,则与该单元中工作时间最小的节点比较,如果自己工作的时间较短,就进入休眠状态,否则发出相应信号。

在完成传感器节点的部署之后,还要确定移动节点和主节点在网络中的位置,一般而言,由于移动节点和主节点的个数较少,移动节点主要的任务是收集数据并重新部署网络,而主节点主要完成传感器节点部署后,对收集到的数据进行综合处理。因此,在传感器网络形成之初,可以在网络内部的任意位置上部署移动节点和主节点。

上述部署方法不仅能够确保生成水下无线传感器网络的物理结构,而且能够确保让能量多、可持续工作时间长的节点处于工作状态,从而使水下无线传感器网络具有较稳定的网络物理结构。在确定网络物理结构后,需要在节点之间建立路由协议、数据传输协议等,使已经部署的传感器节点形成有机的网络系统。

6.5 基于 K-CDS 的水下无线传感器网络组网

组网主要将已部署的网络节点组织成一个逻辑上连通的整体,建立网络拓扑结构,确定网络的路由策略和数据传输策略,使网络能够为用户使用。

相比于无线电通信,水声通信数据率低、误码率高,为了提高数据传输可靠性和数据并行传输能力,这里通过构建 K-CDS 作为虚拟传输骨干,骨干上的节点负责路由和转发[177]。

首先介绍 K-CDS 的概念。K-CDS 的基本性质和要求如下:

(1) 当且仅当在这个集合中任意去除 $K-1$ 个点后,网络仍是连通的,则称一个点集 V 是 K-连通的;

(2) 当且仅当点集 V 中的点要么在支配集 V' 中,要么存在 K 个在支配集中的相邻,则称一个点集 $V' \subseteq V$ 是 K-支配的;

(3) 如果 V' 是 K-支配的且 V' 的导出子图是 K-连通的,则称一个点集 $V' \subseteq V$ 是 K-连通 K-支配的。

如图 6-12 所示,K 为 1、2、3 时,8 个点组成的点集的 K-CDS,其中,标注为同心圆的点被选入 K-CDS。

由于这里采用的是随机部署节点的方式,并且节点之间的相邻关系也是随机生成的,因此在进行 K-CDS 构建时也采用概率的方式,即让每一个点有 p_k 的概率

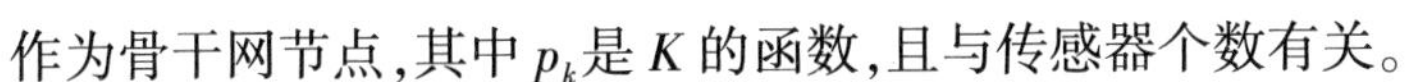

作为骨干网节点，其中 p_k 是 K 的函数，且与传感器个数有关。

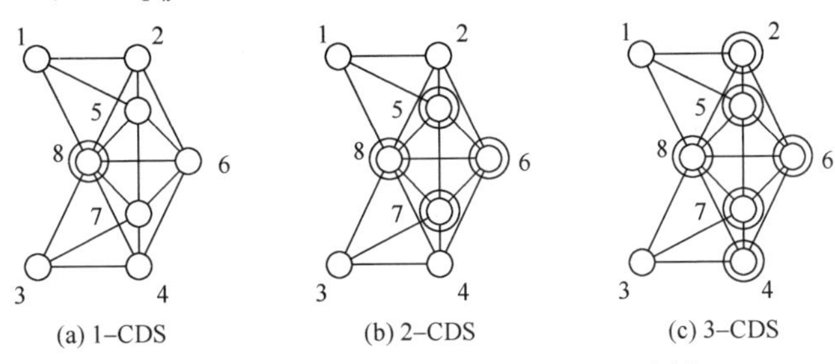

图 6-12　当 k 为 1、2、3 时的 K-CDS 示例

基于 K-CDS 的水下无线传感器网络组网算法如算法 6-1 所示。

算法 6-1　水下无线传感器网络的组网算法

输入：传感器节点集及其位置信息

输出：水下无线传感器网络拓扑和路由

1：初始化网络节点集 NNS = all node 和虚拟传输骨干节点集 $VCB\_set=\varnothing$，初始化参数 p_k，随机从 NNS 中选择 N_i 个节点作为初始虚拟传输骨干节点集，并将其加入 VCB_set

2：**For**（$j==0$；$j<=NNS$ 的节点个数；j++）

3：　以 p_k 的概率从其他节点中随机选择 N_k 个节点

4：　**If**（N_k 不是 VCB_set 的成员并且 N_k+VCB_set 满足 K-CDS）

5：　　Put N_k intoVCB_set

6：　**else**

7：　　Put N_k into $NVCB\_set$

8：　**end if**

9：**end for**

10：基于 OSPF 生成静态路由

11：**end**

当 p_k 的选择合适时，有很大的概率能够保证网络中能构建出一个 K-CDS。这种方式的优点是极其简单，不需要与周围节点交互即可进行 K-CDS 的组建，特别适用于水下通信能力较差的环境。当 K-CDS 构建完成以后，生成网络路由，即建立传输骨干节点之间的路由表，这里采用 OSPF 静态路由生成协议[200]。

6.6　仿真试验

实现水下无线传感器网络立体交叉部署与组网，首先需要在理论上计算不同部署方式下的传感器节点个数；然后根据实际部署环境、网络工作方式等限制，分析计算水下无线传感器实际部署需要的节点，及组网后形成的网络性能。因此，在本节的仿真试验中，基于 MATLAB，首先分析计算节点正向叠加、节点交叉叠加两种部署结构下传感器网络的节点数量；其次根据实际海面上的节点部署情况和节点工作方式，对基于改进 ETG 的传感器节点部署方法进行仿真试验。

在对三维传感器节点数量计算模型的仿真试验中，首先建立其 MATLAB 模型，设定仿真参数；然后计算两种不同传感器节点部署结构下，理论上需要的传感器数量。假设所部署的感知监测海域长度 $x=12\text{km}$，宽度 $y=12\text{km}$，深度 $z=4\text{km}$，传感器探测半径 $d_b=1\text{km}$。则通过仿真计算，在 x、y、z 方向的传感器节点数量如图 6-13 所示。

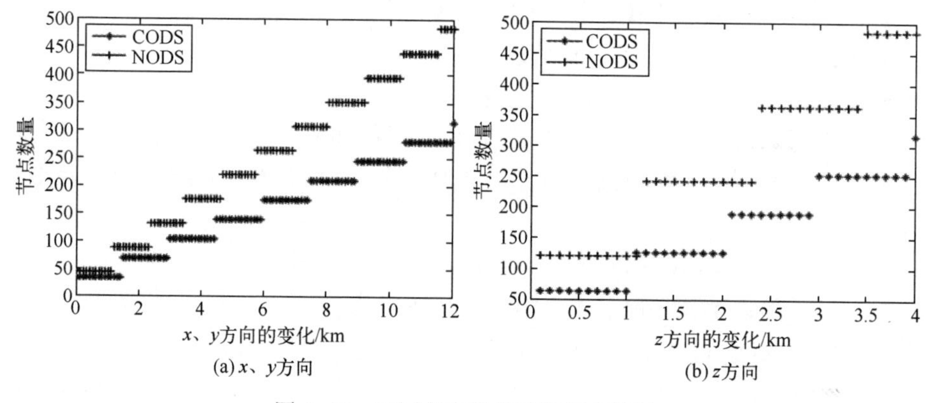

图 6-13　不同方向的传感器节点数量

在考察 x 方向区域大小变化时，设定宽度 $y=12\text{km}$，深度 $z=4\text{km}$。从试验结果上看，x 方向和 y 方向上的传感器节点数量的分布是一致的，z 方向的传感器节点数量的分布与 x、y 方向上的分布有所不同，主要是因为在水下无线传感器网络部署中，在深度方向上是海面为基准进行部署的。

考虑在实际的传感器节点部署中，海平面上所部署的传感器节点位置并不会重叠，传感器节点一般是从船上往海面上部署，虽然能够预先计算传感器节点部署的位置，但是实际部署位时置会有一定的偏差。因此，在对传感器节点部署的仿真试验中，设定仿真参数：同样设定 12km×12km×4km 的感知监测区域水域，采用均匀部署的方式，将传感器部署在海面上后，通过网络部署和组网方法来构造相应的水下无线传感器网络。

假设传感器节点数为 n_b，传感器探测半径为 d_b，传感器节点平均覆盖度为 c_b，将所有节点的最小格内相邻数作为节点当前平均覆盖度，如果一个格内的相邻节点是自己，则节点覆盖度为 1。探测精度是指在探测范围内能监测到目标的百分比,这里只考虑探测精度为 1 的情况。在实际情况中,当探测精度小于 1 时,则需要提高覆盖度来增加探测到目标的概率。采用改进的 ETG 算法对网络进行部署,在可以计算出当节点探测范围为 0.67km、1km、2km 的情况下,达到覆盖度为 1 的网络所需最少节点数、外层节点数和体心节点数,如图 6-14 所示。

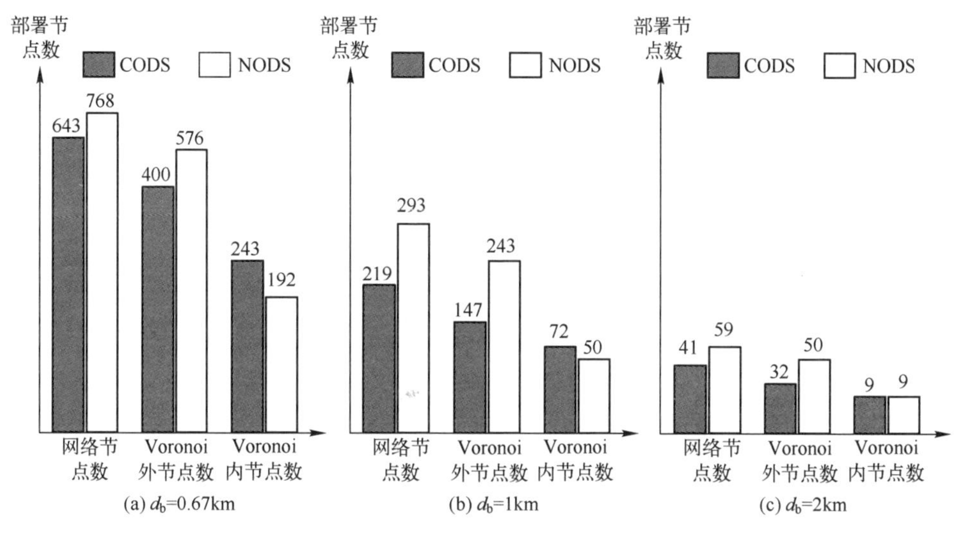

图 6-14　两种节点部署结构需要的节点数

从图 6-14 中可以看出,当节点的探测半径增加时,所需节点数迅速减少,这是由于节点在水下三维部署,所需节点数与探测半径的立方成反比例关系。对比 6-14(a)、(b)和(c)可以看出:因为部署过程中存在位置的误差,交叉部署传感器节点需要的数量比正向部署传感器节点需要的数量更少,当传感器节点的探测半径分别为 0.67km、1km、2km 时,相比正向叠加部署结构,交叉部署结构需要的传感器节点分别减少了 16.3%,25.3% 和 30.5%。

水下无线传感器网络不仅需要对所处的区域进行监测,而且需要将传感器节点收集到的数据通过多跳传输到移动节点或主节点。因为处于复杂的水下环境,只能通过水声通信进行数据传输,而水声通信具有延时大、带宽较低、误码率高等特征,所以网络传输延时成为衡量水下无线传感器网络性能的一个重要方面。根据假设,水下无线传感器网络要求将所感知监测到的数据传送到主节点进行处理,主节点的位置是在网络内部区域内随机散布。因此,网络上的任意一个节点到其他节点的平均通信距离和通信时间可以用来衡量网络的性能,这部分的试验将结合第 7 章的研究内容,进行综合仿真试验。

第 7 章

基于引导图的水下无线传感器网络数据自主存取机制

7.1 引　言

水下无线传感器网络在进行海洋环境监测、水下目标感知监测的过程中，首先要求传感器节点在大范围水域进行环境或目标监测与数据收集，并采用适当的机制将数据进行存储；其次对分布的数据进行收集与处理，水下无线传感器网络的数据收集与处理可以分为延时数据（如环境数据）和实时数据（如军事目标、搜救目标等）两类。同时，在特定场景中，如水下目标搜索过程中，应该尽可能减少主节点（船只）的主动通信次数和距离，以减少水下无线传感器网络的背景噪声。水下无线传感器网络主要使用水声通信，水声通信具有低带宽、高时延和误码率高等特点，使得在数据存储与查询相关的传输可靠性、传输延时及能量消耗等方面，与基于无线电波通信的传感器网络具有很大差异，给水下无线传感器网络的数据存储、发现与查询带来了新的挑战。其主要表现在以下两个方面：

（1）水下无线传感器网络数据自主高效存储与快速查询获取问题。不同应用类型的网络需要不同类型的数据，传感器节点感知到的数据需要高效存储，并且要求尽快处理用户（主节点）的数据查询需求，以尽可能短的时延返回给用户需要的不同粒度数据（尤其在军事水下目标搜索和水下紧急搜救等应用中）。

（2）数据存储和查询过程中能量自优化的消耗问题。水下数据在传感器网络中长距离、长时间传输的能量消耗巨大，缩短网络整体寿命，并且会增加网络背景噪声，在数据存储和查询过程中，要求尽可能减少网络整体能量消耗，并优化平衡数据传输过程中节点的能量消耗，以延长网络寿命。

为了应对上述挑战,本章针对水下实时要求高的应用提供一套查询时间尽可能短、网络能量消耗尽可能小的水下无线传感器网络数据自主存取机制,同时该数据存取机制也能够支持大体量数据收集和传输、数据发现等水下实时性要求不高的应用。在第6章中,对密集水下无线传感器网络部署和组网进行了研究,建立了立体传感器节点交叉部署与网络组网方法,本章将在第6章的基础上,采用元数据[214]和环结构[215]提出一种基于导引图的水下无线传感器网络数据存取机制(Data Access based on a Guide Map,DAGM)。DAGM根据全网平均查询路径最短建立存储元数据的中心环结构,元数据描述了数据内容摘要和数据位置摘要。将整个网络划分为不同区域,传感器节点感知生成数据后,基于地理位置散列(GHT)[178-179]确定传感器所在区域的存储节点,通过多跳通信将数据传输到该节点存储后生成元数据,然后元数据被发送到离存储节点最近的中心环节点,并在中心环进行扩散与同步,这样在每个中心环节点都存储整个网络的元数据,形成网络数据导引图。在主节点查询数据过程中(主节点作为查询者或用户),选择向距离自己最近的中心环节点发出数据查询请求:如果数据导引图中没有满足要求的数据,则通知查询失败;如果存在相应的数据,则根据元数据描述的数据位置摘要,自动生成数据传输路由并向存储节点发送传输数据请求,同时将查询存在数据结果和数据传输路由返回给查询者,查询者根据数据传输路由与数据存储节点完成实际数据的传输。当查询者发出查询数据请求后,中心环节点记录查新请求;当数据导引图显示有数据更新后,会自动通知查询者与数据存储节点自动完成数据传输。

基于导引图的水下无线传感器网络数据存取机制根据水下无线传感器网络主要依靠水声通信的特点,基于局域性的地理散列函数来实现数据存储,有效减少存储过程中数据传输的能量消耗,也缩短数据存储的时延。将元数据、环结构进行有机结合,从全网查询平均路径最短来构建元数据存储环,形成数据导引图,保存其在数据查询效率方面的优势,并支持根据环节点在能量消耗情况改变环节点的位置。在数据传输过程中采用存储节点到用户节点之间直接路由的策略,不仅确保查询时延短、能量消耗总量少,还能够平衡网络中节点的能量消耗,达到延长网络寿命的目的。

本章首先以用户(主节点作为数据查询用户)查询获取数据的时间最短为原则建立DAGM的系统模型;其次建立DAGM的框架结构和工作过程模型,根据平均查询路径最短的原则,建立存储元数据的环结构和数据导引图,同时提出了相应的数据存储和查询算法;再次针对DAGM的特征,对数据存储、数据查询时间及其网络的能量消耗等方面进行了分析;最后进行仿真试验。

7.2 系统模型与问题描述

7.2.1 系统模型

为了分析方便,假设 $n \times n$ 个传感器节点均匀分布在边长为 L 的正方形区域内。在网络内部的任意位置、任何时间都可能存在主节点作为用户查询数据,它能够按照一定查询条件快速获取到不同粒度、不同质量的数据。这里设定的正方形区域和节点均匀分布不会限制模型的一般化。因为当网络为其他多边形或圆形时,可以将这些形状的内切正方形作为网络区域;当传感器节点随机部署时,可以将传感器节点看作部署在网络区域划分的正方形格中。因此,本章的模型和方法可以适用于其他网络模型中。此外,为了研究方便,这里增加了如下假设:

(1) 网络节点分为传感器节点和主节点(可携带移动节点)两类,每个节点可以获得自己的位置信息(通过 GPS 或其他定位协议)。整个网络是连通的,任何两个节点之间都可以通过多跳进行通信,假设节点有小范围移动但不影响网络通信,不会破坏整个网络的连通性。

(2) 传感器网络工作在二维平面。传感器节点了解网络部署情况,包括该区域的范围、面积等(网络部署设定),它按照正方形格来部署(第 6 章),每个正立方格对应一个编号,当每个正立方格中包含多个传感器节点时,仅有一个节点处于工作状态,其他节点处于休眠状态。

(3) 主节点具有移动功能,可以在任意位置、任意时刻向距离它最近的传感器节点发出数据查询请求。主节点与传感器节点通信完成数据传输前,不会远离它当前所处位置(在通信范围内)。

基于上述假设,DAGM 的基本思想如下:

(1) 在传感器网络部署过程中,将整个区域平均划分为 n 个正方形格,在正方形格内部署传感器节点,然后根据全网平均查询路径最短建立存储元数据的中心环结构。

(2) 传感器网络数据采用区域分布存储方式。当传感器节点对环境、目标进行感知和初步处理产生数据后,基于地理位置的散列技术(GHT)确定该节点所在区域的存储节点编号和位置,并通过多跳通信将数据传输到存储节点;然后存储节点对存储的数据进行描述,生成由数据内容摘要(Content Abstract,CA)和数据位置摘要(Storage Abstract,SA)组成的元数据(MD)。

(3) 建立面向整个网络的数据导引图。数据导引图中的数据由整个网络的元数据组成,当有元数据需要更新时,存储节点把元数据发送到距离它最近的中心环

节点,元数据在中心环进行双方向扩散与同步,这样中心环的每个节点都存储整个网络的元数据,形成网络全局的数据导引图。

(4) 数据就近查询。当主节点要查询数据时,向距离它最近的传感器节点发出查询请求,该传感器节点再向中心环中距离自己最近的节点发送查询请求。当中心环节点接收到查询请求后,查询自身存储的数据导引图:如果网络中不存在满足查询的数据,则通知查询失败;如果网络中存在相应数据,则根据元数据描述的数据位置摘要生成数据传输路由,向存储节点发送数据请求和数据传输路由,同时将查询结果“准备接收数据”和数据传输路由返回给主节点。

(5) 数据获取。当主节点收到准备接收数据的通知后,依据数据传输路由,与传感器节点共同完成所需数据的传输。

(6) 数据更新。如果数据导引图出现数据更新,而这些更新的数据是主节点所需要的,则数据导引图所在的中心环节点分别通知储存节点和主节点完成更新数据的传输实现数据获取。

DAGM 的数据存储、环结构、元数据扩散、数据查询与数据传输如图 7-1 所示。

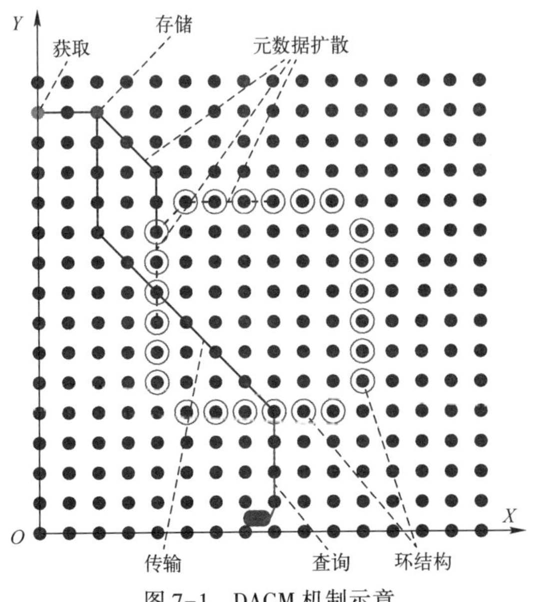

图 7-1　DAGM 机制示意

在图 7-1 中,将整个网络平均划分为 $n\times n$ 个正方形格区域,每个节点占据一个正方形格(边长为 g),节点距离 R、通信半径 r_b 和探测半径 d_b 的关系为 $r_b>2d_b$,$r_b>\sqrt{2}R$,网络内所有节点都可以通过单跳进行通信。以左下角的点为起始点,坐标为 (X_0,Y_0),根据传感器节点部署,每个节点对应一个方格,每个方格都有一个方格号 $G(G_X,G_Y)$,则有

$$G_X=\left\lfloor\frac{X-X_0}{g}\right\rfloor,G_Y=\left\lfloor\frac{Y-Y_0}{g}\right\rfloor$$

假设网络中每个节点都预存一个网络的全局信息表 Tab(ID,C,G,Ad_j),其中,ID 代表节点标识号,C 代表节点坐标,G 代表节点网格号,Ad_j代表相邻节点。因为传感器节点有通信半径,它必须知道自己的相邻节点是谁,能跟谁通信。网络初始时,每个传感器节点都会发布自身的 ID,并获取相邻节点的 ID。这样,每个节点可以知道自己能够通信的相邻节点,并在全局信息表中,对应记录的 Ad_j项设置为 1。然后,每隔一定周期,节点都要向相邻节点发送一个报文,通知它们自身存储的全局信息表中的更新情况(节点的加入与退出)。收到相邻节点发来的更新报文后,节点更新本地的全局信息表。如果在既定周期内没有收到相邻节点的报文,说明此节点已经失效,在本地全局信息表中,删除该节点相应的记录。

7.2.2 问题描述

水下无线传感器网络的一个重要目的是,让主节点能够以尽可能快的速度获取所需的数据,同时能够延长网络的寿命。在 DAGM 中,从传感器节点产生数据到主节点获取数据,可以分为数据感知存储、元数据扩散与同步、数据查询与获取三个阶段。在水下无线传感器网络的性能上,为了更快地让主节点查询获取到不同粒度的数据,首先在传感器节点产生数据时,不仅将数据存储,而且生成元数据并扩散到中心环;其次在主节点查询数据中,不仅可以向距离它最近的中心环节点提交请求,而且要有针对性地建立数据传输路由策略来实现实际数据传递。这样不仅能够缩短延时,而且节省网络能量消耗,延长网络寿命。由此,网络时间性能包含两个部分:一部分是数据存储与元数据扩散时间;另一部分是主节点从数据查询开始到获取数据的时间。在网络能量消耗上,同样包括两个部分:数据存储和元数据扩散的能量消耗,以及数据查询与数据传输的能量消耗。

由于在传感器节点感知产生数据以后就将数据传输到存储节点,并向中心环节点发送发生变化的元数据,形成数据导引地图,因此只有在元数据发布与同步的时间段内,主节点发出查询请求才可能没有查到网络中存在的数据,而这种概率极低。在不考虑这种情况下,面临的问题是首先确保主节点从数据查询开始到获取数据的时间间隔最小,其次是网络整体能量消耗尽可能少。由于传感器网络节点的通信能量消耗比节点内部数据处理能量消耗高很多,因此主节点查询获取数据的时间延时主要是查询请求和实际数据传输的延时,传感器网络总的能量消耗主要是数据存储、元数据扩散与同步、数据查询与获取过程中通信的能量消耗。

基于上述分析,DAGM 问题的核心是从数据查询获取时间最短的角度来确定中心环节点的位置,并使得网络整体能量消耗最少。传感器网络中数据传输通过

多跳来完成,假设每个节点查询请求转发和查询结果返回的传输跳数相同,则所有节点到其最近的中心环节点的距离总和(传输跳数总和)为

$$D(k)=\sum_{i=1}^{n\times n-m}D(k,i)$$

式中:m 为中心环节点的个数;$D(k,i)$ 为节点 i 到距离它最近的中心环节点 k 的传输跳数,k 为中心环节点,i 为中心环节点以外的其他节点。

中心环节点 k 就是在所有节点 t 中选择距离总和最小的节点,即

$$\{k\mid D(k)=\min_{1\leqslant t\leqslant n\times n}\{D(t)\}\&k\in\{1,2,\cdots,n\times n\}\} \tag{7-1}$$

确定中心环节点 k 要从数据存储位置、数据查询发生位置等方面综合考虑。下面从 DAGM 基本架构入手分析数据导引图结构的建立过程,设计数据存储、元数据扩散与同步、数据查询获取模型。

7.3　DAGM 框架和数据存取方法

7.3.1　基本架构

为了实现主节点查询获取数据的时延最短,同时实现在数据存储与查询获取的总能量最小,DAGM 基本架构和流程如图 7-2 所示。基本架构分为三个部分,即数据存储、数据导引图和数据查询获取。

从图 7-2 来看,在 DAGM 中数据导引图是核心部分,它包括元数据中心环构建、元数据扩散与同步、查询请求处理与数据传输路由生成等部分。首先建立由不同节点组成的中心环,当中心环中任意节点接收到元数据时,将元数据与本身存储的元数据集合并,并沿着中心环双方向扩散元数据,完成数据导引图的构建。同时中心环节点需要接收并处理数据查询请求,先将查询请求拆分成元查询语句,再与该节点的元数据集进行对比:如果发现网络中存在数据,则建立数据传输路由,同时将查询结果“准备接收数据”和数据传输路由返回给主节点,同时将数据请求和数据传输路由发送到数据存储节点;如果发现网络中不存在数据,则直接将“查询失败”返回。

由于传感器网络能量的限制,传感器节点一般以聚类的方式进行感知和数据收集,可以将一个聚类作为传感器网络的一个局部区域。在数据存储中,当区域内任意节点 i 产生数据时,通过 GHT 确定传感器节点所在区域的存储节点编号和位置,采用 GPSR[255] 路由协议,将数据传输到该节点进行存储,同时存储节点生成由数据内容摘要和数据位置摘要组成的元数据,并把元数据通过多跳通信发送到距离它最近的中心环节点。

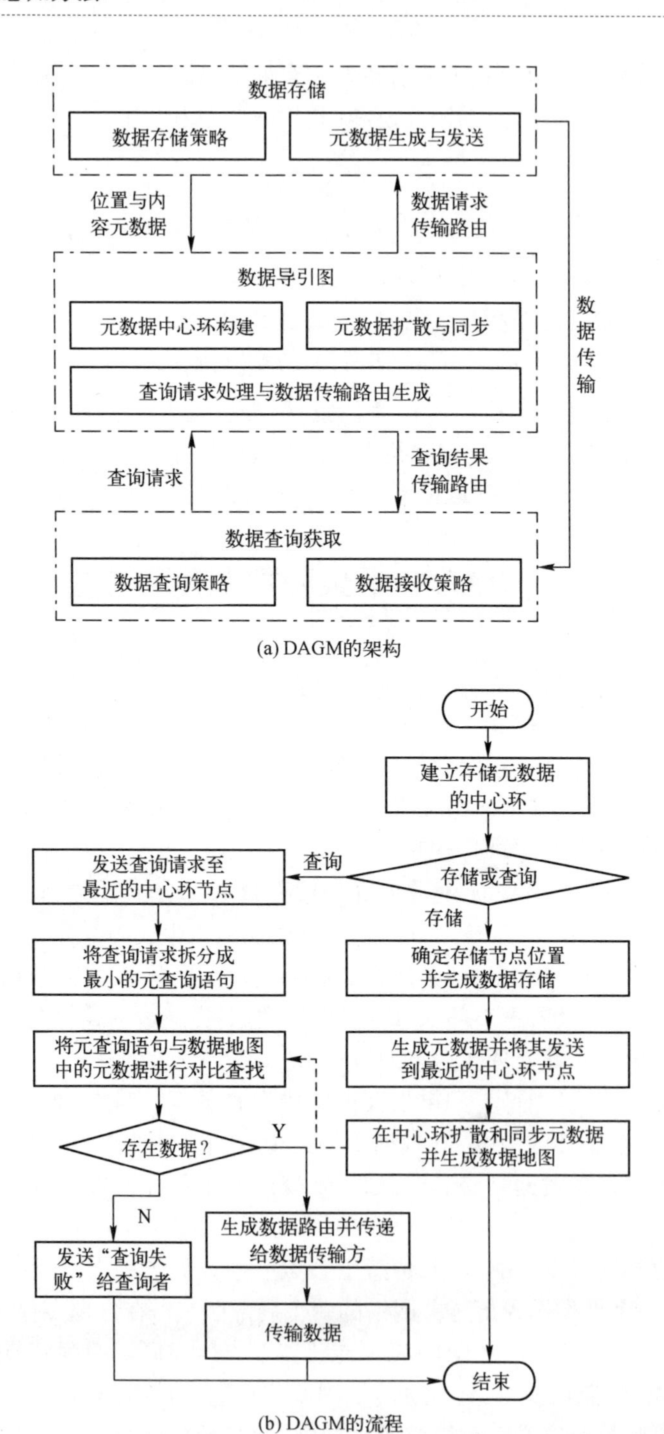

(a) DAGM的架构

(b) DAGM的流程

图 7-2　DAGM 的基本架构和流程

数据查询与获取包含查询策略和数据传输策略。在不同的时刻、不同应用背景下，主节点对网络上数据粒度、数据服务质量（QoS）要求有所不同，有时要求传感器网络的精确原始数据，有时仅要求概要数据，包括平均值、最小值、最大值等类型。因此，数据查询请求包含数据种类、粒度和 QoS 等信息，这样可以减少冗余数据，减少通信能量消耗，加快数据传输速度。在环境恶劣的情况下，远距离通信传输能量消耗大、传输带宽低和误码率高。因此，网络可以根据数据传输策略的要求，通过多跳通信将数据传给主节点。

7.3.2　数据导引图的构建与处理机制

1. 元数据中心环构建

为了延长传感器网络寿命，缩短主节点获取数据的时间，中心环节点的选择要求在数据查询时间、查询能耗这两个方面达到平衡与优化。但是，由于在数据查询时间和网络整体能耗上具有相互约束关系，这里主要讨论如何使主节点能在更短时间内获得数据。因此，本节以查询效率最高来构建中心环。

在数据查询过程中，主节点通过距离它最近的传感器节点进行数据查询，主节点随机位于在网络内部，因此主节点向中心环节点查询数据问题就转化为网络内部任意节点向中心环节点查询数据问题。网络中的任意节点总是向距离它最近的中心环节点查询数据。

节点数据查询时间可以分为两部分，即通信时延 Tra_t 和处理时延（中间节点转发时延）Pro_t。Tra_t 主要取决于通信距离和等待重传次数，在网络连通性确定的条件下，等待重传次数是一个稳定值。因此，主节点在任意位置查询数据时延最短问题，就变成网络中任意节点到最近中心环节点的通信跳数总和最少（也称为通信总距离最小）。

中心环将网络中传感器节点划分为内、外两个部分，如图 7-3 所示。为了计算方便，按照对称关系，将水下无线传感器网络划分内部区域（Internal Region，IR）和外部区域（External Region，ER）。以左下方为原点，建立平面笛卡儿坐标系，传感器节点的间隔距离作为坐标系的一个刻度（事实上，坐标值就是传感器的数量），那么 X 轴和 Y 轴上的一个刻度就是一个通信跳数。

首先讨论中心环的外部区域，如图 7-4 所示（对应图 7-3 的右上部分）。设传感器网络中每行每列均有 n（偶数）个传感器节点（因坐标从 0 开始，阵列的实际行列数都是 $n+1$），网络中心节点（$n/2$）在水平（或垂直）方向上到中心环节点的距离（节点个数或通信跳数）为 a（正整数），中心环斜边（图中直线 l）中节点个数为 b，其中 a 的最小取值为 1，最大取值为 $n/2$，b 的取值是 0 到 a，需满足 $b \leqslant a$。为了计算方便，外部区域分三种情况讨论：

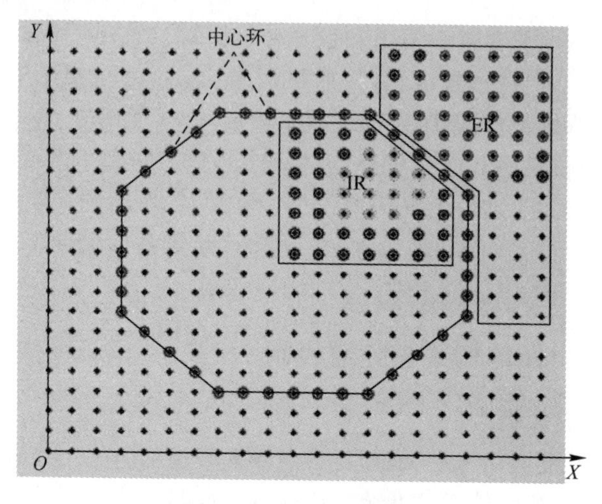

图 7-3　中心环示意图

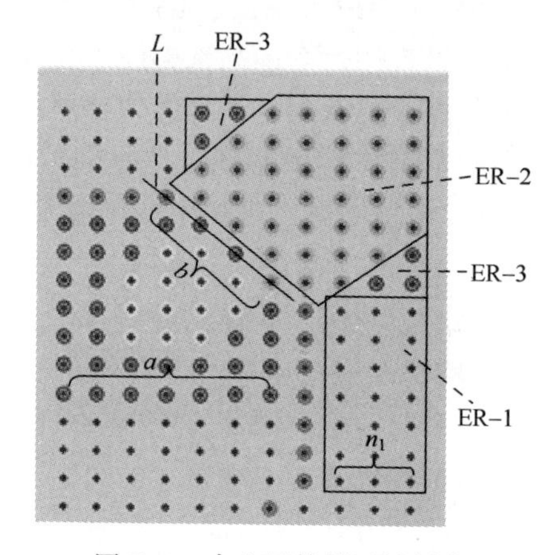

图 7-4　中心环外部区域划分

（1）图 7-4 中 ER-1 区域，对应中心环路径上，该区域纵向方向上的节点数为 $2(a-b)+1$，该区域横向方向上的节点数 $n_1=(n-1)/2-a$。对于横向方向的节点，到中心环节点的路径长度和 $D_{\mathrm{ER-1}}=\sum_{i=1}^{n_1} i$。网络中存在 4 个相同的 ER-1 区域，因此，这部分的总路径长度为 $4\times[2(a-b)+1]\times D_{\mathrm{ER-1}}$。

（2）图 7-4 中 ER-2 区域，将不同节点连成与中心环 l 线段平行的直线，显然不同直线上的节点到中心环 l 段上节点的路径为 1、$\sqrt{2}$、$1\sqrt{2}$、$2\sqrt{2}$、$1+2\sqrt{2}$、$3\sqrt{2}$、$1+3\sqrt{2}$，依次类推。从中心环 l 段到右上对角点一共有 $n-2a+b$ 条与之平行的线段，其中，由内向外第 i 条线段节点的个数记为 t_i，同时第 i 条线段的每个节点都满足其横坐标与纵坐标之和为 $2(n/2+a)-b+i$，通过坐标关系求得 $x-i$。则该区域中所有节

点到中心环 l 段上节点的最短距离和为

$$D_{\text{ER}-2}=\sum_{i=1}^{n-2a+b} t\_i(\bmod(i,2)+\text{fix}(i/2)\times\sqrt{2})$$

式中:mod$(i,2)$是一个函数,若 i 是奇数,则其值为1,若 i 是偶数,则其值为0;fix$(i/2)$表示 i 除以2后的结果取其整数部分。

网络中存在4个相同的ER-2区域,这部分的总路径长度为 $4\times D_{\text{ER}-2}$。

(3) 图7-4中ER-3区域,若 $a>n/2-2$,则ER-3区域的节点数为0,此时这部分的总路径长度 $D_{\text{ER}-3}=0$。若 $a\leqslant n/2-2$,该区域节点的横坐标 x 取值为 $n/2+a+2$ 到 n,共有 $n/2-a-1$ 种取值,而纵坐标 y 的取值小于横坐标。将该区域第 i 条线(将节点连成与 X 轴平行的线,从下往上取数)上的每个点的横坐标 x 都减去 $n/2+a+i$,形成新的横坐标 x',则该条线上点的横坐标 x' 的取值为 $1\sim\max(1,n/2-a-1-i)$。同时,区域中每个点的纵坐标 y 都减去最小纵坐标值,然后加1,形成新的纵坐标 y',y' 的取值必然大于1。该区域中每个节点到中心环节点的最短路径为 $x'+y'\sqrt{2}$,其中 x' 的取值为 $1\sim n/2-a-1$,y' 的取值为 $n/2+a-b+1\sim(x'-b-1)$,$x'\geqslant y'$。将节点连成与 Y 轴平行的线,则存在 $n/2-a-1$ 条垂直 X 轴的直线,从里向外,第 i 条线段节点的个数记为 t_i,同时第 i 条线段的每个节点都满足其横坐标 x 与纵坐标 y 之和,即 $\min(n/2+a+2,n)+n/2+a-b+1+i$。其中横坐标 x 取值为 $n/2+a+2\sim n$,纵坐标 y 取值为 $n/2+a-b+1\sim(x-b-1)$,通过坐标关系求得 $x-i$。网络中存在8个相同的ER-3区域,它的总路径长度为

$$D_{\text{ER}-3}=8\sum_{i=1}^{n/2-a-1} t\_i(x+y\sqrt{2})$$

综合上述分析,外部区域节点到中心环节点的路径总和为

$$D_{\text{ER}}=4[2(a-b)+1]\times D_{\text{ER}-1}+4D_{\text{ER}-2}+D_{\text{ER}-3} \tag{7-2}$$

下面讨论中心环的内部情况,如图7-5所示。该部分节点满足其横坐标与纵坐标之和小于 $2\times(n/2+a)-b$。其中,横坐标和纵坐标的取值都为 $n/2\sim n/2+a-1$。记 $D_{\text{IR}-1}$ 为IR-1区域内节点到中心环节点的最短距离总和,$D_{\text{IR}-2}$ 为IR-2区域内节点到中心环节点的最短距离之和。

在图7-5中,存在以下情况:

(1) 如果 $a=1$,则内部就只有一个点,不存在IR-1区域,$D_{\text{IR}-1}=0$,$D_{\text{IR}-2}=1$。

(2) 如果 $b\leqslant 1$,则不存在IR-1区域,$D_{\text{IR}-1}=0$,IR-2区域内所有节点到中心环节点的最短路径总和为

$$D_{\text{IR}-2}=\sum_{i=1}^{a-1} i[2\times(2a-(2i-1))+2\times(2a-(2i+1))]$$

(3) 如果 $b=2$,则IR-1区域中仅有一个点,此时 $D_{\text{IR}-1}=\sqrt{2}$。

(4) 如果 $b>2$,则IR-1区域的情况和外部ER-2区域的情况一致,对平行于

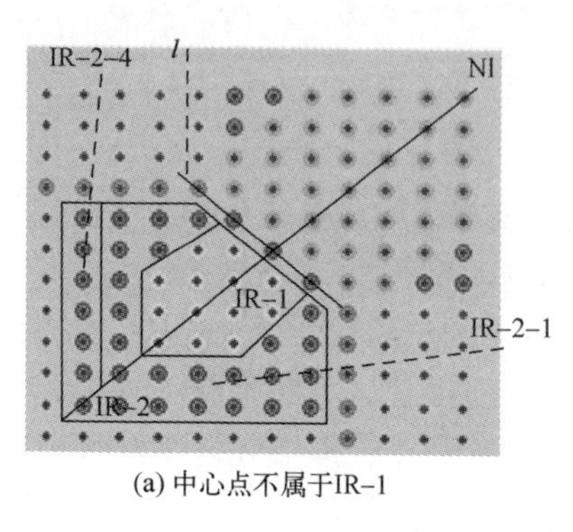

(a) 中心点不属于IR-1

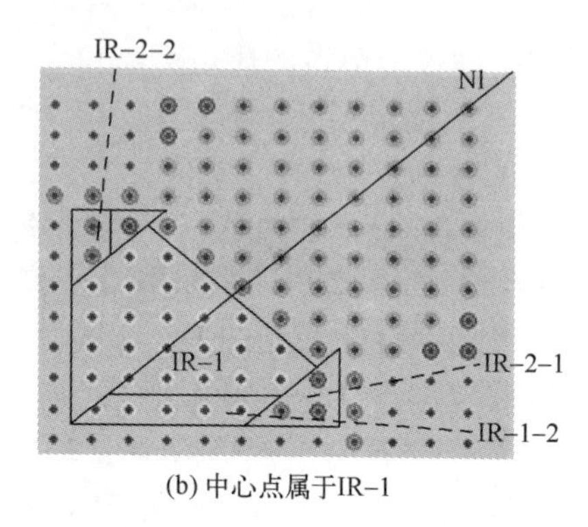

(b) 中心点属于IR-1

图 7-5　中心环内部划分

中心环 l 直线段的不同直线上的节点，到中心环上节点的路径长度同样分别为 1、$\sqrt{2}$、$1+\sqrt{2}$、$2\sqrt{2}$、$1+2\sqrt{2}$、$3\sqrt{2}$、$1+3\sqrt{2}$等。在 IR-1 内存在与中心环 l 平行的直线一共有 $b+2$ 条，由内向外第 i 条直线节点的个数记为 t_i，第 i 条直线上的节点满足其横坐标与纵坐标之和为 $2\times(n/2+a-(b+1))+i$，并且小于 $2\times(n/2+a)-b$。其中，横坐标为 $\max(n/2,n/2+a-(b+1))\sim n/2+a-2$，纵坐标为 $\max(i-b+2,\max(n/2,n/2+a-(b+1)))\sim\min(i+b-2,n/2+a-2)$。因此 IR-1 内所有节点到中心环节点的最短路径总和为

$$D_{\text{IR-1}} = \sum_{i=1}^{b+2} t\_i(\operatorname{mod}(i,2) + \operatorname{fix}(i/2) \times \sqrt{2})$$

（5）IR-2 区域内的节点数为中心环内部所有节点数减去 IR-1 区域中的节点数。IR-2 中沿着横坐标或纵坐标相反方向的节点，其路径长度分别为 1,2,3,…。由于 IR-1 区域的大小会影响 IR-2 区域的大小，因此，需要根据 IR-1 区域的大小来讨论 IR-2 中节点到中心环节点的路径总和。

① 如果中心节点不属于 IR-1 区域中的节点（图 7-5(a)），则可得以下结论：

a. 区域 IR-2-1 是 IR-2 中对角线 Nl 以下区域，令 $D_{\text{IR-2-1}}$表示该区域中节点（不含对角线中的节点）到中心环节点的最短距离之和，则有

$$D_{\text{IR-2-1}} = \sum_{i=1}^{a-1} (a - i)t\_i$$

式中：t_i 表示该区域内横坐标等于 $n/2+i$、纵坐标小于 $n/2+i$ 的节点个数。

b. $D_{\text{IR-2-2}}$为中心点到中心环的距离，其值为 a。

c. $n_{\text{IR-2-3}}$为 IR-2 中对角线 Nl 上的节点（不含中心点）个数，它们到中心环节点的最短距离之和记为 $D_{\text{IR-2-3}}$，则有

$$D_{\text{IR-2-3}} = \sum_{i=1}^{n_{\text{IR-2-3}}} (a - i)$$

d. IR-2-4 表示中心节点垂直(或水平)方向上的区域(不含中心点)，$D_{\text{IR}-2-4}$ 表示该区域节点到中心环的距离总和，则有

$$D_{\text{IR}-2-4} = \sum_{i=1}^{a-1} (a - i)$$

因此，对于图 7-5(a)，中心环内部节点到中心环上节点的最短路径总和为

$$D_{\text{IR}} = 4\times D_{\text{IR}-1} + 4\times[2\times D_{\text{IR}-2-1} + D_{\text{IR}-2-3} - D_{\text{IR}-2-4}] + D_{\text{IR}-2-2} \tag{7-3}$$

② 如果 IR-1 区域包含中心节点(图 7-5(b))，则可得以下结论：

a. 对于区域 IR-2-1，节点的行数和列数均为 $a-b+1$，其路径之和记为

$$D_{\text{IR}-2-1} = \sum_{i=1}^{a-b+1} i(a - b + 2 - i)$$

b. IR-2-2 表示中心节点垂直(或水平)方向上属于 IR2 的区域，其节点数为 $a-b+1$，其路径长度为

$$D_{\text{IR}-2-2} = \sum_{i=1}^{a-b+1} i$$

c. $D_{\text{IR}-1-1}$ 表示中心节点到中心环节点的距离，则有

$$D_{\text{IR}-1-1} = \text{mod}(b+2,2) + \text{fix}((b+2)/2)\times\sqrt{2}$$

d. IR-1-2 是中心节点垂直(或水平)方向上属于 IR-1 的区域，该区域节点数为 $2b-a$，到中心环节点路径长度总和为

$$D_{\text{IR}-1-2} = \sum_{i=1}^{2b-a-1} \text{mod}(2b - a - 1 - i,2) + \text{fix}((2b - a - 1 - i)/2) \times \sqrt{2}$$

因此，对于图 7-5(b)，中心环内部节点到中心环上节点的最短路径总和为

$$D_{\text{IR}} = 4\times[2\times D_{\text{IR}-2-1} - D_{\text{IR}-2-2} + D_{\text{IR}-1} - D_{\text{IR}-1-1} - D_{\text{IR}-1-2}] + D_{\text{IR}-1-1} \tag{7-4}$$

对于中心环的构建，由于网络中由主节点作为部署的基站，因此在构建中心环之前由基站根据式(7-1)~式(7-4)获得中心环的节点组成，并设定相关参数。在确定中心环参数后，设置并发送中心环参数的广播报文，每个节点接收到广播报文后，分别统计到基站的跳数 h_i，同时将跳数 h_i 递增($h_i = h_i + 1$)，向外层(或内层)节点转发报文，找到最近的一个环节点。然后，环上节点向一跳内的周围相邻节点发送广播寻找同一环上的相邻节点，收到该广播的环上节点进行反馈构建环上相邻关系，中心环上所有节点采用基于 GPSR 的路由机制，围绕环结构顺时针或逆时针方向建立路由联系[101]。

2. 元数据扩散与同步

存储节点生成的元数据在中心环节点中完成扩散与同步后，形成水下无线传感器网络的数据导引图。在存储节点生成元数据 MD_i 后，将元数据发送到距离它最近的中心环节点，中心环节点将其和当前的元数据集 MD-Set 进行对比：如果当前元数据集中包含该元数据，则丢弃该元数据；如果当前元数据集没有包含该元数

据，则将该元数据并入元数据集，并根据中心环路沿着顺时针和逆时针方向发送该元数据。其他中心环上节点做同样的处理，以实现元数据集的扩散与同步。在扩散元数据时，中心环节点将会记录元数据扩散跳数的递增（$Rh_i=Rh_i+1$ 或 $Lh_i=Lh_i+1$），如果中心环的节点数为 k，则当 Rh_i 或 Lh_i 等于 $\lceil k/2 \rceil$ 时停止扩散与同步。元数据扩散与同步算法如算法 7-1 所示。

算法 7-1　元数据扩散与同步算法

输入：元数据 MD_i

输出：中心环节点的元数据集 MD-Set

中心环节点从其他节点接收到元数据 MD_i

if（MD_i 不属于 MD-Set 的成员）

　　将 MD_i 合并到 MD-Set

　　if（不存在 Rh_i or Lh_i）

　　　$Rh_i=0, Lh_i=0$

　　else if（存在 Rh_i or Lh_i 并 $Rh_i>\lceil k/2 \rceil$ or $Lh_i>\lceil k/2 \rceil$）

　　$Rh_i=Rh_i+1$ or $Lh_i=Lh_i+1$

　　　向右边发送 MD_i and Rh_i 至下一环节点

　　　或者向左边发送 MD_i and Lh_i 至下一环节点

else

　　delete MD_i

end if

3. 数据查询请求处理

当主节点要查询数据时，向离它最近的传感器节点发出数据查询请求，该传感器节点再向中心环中离自己最近的节点发送查询请求，查询请求包中可能包含数据种类、粒度和 QoS 等信息。需要首先将查询请求包进行拆分处理，变成能够与元数据匹配的元查询语句（Meta Query，MQ），然后将元查询语句与本节点的元数据集进行比较：如果发现网络中存在用户需要的数据，则建立数据传输路由，同时将查询结果“准备接收数据”和数据传输路由返回给主节点，将元查询语句和数据传输路由发送到数据存储节点；如果发现网络不存在用户需要的数据，则直接将“查询失败”返回。查询请求处理与数据传输路由生成算法如算法 7-2 所示。

算法 7-2　查询请求处理与数据传输路由生成算法

输入：数据查询请求 DQ

输出：查询结果和数据传输路由 DTR

中心环节点从其他节点接收到数据查询请求 DQ

将查询请求 DQ 拆分成元查询语句 DMQ_i

将元查询语句 DMQ_i 与元数据集 MD-Set 进行对比

if(DMQ_i 不存在于 MD-Set)

发送“query fail”给查询者

else

采用 GPSR 建立数据传输路由 DTR

发送 DTR 和 DMQ_i 到数据存储节点

发送 DTR 和“prepare receive data”给查询者

end if

7.3.3 数据存储策略

当传感器节点产生数据后,按照网络区域划分情况,基于 GHT 找到存储节点的位置,根据 7.2 节的系统模型,第 k 个存储节点的位置为

$$H(X,k)=X_0+G_X\times g+\frac{g}{k},\ H(Y,k)=Y_0+G_Y\times g+\frac{g}{k} \tag{7-5}$$

式中:G_X、G_Y 表示节点的格号,且有

$$G_X=\left\lfloor\frac{X-X_0}{g}\right\rfloor,\ G_Y=\left\lfloor\frac{Y-Y_0}{g}\right\rfloor$$

当有数据产生的节点获得存储节点的位置后,通过 GPSR 路由协议计算数据传输路径,并将数据传向存储节点,每个节点在选择下一跳节点时,选择自己相邻节点中距离存储位置最近的节点。当一个节点的下一跳为自身时,说明其为距离存储位置最近的节点,即作为存储节点,存储节点将数据存储在本地,同时生成数据 CA 和 SA 组成的元数据,其中,CA(VN,VD,SN,GT)分别表示数据的属性名、属性值、产生节点和产生时间,SA(GN,VN,SL)分别表示存储节点的网格号、数据属性名和存储节点编号。然后存储节点选择中心环中距离自己最近的节点,并将元数据向该节点发送,节点选择下一跳时利用相邻节点的坐标计算距离。当元数据传输到中心环节点时,停止传输。数据存储算法如算法 7-3 所示。

算法 7-3 数据存储算法

输入:目标数据 TD

输出:存储节点 k 和元数据 MD_i

传感器节点 i 探测感知到目标并生成目标数据 TD

节点 i 通过 GHT 找到数据存储节点 k

节点 i 采用 GPSR 建立数据传输路由 DTR

节点 i 将目标数据 TD 发送到存储节点 k

if (TD 存在于存储节点 k 数据库中)

insert TD into 数据库表
else
为 TD 创建数据库表并将数据插入表中
为目标数据 TD 创建元数据 MD_i
将元数据 MD_i发送至最近的中心环节点 c
end if

7.3.4 数据查询获取机制

由于在不同时刻、不同应用背景下,对网络数据粒度、QoS 的需求有所不同。在数据查询过程中需要指定数据粒度和 QoS 等。当中心环节点接收到查询请求后,会根据其特定需求,查找元数据集,根据元数据向对应的数据存储节点索取具体数据,将得到的数据进行整合。整合的形式是一个多值 hashmap 的映射表,表中的一个 key,可能对应多个值,而每个值的形式又是一个结构体(包含此属性的值、感知节点、存储时间等信息),根据特定 QoS,将映射表中数据分为不同的层次,返回符合要求的数据。当主节点要求的 QoS 为精确的数据时,返回全部满足要求的数据;当用户的 QoS 为概要数据时,计算生成概要数据(如平均值、最大值、最小值),并将概要数据返回。

当主节点要查询数据时,选择离自己最近的中心环节点处理查询请求(如区域、属性名、QoS)。当中心环的任意节点接收到查询请求后,先将查询请求拆分成元查询语句,查询自身存储的元数据集:如果没有满足查询条件的数据,则通知查询失败;如果有相应的数据,则根据元数据查找相应的存储节点,并生成数据传输路由,向存储节点发送数据请求和数据传输路由,存储节点沿着数据传输路由返回具体数据,同时查询处理节点会将查询结果和数据传输路由通知主节点,主节点与路由上的传感器节点进行数据传输接收。数据查询获取算法如算法 7-4 所示。

算法 7-4 数据查询获取算法

输入:查询请求 DQ
输出:查询结果数据
数据查询者 m 生成查询请求 DQ
生成查询路由 TR 并将 DQ 发送至最近的中心环节点
创建数据接收句柄 DRH
环节点接收处理 DQ(见算法 7-1)
if(查询者接收到 DTR 和“prepare receive data”)
  按照 DTR 接收数据并放置于 DRH
else if(查询者接收到“query fail”)

```
    release DRH
end if
```

7.4　数据存储与查询获取性能分析

数据中心环节点的选择将影响数据存储查询时间、查询能耗，在中心环节点选择和中心环的构建要求具有优化的数据查询时间、查询能耗。本节讨论数据存储查询时间和网络整体能耗。

7.4.1　存储查询时间分析

在数据传输、存储、元数据发布与扩散过程中，时间时延包括节点处理数据时延和数据包传输时延。节点处理数据时延主要包括数据转发、存储和处理的时延，这部分相对于数据通信时延而言要小得多。数据包传输时延总和由发送时延和传输时延相加，数据发送时间主要取决于传输带宽 b_t，带宽越大，发送时间越短；传输时间主要取决于信号载体在传输介质的传播速度 v_t 和传递距离 r_t。对于 p 字节的数据包，其传输时延为

$$T_{DP}=(p/b_t)\times(r_t/v_t)\times m \tag{7-6}$$

式中：m 为重传次数。

DAGM 中数据存储时间 T_{DStr} 由三部分组成：一是传感器节点产生数据后并将数据传输到存储节点完成存储的时间 T_{DTra}；二是存储节点生成元数据并将元数据传输到中心环最近节点时间 T_{MDTra}；三是元数据在中心环节点完成扩散与同步的时间 T_{MDsyn}。因此有

$$T_{DStr}=T_{DTra}+T_{MDTra}+T_{MDsyn} \tag{7-7}$$

数据查询时，主节点首先向最近的中心环节点发送查询请求，中心环节点从元数据集中查找相应数据，此时网络中存在满足查询条件的数据和不存在查询请求的数据两种结果。如果存在满足查询条件的数据，则该中心环节点根据元数据生成数据传输路由，一方面将查询结果和数据传输路由通知查询者，另一方面将数据请求和数据传输路由发送到数据存储节点，然后数据存储节点将数据传输到数据查询节点。如果不存在需要的数据，则直接将结果返回给查询者。因此，网络中不存在数据的查询请求时间为

$$T_{DQue}=T_{SQue}+T_{RQN} \tag{7-8}$$

式中：T_{SQue} 为主节点发送查询请求到中心环节点接收到查询请求的时间间隔；T_{RQN} 为中心环节点发送查询结果到主节点接收到查询结果的时间间隔。

当网络中存在满足查询条件的数据时，数据查询获取时间为

$$T_{\mathrm{DQue}}=T_{\mathrm{SQue}}+\max(T_{\mathrm{RQN}},T_{\mathrm{SMQ}}+T_{\mathrm{DT}}) \tag{7-9}$$

式中:T_{SMQ}为将数据请求和数据传输路由发送到数据存储节点的时间间隔;T_{DT}为实际数据从存储节点传输到查询节点的时间间隔。一般而言,$T_{\mathrm{SMQ}} \ll T_{\mathrm{DT}}$。

7.4.2 能量消耗分析

在水下无线传感器网络节点中,能量消耗主要包括处理消耗和通信消耗。由于水下无线传感器网络主要依靠水声通信,因此,对于通信能量消耗来说,处理能量消耗相对要小得多,可以忽略。考虑到两节点之间的通信传播波阵面按球面扩展,则两节点间传播损失(扩散加吸收)为

$$\mathrm{TL}=20\lg r+\alpha r \tag{7-10}$$

式中:r 为传播距离;α 为吸收系数,$\alpha=0.036f^{\frac{3}{2}}$,其中 f 为频率。

设元数据在中心环的扩散能量消耗为 E_{MDSyn},中心环节点数为 k,元数据扩散沿顺时针和逆时针两个方向传送,两个方向扩散跳数之和为 $k-1$,则元数据扩散能量消耗为

$$E_{\mathrm{MDSyn}}=m(k-1)\times\mathrm{TL}$$

式中:m 为重传次数。

传感器网络整体能量消耗 E_{Total}包括数据存储能量消耗 E_{DStro}、元数据扩散能量消耗 E_{MDSyn}、数据查询能量消耗 E_{DQue}和数据传输能量消耗 E_{DTra},因此有

$$E_{\mathrm{Total}}=\sum(E_{\mathrm{DStro}}+E_{\mathrm{MDSyn}})+\sum(E_{\mathrm{DQue}}+E_{\mathrm{DTra}}) \tag{7-11}$$

即整个传感器网络能量消耗是发生在传感器网络中所有数据存储、元数据扩散、数据查询的能量消耗总和。

7.5 试验与结果分析

7.5.1 试验设置

本节通过仿真模拟试验对 DAGM 和 GHT、QPM[225] 进行性能计算与分析。在模拟 GHT 中,数据查询是让距离主节点最近的传感器节点向整个网络中的存储节点发送查询请求,数据沿着请求路由返回给请求发出的节点。本节以水下无线传感器网络为试验对象,设定在 80km×80km 海域中随机部署传感器节点,初始参数设定为主节点探测半径 $d_s=12$km,主节点移动速度 $v_s=6$kn,主节点的通信半径 $r_s=20$km。数据在水下传输主要依靠水声通信,声音在海水中传播的速度 $V=1500$m/s,重传次数为 1。根据网络数据和网络连通性不同情况设定两个场景、三种状态。

场景1为网络中存在满足查询条件的数据，场景2为网络中不存在查询条件的数据。由于传感器节点参数（可根据应用需求调节）、传感网连通度（任意两个节点之间的网络连通路径数量）的不同，很大程度上影响数据传输路由和传输时延。因此，本节根据传感器节点参数、网络连通度的不同设定以下三种网络状态：

状态1：传感器通信半径 $r_b=10\text{km}$，部署的传感器个数 $n_b=400$，平均连通度 $k_b=8.5$。

状态2：传感器通信半径 $r_b=20\text{km}$，部署的传感器个数 $n_b=100$，平均连通度 $k_b=3.5$。

状态3：传感器通信半径 $r_b=10\text{km}$，部署的传感器个数 $n_b=400$，平均连通度 $k_b=3.5$。

7.5.2　试验结果及分析

在试验过程中，设定数据存储、元数据扩散、数据查询和数据传输过程中不存在重传，同时由于传感器节点处理数据的时间小于数据传输的时间，因此这里忽略不计。在数据查询过程中，存在全局网络查询和局部数据查询两种方式，在局部查询中随机选择两个区域。网络存在满足需求的数据情况下，三种方法的试验结果如图7-6所示。需要特别说明的是，在DAGM中存储时间不仅包括传感器节点将数据发送到存储节点的时间，而且包括存储节点将元数据发送到中心环并完成扩散的时间。

从试验结果和数据分析上，可以得出以下结论：

（1）存储时间性能上，在DAGM中，当节点生成数据后发送给存储节点，存储节点把数据存储后，还要产生相应的元数据，并把元数据发送到中心环节点。而GHT只保存具体数据，并不生成元数据，也没有元数据的扩散与同步过程。因此，DAGM在存储数据时消耗的时间相对于GHT更长一些，但是相差并不大（状态1为33s比20s，状态2和状态3为13s比7s）。同时，在全局和局部查询过程中，数据存储部分的试验结果是相同的。

（2）在数据查询方面，这部分时间事实上包括主节点发出查询请求到主节点完成接收数据的时间。由于DAGM是通过数据导引图来定位相应的存储节点的，目的性很强，不管是全局查询还是局部查询，都会先查询到特定的存储节点，存储节点再将实际数据通过路由传递给主节点，因此全局查询的时间和局部查询时间相同。在GHT中，由于主节点向整个网络中的存储节点发送查询请求，数据沿着请求路由返回给请求发出的节点。因此，在这个方面DAGM的时间性能比GHT的时间性能要好得多（全局查询中，状态1为66s比108s，状态2为54s比92s，状态3为57s比98s；局部查询中，状态1为66s比91s，状态2为54s比78s，状态3为57s比80s）。

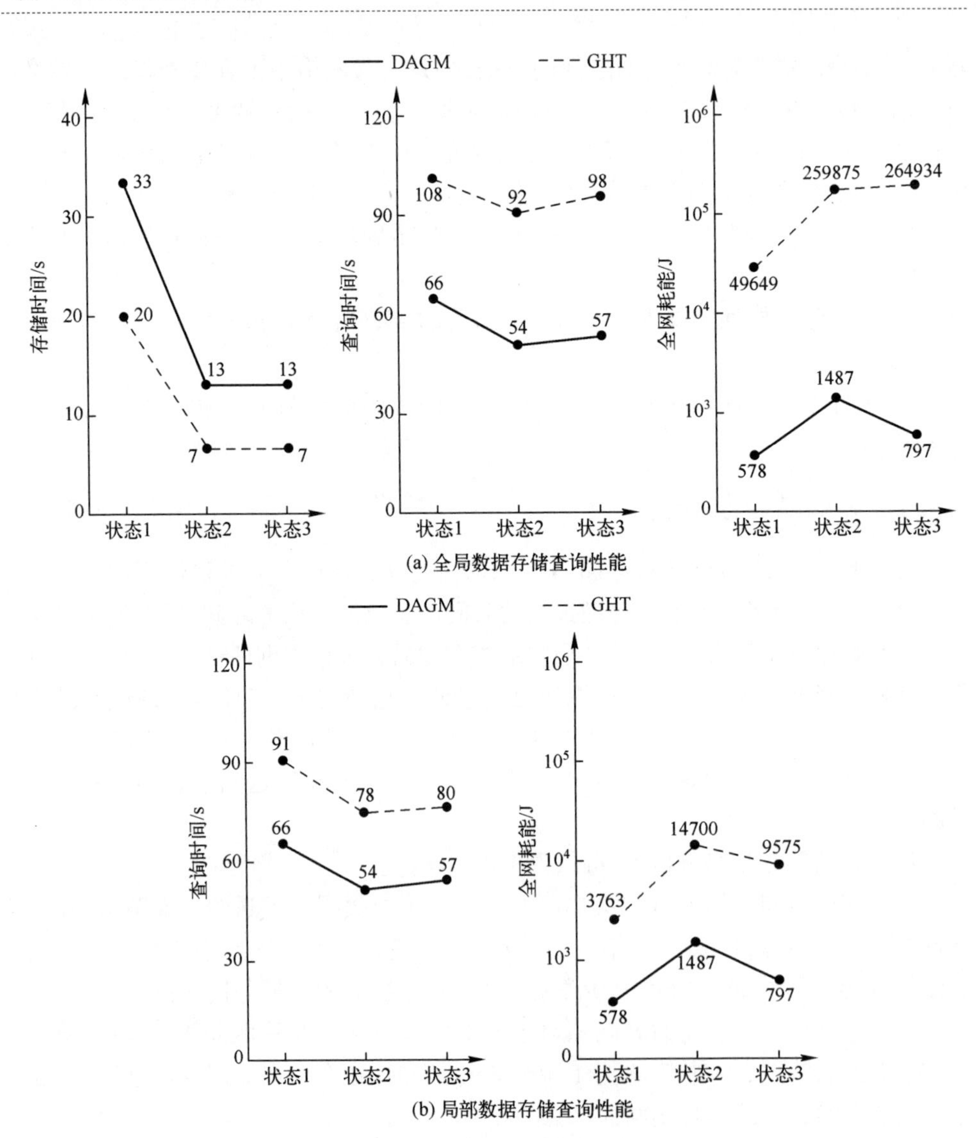

(a) 全局数据存储查询性能

(b) 局部数据存储查询性能

图 7-6 有数据的试验结果

(3) 在能量消耗方面,DAGM 只要将查询请求传输到最近的中心环节点,由中心环节点查询元数据集,有目的地将拆分的查询请求和数据传输路由发送到数据存储节点,存储节点将实际数据通过数据传输路由传递给主节点。GHT 的查询请求直接泛洪到整个查询区域,该区域的所有节点都会参与,能量消耗比 DAGM 成指数级增长(全局查询中,状态 1 为 49649J 比 578J,状态 2 为 259875J 比 1487J,状态 3 为 264934J 比 797J;局部查询中,状态 1 为 3763J 比 578J,状态 2 为 14700J 比 1487J,状态 3 为 9575J 比 797J)。

(4) 在三种状态下,状态 1 的网络总功耗最小(DAGM 中,全局查询和局部查询 578J;GHT 中,全局查询为 49649J,局部查询为 3763J),因为传感器节点功率小,所以总功耗最小,但存取数据的时间一般要比状态 2 和状态 3 的稍多。状态 2 的时间性能最好,因为其传输的跳数少,中间处理和传输的路线长度小,所以查询时间也就相对较少。但由于状态 2 中通信距离加大,因此能量消耗也最大。

网络中不存在用户需要的数据情况下,也不存在数据存储的情况。在进行数据查询过程中,也不存在通过数据传输路由传递数据的情况。其试验性能结果如图 7-7 所示。

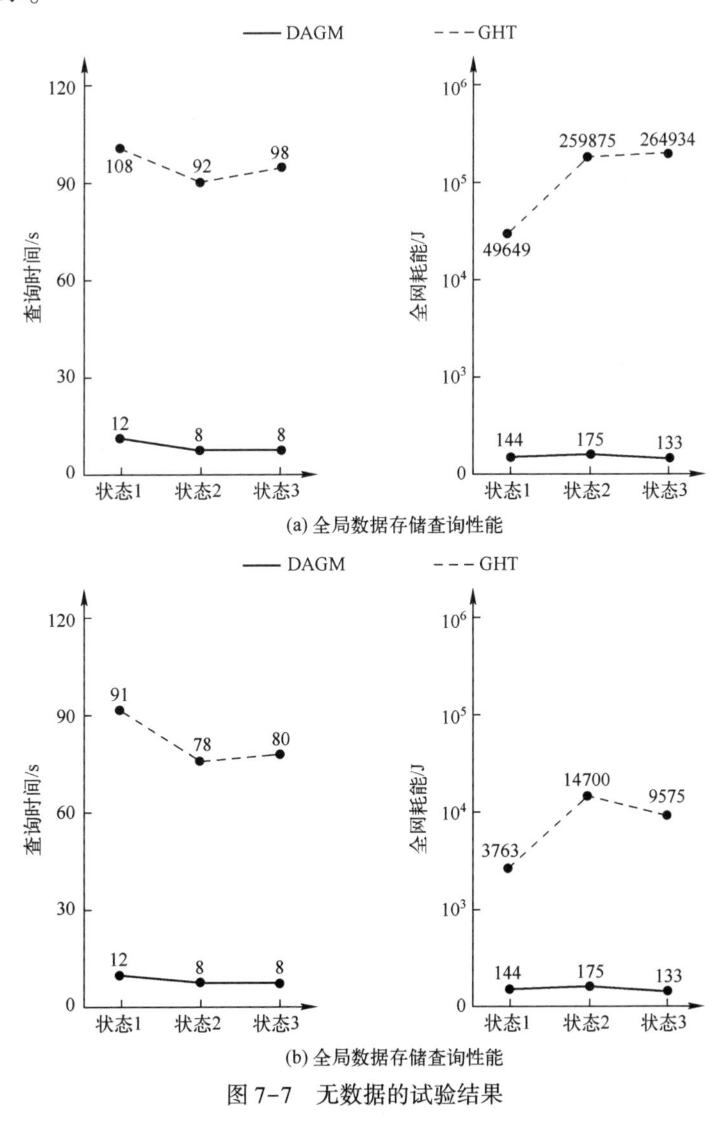

图 7-7　无数据的试验结果

从试验结果和数据分析上可以得出以下结论：

（1）在查询时间方面，GHT 各项指标相较于图 7-6 都没有变化，由于每次查询时都要查询区域内的所有存储节点才能得到查询结果，因此查询时间不变。在 DAGM 中，如果中心环节点没有查到相应的数据，就直接返回查询结果，因此，数据查询时间缩短很多（状态 1 从 108s 下降到 12s）。

（2）在能量消耗方面，由于不存在数据，没有实际数据传输部分的能耗。在 DAGM 中，由于没有将拆分后的数据查询传输到数据存储节点，也没有将数据传输到主节点，因此，全网的能耗下降幅度很大（状态 1 下，全局查询和局部查询从 578J 下降到 144J）。在 GHT 中，全网的能耗并没有下降。

（3）在三种状态下，时间性能和总功耗最小的变化趋势与存在数据的场景一样。

在设置传感器通信半径 $r_b=10\text{km}$，部署的传感器个数 $n_b=400$，平均连通度 $k_b=8.5$的情况下，对比于在 80km×80km 海域中随机部署传感器节点（Setup 1），改变传感器网络部署区域的大小，分别为 100km×100km（Setup 2）、120km×120km（Setup 3）。在此基础上，对 DAGM 和 QPM 开展对比试验。

在 QPM 中，传感器网络分为不同的区域，网络建立了一棵路由树，每个传感器节点对应一个树节点，每个传感器节点都能知道它所在的区域数据传输路由，并对该区域内进行监视和探测。当传感器节点检测到数据或事件时，通过路由树将数据或事件传输到处理节点，同时当 Sink Node 需要查询数据或事件时，可直接到它所感兴趣的区域进行查询。因此，QPM 可以使用户向其感兴趣的区域实施数据查询与获取，以有效缩短数据或事件的查询时间，同时降低网络能量消耗。

在试验过程中，QPM 的实际应用数据传输采用本章协议，试验结果如图 7-8 所示。

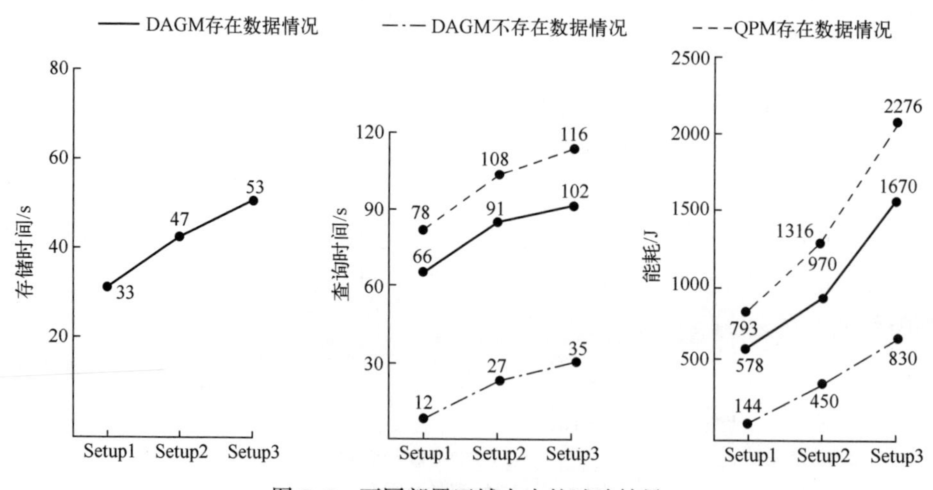

图 7-8　不同部署区域大小的试验结果

从试验结果和数据分析上看，在数据存储时间和数据查询时间方面，由于在传感器网络节点部署中，仅仅是节点之间的距离增加，因此节点之间的通信时间有所增加，但增加的幅度并不大，并且呈线性增加。而全网的能量消耗随着传感器节点间距变大而急剧变大，这主要是通信的能量消耗和通信距离关系导致的。在与QPM的比较中，由于QPM维护了网络的路由树，在一定程度上缩短了数据查询获取的时间，也降低了网络的能量消耗；然而，相对于DAGM环结构，在数据查询过程和数据传递过程中，需要沿着树形路由搜索，耗费的时间和消耗的能量就相对较大。

DAGM不仅能为数据实时性要求很强的水下传感器网络提供查询时间尽可能少、网络能量消耗尽可能小的数据存取机制，而且能通过DAGM中的元数据和环结构，支持数据实时性要求不高的水下无线传感器网络数据收集、数据传输和数据发现等方面的应用。从上述试验过程和试验结果上看，DAGM和GHT相比，虽然数据存储时间比较长，但是从数据查询时间和总体能耗上具有很大的优势。因为DAGM查询数据时直接通过元数据定位存储节点，目的性很强，而GHT存在较大盲目性；并且相对于GHT，DAGM在能量消耗和查询时间方面取得了一个较好的均衡与优化；同时相比于QPM，DAGM也具有优越性。

第8章

水下无线传感器网络整体性能四测度模型与网络优化方法

8.1 引　言

在进行水下无线传感器网络方案设计、网络部署和组网应用的过程中,分析确定网络整体性能是否可以满足实际应用的要求,是一个非常重要的工作,也是确保网络正常运行,为用户提供服务的重要前提。水下无线传感器网络部署于复杂、动态的海洋环境中,网络拓扑不断变化[269],水下通信带宽低、传输延时大、误码率高等特点,决定了水下无线传感器网络部署、组织和使用过程非常复杂,同时也给分析水下无线传感器网络整体性能带来了困难[156-157]。

水下无线传感器网络需要完成海洋环境监测、水下目标感知监测等任务。首先传感器节点需要部署在大范围的水域,具有广阔的监测范围;其次水下无线传感器网络要求具备短时延、高可靠、高带宽的数据传输性能,以便进行数据收集与处理;再次水声目标感知监测需要长时间进行,要求尽可能延长网络生命期;最后由于水下环境恶劣,传感器节点可能频繁地失效或恢复,需要有较强的动态适应性和容错能力。因此,为了完成环境监测、目标感知监视等任务,需要在水下传感器网络组网模式的基础上,对网络的整体性能进行分析,以有效指导水下无线传感器网络的方案设计与部署运行。

传感器节点部署在动态的海洋环境中(浪和流的作用)会发生位置迁移,工作时间、覆盖范围等都受携带能量的影响,水声信道、节点密度的差异导致水下通信性能差异大。因此,为了完成相应的任务,首先需要客观分析和评价水下传感器网络的整体性能;其次根据环境变化、节点移动或节点失效等,能够自动调整网络覆盖范围、节点信息连通情况、网络有效工作时间等,实现水下传感器网络更长寿命

或更高任务完成效果;最后要对优化调整以后的传感器网络整体性能进行动态实时度量和计算。

水下无线传感器网处于动态水下环境中,网络拓扑处于不断变化中,水下通信带宽较低、误码率高等这些因素,为网络覆盖范围、节点连通情况、网络有效工作时间等网络整体性能的分析计算和网络优化带来了不确定性。另外,网络的各项整体性能之间存在一定的关联性,它们受网络节点单项性能参数的影响。例如,覆盖范围和节点连通情况受传感器节点数量、感知监测半径的影响,网络有效工作时间受传感器节点总能量和消耗速度、传感器通信半径和连通度等方面的影响,工作时间、覆盖范围等受到总能量的影响,水下信息通信方式受水下无线传感器网络组网方式的影响。

由于水下无线传感器网络处于动态的水下环境,可以通过调整网络节点性能参数或者通过部署新节点、唤醒节点来优化网络整体性能,因此,如何整体优化网络整体性能的研究逐步得到了重视。Devesh K. Jha 等指出,传感器网络需要实现两个目标:一是通过寻找有效的网络参数组合,获得网络最大的整体性能;二是想方设法获得网络的最长有效寿命[266]。由此他们提出了具有自适应能力的能量管理策略,来优化配置每个传感器节点的感知探测和信息通信的能量消耗,使得在满足网络性能要求下节点的能量消耗最低。

为了从系统的角度对水下无线传感器网络整体性能进行较全面的分析和评估,需要从完成海洋环境监测、水下目标感知监视等任务出发,通过对水下无线传感器网络的任务需求、环境特点、设备组成、工作方式等进行综合分析,基于特定的网络部署和组网方法,对水下无线传感器网络的整体性能进行分析计算。本章进行了以下工作:

(1) 根据水下无线传感器网络的任务需求,将完成海洋环境监测、水下目标感知识别、探测跟踪任务的整体性能划分为覆盖性、连通性、耐久性和快速反应性四个方面,并将影响水下无线传感器网络整体性能的参数划分为约束参数、设备参数和组网参数,分析了这些参数与整体性能之间的关系,重点提出了覆盖性、连通性、耐久性和快速反应性的水下无线传感器网络整体性能四测度计算模型(Systematic Quar-Performance Calculation Model,SQPCM),建立整体性能和影响参数之间的映射模型,从系统的视角形成度量计算水下无线传感器网络整体性能的方法。

(2) 由于水下环境、目标感知监测任务会随着时间发生改变,水下无线传感器网络需要具备一定自适应能力,同时由于组网参数的改变可以使网络整体性能发生改变,因此可以通过多目标优化策略对组网参数进行调整,使得水下无线传感器网络的整体性能够进行适应性的变化,更好地符合目标感知监视等任务要求。为此,本章提出了面向整体性能动态优化的组网参数调整方法(Networking Parameters

Adjustment Method,NPAM),使网络在不同任务要求和环境下具有较高的整体性能,或者在达到任务要求的情况下付出最小的代价。

(3) 针对目前水下无线传感器网络缺乏仿真与评估平台缺乏的现状,根据水下无线传感器网络整体性能四测度计算模型和面向整体性能动态优化的组网参数调整方法,建立水下无线传感器网络整体性能分析计算过程模型,构建了水下无线传感器网络整体性能度量与优化仿真平台,该平台能够支持水下无线传感器网络节点部署、组网、信息传输和整体性能计算。另外,在该平台上进行了水下无线传感器网络整体性能度量计算和动态优化调整仿真试验。

8.2 水下无线传感器网络整体性能计算模型

8.2.1 网络整体性能分析

水下无线传感器网络需要完成目标感知与监测等任务。水下无线传感器网络的传感器节点被部署在大范围的水域,对该区域的水声目标监测,要求具备覆盖广阔海域的能力。水下无线传感器网络要求将传感器节点收集到的各类数据能够尽快地传输到主节点进行集中处理,因此网络要求具备较高的数据传输能力,包括短时延、高带宽、高可靠等;水下无线传感器网络需要长时间进行水下环境监测、目标感知识别与跟踪监视等,不仅要求部署冗余的传感器节点,同时要求对传感器节点进行有效的能量管理,节点平时处于睡眠状态,只有接收到唤醒启动信号要求工作时,才进入活动状态,以便延长网络生命期,因此水下无线传感器网络的耐久性是一个很重要的指标。水下无线传感器网络部署于环境恶劣的海洋中,传感器节点可能频繁地失效或恢复,同时当有些传感器因为能量耗尽而丧失工作能力时,需要及时唤醒处于休眠状态的传感器,因此网络要有较强的动态适应性和快速反应能力。水下无线传感器网络的整体性能可以从以下四个方面来度量:

(1) 覆盖性,即网络的有效监测范围。覆盖性能越强,意味着网络的覆盖范围越广,并且在覆盖范围内的任意位置都有节点能够进行目标感知与监测。

(2) 连通性,即网络的连通性和数据传输能力。连通性能越强,意味着网络中端到端的传输路径越多,传输带宽大,延时短,可靠性高。

(3) 耐久性,即网络能够持续正常工作的能力。持续工作能力越强,意味着网络能够提供越久的目标感知、监视等功能。

(4) 快速反应性,即网络中出现监测到目标或目标消失等事件时,对事件的反应速度,及网络在发生节点唤醒加入、节点失效退出,或者切换工作模式时,恢复正常工作的能力。

水下无线传感器网络由传感器节点(B)、自移动节点(U)和主节点(S)组成，水下无线传感器网络的能力不仅依赖于节点性能参数，还与水下工作的约束及网络结构有关，因此，需要建立这些参数与各项整体性能之间的关系。影响水下无线传感器网络整体性能的参数可以分为约束参数、设备参数和组网参数，如表 8-1 所列。

表 8-1 水下无线传感器网络相关性能参数

B 节点参数	表示	U 和 S 节点参数	表示
水下通信半径	r_b	U 节点移动速度	v_u
水下通信带宽	b_b	U 节点水下通信带宽	b_u
水上通信带宽	b_b'	U 节点探测范围	d_u
探测范围	d_b	U 节点探测精度	h_u
探测精度	h_b	U 节点数量	n_u
数量	n_b	U 节点总能量	e_u
总能量	e_b	U 节点工作功耗	p_u
工作功耗	p_b	S 节点移动速度	v_s
平均连通度	k_b	S 节点水下通信带宽	b_s
平均覆盖度	c_b	S 节点数量	n_s

约束参数主要根据感知监测任务对网络性能的需求而决定，如 UUV 及传感器节点对各项性能的贡献率、各种性能的调节系数等。约束参数只与评价标准有关，而与实际采用设备及这些设备的数量和性能无关，因此一旦制定完评价标准，这些参数就随之确定。而设备参数则是所有设备的性能参数。其中，如自移动节点的移动速度、传感器节点的探测范围和通信距离等都会影响网络的整体性能，这类参数称为性能参数；而传感器节点的活动节点数量、网络传输路径等则会影响网络结构，导致网络路由和数据传输路径的改变，这类参数称为组网参数。

表 8-1 中传感器节点平均连通度 k_b，节点生命周期内能够与它通信的相邻节点的数量的平均值，当取所有节点平均连通度的最小值时，即为网络的连通度。平均覆盖度 c_b，将所有格内活动节点的数量的最小值作为网络当前平均覆盖度 c_b。在水下无线传感器网络中，网络的覆盖度 c_b受节点的探测半径 d_b及节点数量 n_b的影响，而网络的连通度 k_b受节点的通信半径 r_b及节点数量 n_b的影响，节点的能耗 p_b由 r_b和 d_b决定。一定监测区域内，网络中节点的数量至少能够覆盖整个区域时，节点数量 n_b又受 d_b的影响。因此，关键的影响因素是通信半径 r_b和探测半径 d_b，探测半径增加会导致节点数量减少，进而使连通度 k_b减小，而且节点功耗增加。节点通信半径越大，则能量消耗越大，网络的背景噪声越大，但网络连通度有所提高。

水下无线传感器网络的整体性能不仅依赖于传感器节点的性能参数,而且与主节点和自移动节点的工作模式相关。为了对水下无线传感器网络的各项整体性能进行度量计算,要求从水下无线传感器网络的约束参数、设备参数和组网参数及相互关系出发建立各整体性能项的度量模型。

8.2.2 水下无线传感器网络整体性能四测度计算模型

水下无线传感器网络的覆盖性、连通性、耐久性和快速反应性共同决定了水下无线传感器网络的整体性能和综合能力,需求从这四个方面开展度量计算,而这四个方面的性能取决于网络的约束参数、网络节点性能参数和组网参数。为了实现对网络整体性能度量,本节提出了水下无线传感器网络整体性能四测度计算模型。

1. 覆盖性度量模型

覆盖性记为Θ,它由网络的覆盖范围和在覆盖区域内网络的探测能力共同决定。假设传感器节点在水下的探测范围是一个标准球,则每个节点的覆盖体积为$\frac{4}{3}\pi d_b^3$,在节点覆盖没有交叉的情况下,整个网络的覆盖范围约为$\frac{4n_b\pi d_b^3}{3c_b}$。由于自移动节点(UUV)可以移动到水下空间中的指定位置,它对网络覆盖范围的贡献与它所处位置有关:当UUV处于传感器网络内部时,它的贡献为0;当UUV处于网络边缘时,它的贡献与UUV的探测范围成正比例关系。整个网络的覆盖范围可表示为

$$C_N=\frac{4n_b\pi d_b^3}{3c_b}+\theta n_u d_u^3 \tag{8-1}$$

式中:$\theta\geqslant 0$,表示UUV对网络覆盖范围的平均贡献率,与UUV航路在网络内部和外部的比例有关。

网络的感知探测性能主要由网络的平均覆盖度和节点的感知探测精度决定,网络的平均覆盖度越高,节点探测精度越高,网络的探测性能也越强。网络平均覆盖度主要受到传感器节点数量的影响,同时,UUV在巡航期间也能对附近的区域进行感知探测。因此,网络感知探测性能可表示为

$$T_N=[1-(1-h_b)^{c_b}]+\varphi h_u \tag{8-2}$$

式中:$\varphi\geqslant 0$,表示UUV对感知探测性能的平均贡献率,与UUV航路在网络内部和外部的比例有关。

结合覆盖范围和网络感知探测性能,网络的覆盖性能度量模型可表示为

$$\Theta=\alpha\frac{4n_b\pi d_b^3}{3c_b}[1-(1-h_b)^{c_b}]+\beta n_u d_u^3 h_u \tag{8-3}$$

式中:α、$\beta\geqslant 0$,表示传感器与UUV的相对贡献系数。

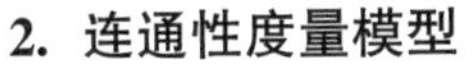

2. 连通性度量模型

连通性记为 Φ,它由网络的连通度和单条链路的质量决定。网络连通度除了受传感器节点的连通度影响外,还会因为 UUV 作为动态中继而能力增强,并且 UUV 可以看作分布在网内的一个传感器节点,贡献大小与 UUV 航路的分布有关。因此,网络连通度用下式来度量:

$$\mathrm{Co_N}=k_b+\mu v_u n_u \tag{8-4}$$

式中:$\mu \geqslant 0$,表示 UUV 对网络连通性的贡献,该参数的取值需要根据 UUV 的航路来确定。

链路包括水下链路和水上链路。在水下主要通过水声通信,水下链路的质量主要受传感器节点的通信质量的影响。另外,UUV 可以通过近距离有线传输方式与主节点进行通信,具有很高的通信速率和可靠性;水上通信主要通过电磁波,它的带宽主要取决于发送和接收的功率。因此,链路质量可以用下式来度量:

$$L_{\mathrm{Qos}}=\omega[(1-\eta)b_b+b_u]+(1-\omega)b_b' \tag{8-5}$$

式中:ω、η 为系数,$0<\eta<1$ 表示水声通信的误码率,$0<\omega<1$ 表示水下通信量与水上通信量之比。

由于相关的数据最终需要传输到主节点上,因此主节点的数据传输能力也会影响网络的连通能力,只有当主节点的传输带宽足够大,网络的带宽才能充分利用;当主节点的移动速度足够快时,即使部分数据无法通过水下传感器网络传输,主节点也可以移动过去进行直接数据收集。主节点对水下网络数据传输的影响可以用下式来度量:

$$I=\frac{v_s n_s}{\max(B-b_s,1)} \tag{8-6}$$

式中:B 为水下最大所需传输带宽。

综合起来,网络的连通性能的度量模型可以表示为

$$\Phi=\chi k_b[I\omega(1-\eta)b_b+(1-\omega)b_b']+\delta I v_u n_u b_u \tag{8-7}$$

式中:$\chi \geqslant 0$,$\delta \geqslant 0$,为连通能力调节系数。

3. 耐久性度量模型

耐久性记为 Ψ,它由各个节点生命期决定。从传感器网络开始工作,到其中 m 个节点由于能量耗尽而停止工作的时间作为网络的生命期,即网络的生命期是由能耗最快的前 m 个节点决定的,m 是与网络冗余度有关的参数。单个节点的生命期由其总能量和工作功耗决定,同时 UUV 可以为附近能量比较低或者已经耗尽的传感器节点分担部分的监测与数据传输功能,因此节点的生命期被等效延长。网络的耐久性可以用下式来度量:

$$\Psi=\varepsilon\left[\min_m\left(\frac{e_b}{p_b}\right)+\vartheta\frac{e_u}{p_u}\right] \tag{8-8}$$

式中：$\min_m$为返回集合中第 m 小的元素；$\vartheta \geqslant 0$，表示 UUV 对节点生命期的贡献，它与 UUV 的航路有关；ε 为性能调节系数；p_{u}为 UUV 的功耗，主要包括移动功耗、通信功耗和感知功耗，移动功耗又是其中的主要成分；p_{b}为传感器节点的功耗，主要包括通信功耗和感知功耗。

通信功耗与通信半径的立方成正比例关系，感知功耗与探测半径的立方成正比例关系，即

$$p_{\mathrm{b}} = \varpi r_{\mathrm{b}}^3 + \lambda d_{\mathrm{b}}^3 \tag{8-9}$$

式中：ϖ、λ 为系数，且ϖ与节点当前通信速率有关。

式(8-9)未考虑电磁波通信的功耗，主要是因为与水声通信相比，电磁波通信的功耗极小，且采用电磁波方式的数据通信量也较少。

4. 快速反应性度量模型

快速反应性记为 Ω，它主要由网络时延和网络冗余度决定。无论是网络初始化，还是节点的异常加入和退出，整个过程中的时延主要是由通信的时延和等待重传机制决定的。在水下无线传感器网络中，最大的通信时延发生在水下网络直径两端节点的通信过程中，用 V 表示水中声音传播速度，L 表示网络直径上两节点的距离，则网络直径方向最大等待延时 $\tau = \dfrac{L}{V}$。设水下通信误码率为 η，则网络直径方向上成功传输数据的概率 $\varphi = (1-\eta)^{\frac{L}{r_{\mathrm{b}}}}$。

在具体网络协议中，设标准的超时重传等待时间为网络直径上往返时间的 s 倍，重传等待次数为 l，处理时间相对于水声通信的延时忽略不计，则网络直径方向的平均等待时间为

$$t = \sum_{k=0}^{\infty} (1 - \varphi)^k \varphi(\tau + k\tau sl) = \tau\left(1 + \frac{sl}{\varphi}\right) \tag{8-10}$$

网络冗余度由 k_{b}来表征，则快速反应性可以用下式来度量：

$$\Omega = \frac{\zeta k_{\mathrm{b}} b_{\mathrm{b}}}{\dfrac{L}{V}\left(1 + \dfrac{sl}{\varphi}\right)} \tag{8-11}$$

式中：$\zeta \geqslant 0$，表示网络冗余度的影响因子。

8.2.3 网络整体性能与影响参数的映射关系

从四个整体性能度量模型可以看出，四种基本整体性能项之间存在一定的关联性，它们共同受底层参数的作用。其中，d_{b}以立方关系影响了覆盖性能和耐久性能；r_{b}以立方关系影响了耐久性能，同时影响了快速反应性。因此，d_{b}和 r_{b}是两个关键参数。覆盖性能和连通性能都受 UUV 数量的影响；快速反应性能和覆盖性能都

受传感器数量和覆盖度的影响;快速反应性能和连通性能都受传感器通信半径和连通度的影响。因此,可以建立如图 8-1 所示的整体性能与影响参数的映射关系,同时按照影响参数对整体性能的影响方式分为不同类型,如表 8-2 所列。

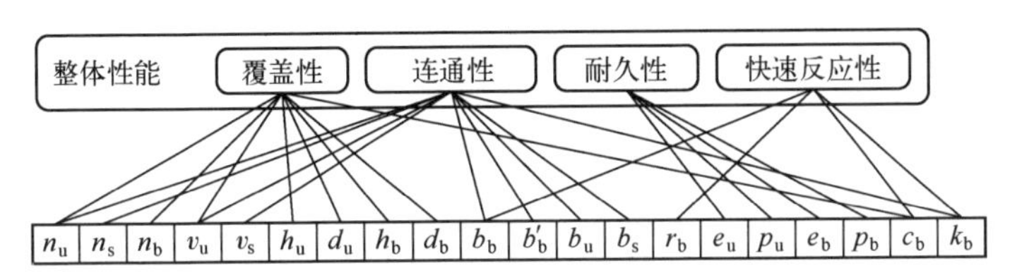

图 8-1 整体性能与参数的映射关系

表 8-2 能力度量模型中参数分类

整体性能项	约 束 参 数	设备性能参数	组 网 参 数
覆盖性	α,β	h_b,n_u,d_u,h_u	d_b,n_b,c_b
连通性	χ,ω,δ	$v_s,n_s,b_s,b_b,b'_b,b_u,v_u,n_u$	k_b
耐久性	$\vartheta,\varepsilon,\mathrm{m}$	e_u,e_b,p_u	p_b
快速反应性	ζ,s,l	b_b	r_b,k_b

表 8-2 中的组网参数包括 k_b、d_b、n_b、c_b、r_b、p_b。平均覆盖度 c_b受节点的探测范围 d_b及节点数量 n_b的影响,而平均连通度 k_b受节点的水下通信半径 r_b及节点数量 n_b的影响。组网参数变化导致网络能力的变化,如果对当前组网方案进行评估后,认为网络的能力不足以应对任务需要,由于节点的部署方案已经确定,因此可以通过调整组网参数进行网络优化,让网络在不同任务要求和环境下具有优越的整体性能,或者在达到整体性能要求的情况下付出最小的代价。

8.3 网络整体性能动态优化与组网参数调整方法

在水下环境发生明显变化,当前感知监视任务、网络状态(有节点因能量耗尽不能工作)发生变化时,网络需要进行相应的优化调整。为了保障优化调整行为的可靠性和及时性,需要由一个可靠的中心控制节点来进行网络状态信息的收集、优化调整命令的发布、组网参数的优化选择及调整完成后的性能计算等。在水下无线传感器网络中,主节点是作为整个网络指挥控制中心的最佳选择。所有的网络状态信息需要汇集到主节点处进行处理,再由其发布优化调整命令,控制网络实现自适应的动态优化调整过程,整个流程如图 8-2 所示。

根据上述分析,在网络优化调整过程中,主要围绕组网参数进行,因此需要考虑的参数包括水下传感器节点个数 n_b、水下传感器节点平均功耗 p_b、水下传感器节

点通信半径 r_b、水下传感器节点平均连通度 k_b、水下传感器探测范围 d_b、水下传感器节点平均覆盖度 c_b。其中，n_b可以通过周期性地对网络中广播心跳报文来获取，即每过一段时间，通过网络的传输骨干广播心跳报文，收到报文的活动节点回复该报文，由控制节点进行计数，这里，计数的等待时间设为网络最大时延的2倍。水下传感器节点每过 Δt 时间读取当前时刻 t 的剩余能量 $e_{bi}(t)$，并且通过 $p_{bi}(t)=(e_{bi}(t)-e_{bi}(t-\Delta t))/\Delta t$ 计算出 t 时刻的平均功率，当节点回复心跳报文时，捎带其平均功率，控制节点收集所有节点的平均功率后计算平均值得到 p_b。传感器节点的通信半径 r_b及探测范围 d_b可以由节点自身控制，因此该信息可以实时获得，通过捎带方式返回给控制节点。节点在进行数据传输过程中，采用广播的方式，周围节点接收到报文后记录发送报文的节点号，并记录一个周期内活动的不同节点个数，作为其相邻节点个数，并当节点回复心跳报文时，捎带该信息，控制节点取所有相邻节点个数的最小值作为 k_b。根据网络部署方案，每个节点收集本格内其他节点的状态信息，记录活动的节点数，并将该信息传递给控制节点，控制节点将所有格内最小活动节点数作为网络当前平均覆盖度 c_b。

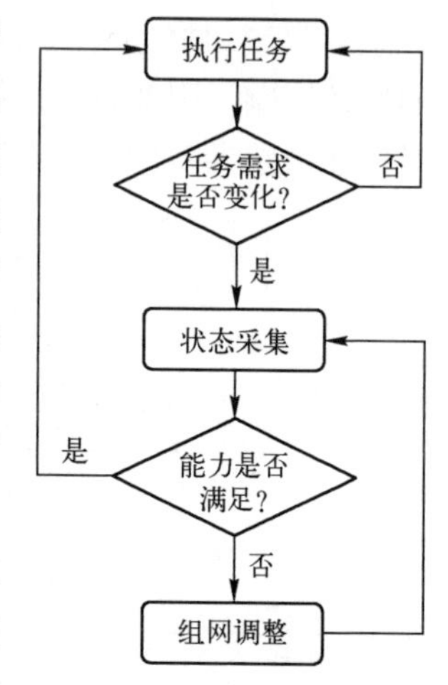

图 8-2　水下无线传感器网络优化调整流程图

水下无线传感器网络性能优化调整的目的是：在不改变网络部署的情况下，通过优化调整网络中的组网参数，改变网络的整体覆盖性能、连通性能、耐久性能和快速反应性能，使得网络能够在一定程度上具有动态自适应的能力。为了实现网络动态自适应调整，首先需要确定约束参数。

8.3.1　约束参数的确定

在水下无线传感器网络中，控制节点周期性的收集网络的相关状态信息，并根据式(8-1)～式(8-11)计算当前网络的覆盖性、连通性、耐久性及快速反应性的量化值，并与当前任务需求相比，从而对当前网络整体性能进行评估。当网络的各项性能能够满足当前任务需要时，控制节点不做任何改变，网络继续正常工作；当网络的某一项或几项性能无法满足任务的需求，需要进行网络的优化调整。网络的整体性能受到约束参数、设备性能参数和组网参数的综合影响，为了确定网络的约束参数，假设在一个理想情况的水下传感器网络下计算相关的约束参数，其物理结构如图 8-3 所示。

图 8-3 中，假设 9 个水下传感器节点部署在 2km×2km×2km 的水下，其中 N_1～

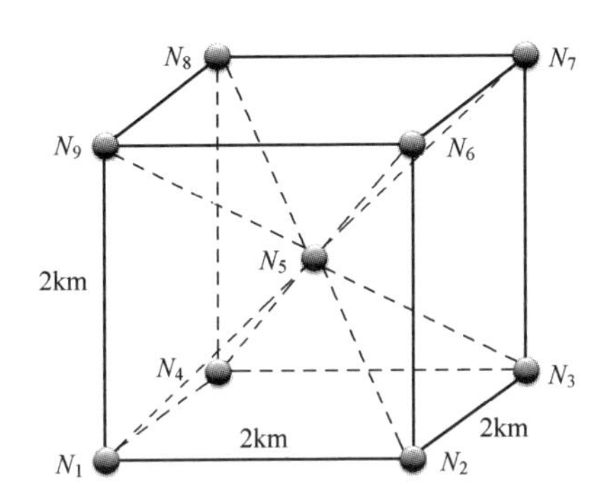

图 8-3　理想情况下的水下无线传感器网络

N_5只能进行水下通信，$N_6 \sim N_9$可进行水下和水上通信；每个传感器节点的水下通信半径 $r_b=2\text{km}$，在距离为 2km 内的通信带宽 $b_b=5\text{kb/s}$，水上通信带宽 $b_b'=5\text{Mb/s}$；节点的探测范围 $d_b=1\text{km}$，精度 $h_b=100\%$，因此网络的平均连通度 $k_b=4$，平均覆盖度 $c_b=1$；节点的电池电量为 10^6J，正常工作情况下，节点的生命期均为 10^7s。除了水下传感器节点外，网络中还包括：1 个主节点，其速度 $v_s=5\text{m/s}$；1 个 UUV，其速度 $v_u=2\text{m/s}$，水下通信带宽 $b_u=20\text{kb/s}$，探测范围 $d_u=1\text{km}$，精度 $h_u=100\%$，正常工作情况下，其生命期为 7×10^4s。假设声音在海水中传播的速度为 1500m/s，水声通信的误码率 $\eta=0.1$，并规定该网络的其各项能力值为 1。根据以上假设，确定覆盖性、连通性、耐久性和快速反应性计算度量模型中约束参数的取值。

将上述参数值代入式(8-3)得 $9\times10^9\pi\alpha+10^9\beta=1$，由于传感器节点在覆盖能力中起主导作用，因此将它的影响假定为 0.9，UUV 的影响为 0.1，即令 $\alpha=\dfrac{1}{10^9\pi}$，$\beta=10^{-9}$，则式(8-3)可写为

$$\Theta=\frac{4n_b d_b^3}{3\times10^9 c_b}[1-(1-h_b)^{c_b}]+10^{-9}n_u d_u^3 h_u \tag{8-12}$$

同理，令 $B=40\text{kb/s}$，则 $I=0.25$。又考虑为了减少使用电磁波通信，所以在水上传输的数据仅为紧急控制报文，数量很少但十分重要，因此假定水下传输的数据量所占比例 $\omega=0.9999$。将这些参数代入式(8-7)可得 $6.5\chi+10\delta=1$，式中的两项分别表示传感器节点和 UUV 对连通性能的贡献度。假定 $\chi=0.14$，$\delta=0.009$，即两者的贡献度分别为 0.91 和 0.09。因此，对于一般情况，式(8-7)可写为

$$\Phi=1.4\times10^{-5}k_b(8999.1Ib_b+b_b')+0.009Iv_u n_u b_u \tag{8-13}$$

对于耐久性，假设节点的能耗恒定且相同，即式(8-9)中系数ϖ、λ 为常数，即 $8\times10^9\varpi+10^9\lambda=1$，再假设通信功耗占总功耗的 80%，因此取$\varpi=10^{-11}$，$\lambda=2\times10^{-11}$，则式(8-9)可写为

$$p_b=10^{-11}r_b^3+2\times10^{-11}d_b^3 \tag{8-14}$$

将参数代入式(8-8)可得 $\varepsilon(10^7+7\times10^4\theta)=1$。其中,$\theta$ 为 UUV 对网络持久能力的贡献系数,假定 $\theta=20$,即 UUV 的能量贡献相当于传感器网络的 14%,则式(8-8)可写为

$$\Psi=\frac{1}{1.14\times10^7}\left(\frac{e_b}{p_b}+20\frac{e_u}{p_u}\right) \tag{8-15}$$

对于快速反应性,假设其中标准的超时重传等待时间为网络直径上往返时间的 $s=2$ 倍,重传等待次数 $l=3$,将相关参数代入式(8-11)后可得 $0.9382\zeta=1$,即 $\zeta=1.0658$,因此式(8-11)可写为

$$\Omega=\frac{1.0658k_b b_b}{\frac{L}{V}\left(1+\frac{sl}{\varphi}\right)} \tag{8-16}$$

需要指出的是,上述是在理想情况下给出约束参数的取值后获得的网络性能计算模型,然而这些约束参数的取值并不唯一,可以根据具体的任务需求和环境条件进行定义,再对相关参数重新计算并获得取值。

8.3.2 面向整体性能动态优化的组网参数调整方法

控制节点对当前网络组网方案进行整体性能评估后,认为网络的能力不足以应对当前的任务需要,则需要对组网参数进行相应的优化调整,以达到任务所需的整体性能和综合能力。根据上述分析,组网参数包括 k_b、d_b、n_b、c_b、r_b、p_b。由于节点的部署方案已经确定,因此在给定感知监测区域内,网络的覆盖度 c_b 受节点的探测半径 d_b 及节点数量 n_b 的影响,而网络的连通度 k_b 受节点的通信半径 r_b 及节点数量 n_b 的影响。根据第 6 章的立方体结构和感知监视的球模型,它们的关系如下式:

$$\begin{cases} 1\leqslant c_b<\dfrac{\frac{4}{3}\pi\cdot d_b^3\cdot n_b}{X\cdot Y\cdot Z},\ c_b\leqslant k_b<\dfrac{4}{3}\pi\cdot\left(\dfrac{r_b}{d_b}\right)^3 \\ \left\lceil\dfrac{X}{d_b}\right\rceil\cdot\left\lceil\dfrac{Y}{d_b}\right\rceil\cdot\left\lceil\dfrac{Z}{d_b}\right\rceil+\left\lceil\dfrac{X}{d_b}+1\right\rceil\cdot\left\lceil\dfrac{Y}{d_b}+1\right\rceil\cdot\left\lceil\dfrac{Z}{d_b}+1\right\rceil\leqslant n_b \end{cases} \tag{8-17}$$

式中:X、Y、Z 为共同形成了感知监测区域的体积,网络的覆盖度最大不超过所有节点感知监测区域范围,网络的最大连通度不超过其通信范围内所有节点的数量。另外,为了增加网络的连通度,需要增加节点通信半径与探测半径,并且连通度呈阶梯增加,阶梯函数记为 $f(m)$。又由式(8-14)可知,节点的能耗 p_b 由 r_b 和 d_b 决定,因此最终只需要调整节点的通信半径、节点的探测半径及活动的节点数量,就能调整整个网络的各项性能,使网络具有不同于初始 Θ_0、Φ_0、Ψ_0 及 Ω_0 值的整体性能。

由于满足任务需要的组网参数取值有多种方案,因此需要根据应用从中选取

一个较好的解。例如,为了尽可能延长网络的寿命,要以最小化网络总能耗为系统优化目标,即最小化 $n_b^2 \cdot p_b$。这个目标实际上约束了 n_b、r_b和 d_b的最大值,延长网络的生命期。针对这个目标,提出了面向整体性能动态优化的组网参数调整方法,该方面的优化调整模型为

$$\begin{cases} \text{Minimize}: n_b^2 \cdot p_b \\ \Theta_0 - \dfrac{4n_b d_b^3}{3\times 10^9 c_b}[1-(1-h_b)^{c_b}] - 10^{-9} n_u d_u^3 h_u \leqslant 0 \\ \Phi_0 - 1.4\times 10^{-5} k_b [8999.1 I b_b + b_b'] - 0.009 I v_u n_u b_u \leqslant 0 \\ \Psi_0 - \dfrac{1}{1.14\times 10^7}\left[\left(\dfrac{e_b}{p_b}\right) + 20\dfrac{e_u}{p_u}\right] \leqslant 0 \\ \Omega_0 - \dfrac{1.0658 k_b b_b}{\dfrac{L}{V}\left(1+\dfrac{sl}{(1-\eta)^{\frac{L}{r_b}}}\right)} \leqslant 0 \end{cases} \tag{8-18}$$

$$\text{s.t.}\quad 10^{-11} r_b^3 + 2\times 10^{-11}\times d_b^3 - p_d \leqslant 0$$

$$1 \leqslant c_b < \frac{\frac{4}{3}\pi \cdot d_b^3 \cdot n_b}{X\cdot Y\cdot Z}, c_b \leqslant k_b < \frac{4}{3}\pi \cdot \left(\frac{r_b}{d_b}\right)^3$$

$$0 < f(m) \cdot d_b \leqslant r_b$$

$$\left\lceil\frac{X}{d_b}\right\rceil \cdot \left\lceil\frac{Y}{d_b}\right\rceil \cdot \left\lceil\frac{Z}{d_b}\right\rceil + \left\lceil\frac{X}{d_b}+1\right\rceil \cdot \left\lceil\frac{Y}{d_b}+1\right\rceil \cdot \left\lceil\frac{Z}{d_b}+1\right\rceil \leqslant n_b$$

式中:Θ_0、Φ_0、Ψ_0及 Ω_0分别为任务对覆盖性、连通性、耐久性和快速反应性的最小需求。上述优化方程以 k_b、d_b、n_b、c_b、r_b、p_b为优化参数,解该优化方程可以得到满足任务需求的各未知参数取值。如果该方程无解,则说明当前网络无法满足任务需求,需要对任务进行相应的调整,或者投放更多的传感器节点来完成任务;如果该方程有解,则将相应的参数发送给各个节点,各个节点调整这些参数的取值,满足优化调整的要求。经过一轮调整后,控制节点需要对网络的整体性能和综合能力进行再次分析计算,如果经过三轮调整仍未达到要求,说明当前节点的状态无法满足任务要求。未获得理论优化参数的原因主要包括以下三个方面:

(1) 在实际部署中,网络的传感器节点并非呈现精确的立方体心结构,因此计算结果可能存在偏差。

(2) 连通性、覆盖性等度量模型是在理想情况下推导出来的,计算结果存在误差,需要根据实际网络部署进行约束参数的计算获取。

(3) 对于最优化的计算结果,可能存在无法部署的情况。例如,在某个位置理论上需要部署一个节点,但是实际上没有节点能够达到指定位置,因此导致优化调

整失败,需要重新进行网络优化调整。

为了通过组网参数进行网络性能的优化调整,采用遗传算法解决这个带约束条件的非线性优化问题。

8.3.3 基于遗传算法的组网参数调整方法

遗传算法是模拟生物在自然环境中的遗传和进化过程而形成的一种自适应、全局优化概率搜索算法。其主要特征是直接对结构对象进行操作,不存在求导和函数连续性的限定,具有内在的隐并行性和良好的全局寻优能力;同时采用概率化的寻优方法,能自动获取和指导优化的搜索空间,自适应地调整搜索方向,不需要确定的规则[270]。

遗传算法模拟达尔文的遗传选择和自然淘汰的生物进化过程,将适者生存规则与群体内部染色体的随机信息交换机制相结合。它本身是一种高效并行优化搜索方法,追求搜索全局最优解。遗传算法由一个初始种群开始,该种群是问题的潜在解集,由一定数目的经过基因编码的个体构成,种群规模为种群中个体数目的大小,种群规模越大,越容易找到全局最优解,但是运行时间也越长。每个个体是具有自身特征的染色体,染色体作为遗传物质的重要载体,决定了个体形态的外在表现。初始种群后,根据适者生存和优胜劣汰原则,经过选择、交叉、变异等算子作用,逐代演进出更适合的近似解。针对水下无线传感器网络整体性能优化调整的要求,基于遗传算法的组网参数优化调整过程如下。

1. 个体编码及初始化种群

采用实数编码。设 6 个参数 k_b、d_b、n_b、c_b、r_b、p_b 为 x_1、x_2、x_3、x_4、x_5、x_6,把变量 x_1、x_2、x_3、x_4、x_5、x_6 作为 6 段基因,组成一个染色体,即为一个个体。

2. 适应度评价

1) 适应值

适应度函数是评价个体优劣的关键,也决定着算法的进化策略。

优化目标函数 $f(x)=x_1^2\cdot x_6$,则使用适应度函数为

$$\mathrm{fit}(f(x))=\frac{1}{1+c+f(x)}(c\geqslant 0,c-f(x)\geqslant 0) \tag{8-19}$$

2) 对约束条件的处理

采用 DCPM 直接比较比例方法(direct comparison-proportional method, DCPM)方法,这是基于罚函数的方法。对约束的处理方法是单独定义一个对约束条件的度量,即定义刻画一个个体违反约束程度的度量。然后在遗传算法的选择操作过程中通过竞争的方法,比较个体的适应度值和不适应度值,以此来达到选择优良个体的目的。违反约束程度的度量一般按下式定义[271]:

$$\mathrm{obj}(x)=\sum_{j=0}^{l}\max(0,g_i(x))(1\ll j=l) \tag{8-20}$$

式中：$g_j(x)$为约束条件；l为约束条件个数。

3. 选择操作

事先给定的约束违反程度阈值 $\varepsilon>0$，采用如下准则比较个体 A 和个体 B 的优劣：

（1）个体 A 和个体 B 都可行时，比较它们之间的适应度值 $f(A)$ 和 $f(B)$，适应度值大的个体为优。

（2）个体 A 和个体 B 都不可行时，比较它们之间的不适应度值 $\mathrm{obj}(A)$ 和 $\mathrm{obj}(B)$，不适应度值小的个体为优。

（3）个体 A 可行而个体 B 不可行时，如果 $\mathrm{obj}(B)\leqslant\varepsilon$，比较它们之间的适应值 $f(A)$ 和 $f(B)$，适应度值大的个体为优，否则个体 A 为优。

显然，ε 越大，群体的不可行解的比例就越高。为了控制不可行解在种群中的比例保持在一个事先规定的合理水平 $p>0$，引入如下的适应性调整 ε 的策略：

对给定正整数 K，从群体中产生可行解的第一代起，每进化 K 代以后，计算出在这 K 代的每一代中不可行解在群体中的比例 $p_i(1\leqslant i\leqslant K)$，并按下式将 ε 修正为 ε'：

$$\varepsilon'=\begin{cases}1.2\varepsilon(p_i\leqslant p,1\leqslant i\leqslant K)\\0.8\varepsilon(p_i>p,1\leqslant i\leqslant K)\\\varepsilon(\text{其他})\end{cases} \tag{8-21}$$

通过上述竞争选择操作，既能够使优良的个体保留下来，又能够使新种群中保留适当的优良不可行解。

4. 交叉操作

基于上面约束处理方法，采用可行解与不可行解进行算术交叉，即两个体进行线性组合产生出两个新的个体。采用算数交叉方法，具体操作如下：

$$\begin{cases}x_A^{t+1}=ax_B^t+(1-a)x_A^t\\x_B^{t+1}=ax_A^t+(1-a)x_B^t\end{cases} \tag{8-22}$$

式中：a 为[0,1]之间的随机数；x_A^t 表示 A 个体在第 t 代的基因；x_B^t 表示 B 个体在第 t 代的基因。

5. 变异操作

采用非均匀变异：

$$x_k=\begin{cases}x_k+(u_k-x_k)\cdot r\left(1-\dfrac{t}{T}\right)^b,\mathrm{random}(0,1)=0\\x_k-(u_k-l_k)\cdot r\left(1-\dfrac{t}{T}\right)^b,\mathrm{random}(0,1)=1\end{cases} \tag{8-23}$$

式中:r 为介于[0,1]的随机数;T 为最大遗传代数;t 为当前遗传代数;b 为非均匀度参数;x_k为个体的第 k 个基因且 $l_k<x_k<u_k$;random(0,1)为产生 0 或 1 的随机函数。

根据上述基于遗传过程的设定,水下无线传感器网络整体性能的优化调整的遗传算法具体步骤如下:

(1) 确定实数编码形式,即将组网参数 k_b、d_b、n_b、c_b、r_b、p_b作为 x_1、x_2、x_3、x_4、x_5、x_6六段基因的一个个体,并确定各个组网参数值。

(2) 随机产生初始化群体,根据组网参数优化要求,设定种群规模 Popsize 的大小。

(3) 根据优化的目标设定计算每个个体的适应度值和约束违反程度值,这里设定的优化目标是网络总能耗最小化。

(4) 判断水下无线传感器网络组网参数是否有可行解,若有,则需要计算组网参数的不可行解比例。

(5) 根据水下无线传感器网络组网参数优化过程中的适应度值和约束违反程度值 ε 值,按照比较准则用竞争的方法得到选择后组网参数的新群体。

(6) 设置交叉概率 $P_c=0.7$,然后通过交叉算子对组网参数进行操作。

(7) 设置变异概率 $P_m=0.1$,然后通过变异算子对组网参数进行操作。

(8) 计算种群中个体的适应度值,判断有无可行解,若有,则计算不可行解比例。

(9) 若满足收敛条件则输出最优解并退出,否则转向步骤(5)。

这个算法能够较快且较准确地获得优化结果的关键在于以下几个参数的设置:

(1) 算法的参数设定,分别设置种群规模 Popsize = 200,交叉概率 $P_c=0.7$,变异概率 $P_m=0.1$,不可行解在种群中的比例 $p=0.2$,$\varepsilon=0.1$,每隔 $K=5$ 代调整一次 ε 的值。

(2) 算法终止条件,设置最大进化代数 $T=4000$ 代;当平均适应度值的变化量小于 0.01 时,算法终止。

8.4 试验与结果分析

8.4.1 仿真平台与试验设置

当前,水下无线传感器网络缺乏对其整体性能进行系统分析的仿真平台。在水下无线传感器网络论证、方案设计和相关关键技术的研究过程中,都需要从系统

的角度对水下无线传感器网络的整体性能和完成任务的综合能力进行分析计算。因此,设计了仿真平台,它具备如下功能:

(1) 支持从覆盖性、连通性、耐久性和快速反应性对水下无线传感器网络整体性能和完成任务的综合能力进行较全面分析计算。

(2) 支持单项性能对整体性能的影响程度进行量化计算与分析,支持各项整体性能之间相互影响关系的分析。

(3) 根据任务需求、网络约束、工作环境等方面的改变,支持通过优化计算得到一组组网参数,实现对水下无线传感器网络整体性能的优化调整。

基于上述分析,水下无线传感器网络仿真平台的整体性能分析计算过程模型如图 8-4 所示。

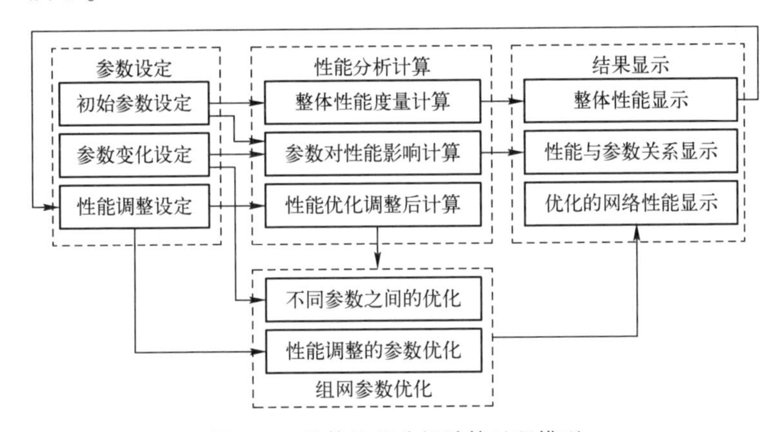

图 8-4　整体性能分析计算过程模型

在整体性能评估过程中,首先根据初始参数设定和参数变化设定,对水下无线传感器网络整体性能进行评估和参数对性能影响进行计算,并显示相关的评估和计算结果;其次对于不同参数输入组合和变化关系,计算单项性能参数对各项性能值影响关系;最后在整体性能评估结果的基础上,根据具体的任务需求对各整体性能项的计算值进行调整,根据整体性能度量模型和组网参数优化方法,反向计算得到一组优化的组网参数,并作为水下无线传感器网络整体性能评估计算的输入,实现对水下无线传感器网络的优化调整。

仿真平台组成如图 8-5 所示。参数设置模块不仅要提供方便快捷的性能参数设置,而且要能够改变水下无线传感器网络的各项整体性能值。评估计算模块根据初始参数计算评估水下无线传感器网络的覆盖性能、连通性能、耐久性能、快速反应能性能值。参数优化模块是要根据用户调整的各项整体性能值,反向计算获得

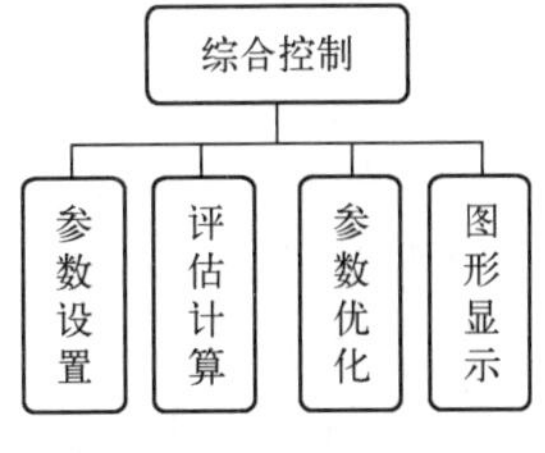

图 8-5　仿真平台组成

优化的组网参数值。图形显示提供友好直观的显示界面。

设定仿真参数如下:设定 12km×12km×4km 的监控水域,每个传感器节点初始时均匀分布在水面上,可进行水下和水上通信,其中水下最大通信半径 r_b=4km,在距离为 4km 内的通信带宽 b_b=10kb/s,水上通信带宽 b_b'=5Mb/s,传感器节点的最大探测范围 d_b=2km,精度 h_b=100%,传感器节点的总能量为 10^3kJ。网络中还包括:1 个主节点,其速度 v_s=5m/s,水下通信带宽 b_s=40kb/s;1 个 UUV,其速度 v_u=2m/s,水下通信带宽 b_u=20kb/s,最大探测范围 d_u=2km,精度 h_u=100%,正常工作情况下,其生命期为 7×10^4s。假设声音在海水中传播的速度 V=1500m/s,水声通信的误码率 η =0.1,水下最大所需带宽 B=60kb/s。

在仿真试验中主节点和 UUV 在网络内随机部署,如果 UUV 所在的位置需要感知探测,而该位置没有传感器节点,UUV 充当感知监测节点角色。如果 UUV 所在的位置需要与网络连通通信,而该位置没有传感器节点承担该功能,则 UUV 节点承担连通通信功能。此时,UUV 对覆盖性能相对贡献系数、对连通性能调节系数等,根据试验实施过程,在仿真平台中实时计算。

8.4.2 网络整体性能度量计算试验

在水下无线传感器网络整体性能度量计算试验中,需要考察不同组网参数的设置对各项整体性能的影响。在不同的水下感知监测任务中,水下无线传感器网络的完全覆盖至关重要,因此只考虑全覆盖的情况。在实际情况中,当探测精度小于 1 时,需要提高覆盖度来增加探测到目标的概率。采用第 6 章的方法对网络进行部署,试验过程中设置两种三维的传感器节点部署结构,分别是 CODS 和 NODS。

在传感器节点数量足够的情况下,在既定的部署区域网络达到全覆盖是能够得到保证的。网络的连通性和耐久性都依赖于传感器节点的能量消耗情况,而从前面分析上看,节点的探测半径与通信半径共同决定节点的能量消耗情况。因此,首先对不同探测半径和通信半径对传感器节点的能量消耗与网络的连通性进行仿真试验。试验中首先设置传感器节点的探测半径分别为 0.67km、1km、2km,在三种情况下设置相应的通信半径。仿真试验结果如图 8-6 所示。

图 8-6(a)中传感器节点的探测半径 d_b=0.67km 时,设置的传感器节点的通信半径 r_b分别为 1.15km、1.33km、1.89km 和 2.13km,在 CODS 中对于网络的连通性能,它的评价值分别为 6、11、19 和 38(图 8-6(a)的右侧部分),说明相同的探测半径,通信半径越大,网络的连通性能越好,这是因为随着通信半径的增加,能够与节点通信的其他节点数量就越多。图 8-6(b)和(c)的右侧部分具有同样的趋势。对比图 8-6(b)和(c)的右侧部分,当传感器通信半径一样,即 r_b=3.46km 时,而探测半径从 1km 变成 2km 时,网络的平均连通度出现了大幅度减小。

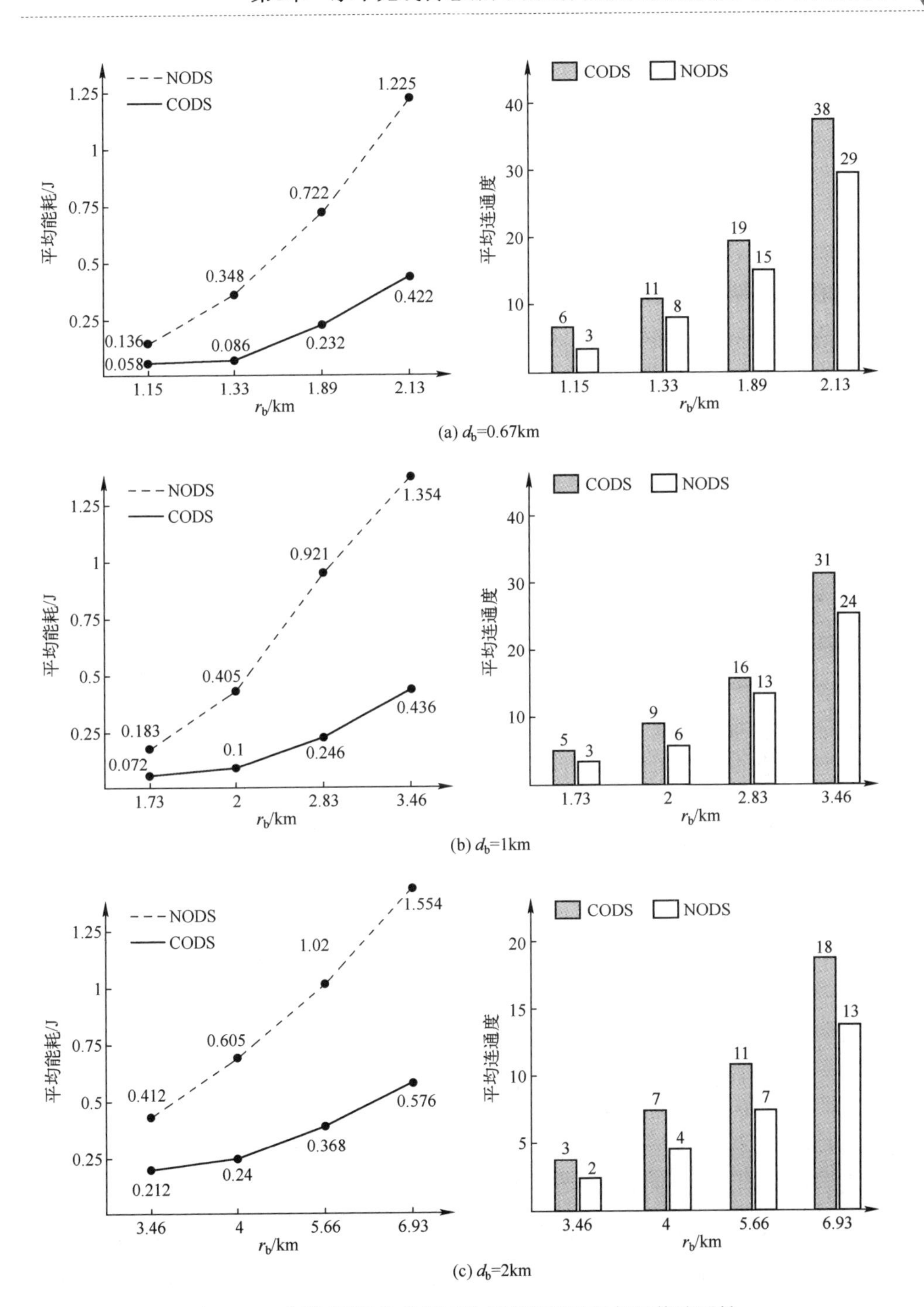

图 8-6　不同探测通信半径下的节点能量消耗与网络连通性

网络的耐久性能由各个节点生命期决定。从传感器网络开始工作，到其中 m 个传感器节点由于能量耗尽而停止工作的时间作为网络的生命期，单个传感器节点的生命期由其总能量和工作功耗决定。对于传感器节点平均能量消耗而言，节点通信半径越大，平均能量消耗就越大，在图 8-6(a) 的左侧部分能够看出，在 CODS 中对于 d_b=0.67km，当 r_b 为 1.15km、1.33km、1.89km 和 2.13km 时，传感器节点的平均能量消耗为 0.058J、0.086J、0.232J 和 0.422J。在图 8-6(b) 和(c) 的左侧部分，传感器节点的能量消耗具有相同的情况。

在不考虑唤醒冗余节点加入网络的情况下，假设无线传感器网络的生命周期为从开始工作到 20%的传感器节点因能量耗尽而停止工作的时间。基于这样的假设，对于图 8-6(c) 中传感器节点探测半径和通信半径，水下无线传感器网络生命周期的试验结果如表 8-3 所列。

表 8-3　网络耐久性试验对比结果　　单位：h

部署结构	通信半径/km			
	3.46	4	5.66	6.93
NODS	1011.46	872.74	755.66	688.73
CODS	1585.44	1129.4	1076.16	946.85

从表 8-3 中可以看出，节点通信半径越大，相应的连通度越高，网络的寿命也就越短。由于网络规模较小，因此网络寿命变化受到边界条件影响较大，即受到网络中传感器节点数量的影响较大。针对图 8-6(b) 中的传感器节点的探测半径和通信半径，结合覆盖性、连通性、耐久性和快速反应性的计算度量模型开展试验，可以得出各项性能指标与不同通信半径和探测半径的关系，如图 8-7 所示。

由图 8-7(a) 可知，覆盖性能随着节点探测半径的增加而增大。这是因为当水下达到 1-覆盖时(网络所在海域被完全覆盖)，网络的覆盖性能只与节点的探测半径有关，而与节点的数量、通信半径等因素无关。

由图 8-7(b) 可知，连通性能随着通信半径的增大而增大，这是因为传感器节点通信半径增加时，可以与之连通的节点数也增加；连通性能随着探测半径的增大而减小，这主要是受到传感器节点数量的影响，在满足 1-覆盖的情况下，节点的探测半径越大，传感器节点数量越少，因此在通信半径不变的情况下，减少节点的数量会导致相邻节点数量减少，从而使连通性能降低。

对于图 8-7(c) 中的通信半径 r_b，其真实值为 r_b'，则有：当 $r_b \leqslant 5000$m 时，$r_b' = r_b + 5000$；当 $r_b > 5000$m 时，$r_b' = r_b - 5000$。由图 8-7(c) 可知，耐久性能随着节点通信半径和探测半径的增加而减少。这是因为通信半径和探测半径越大，节点的功耗越高，导致网络的寿命减少。

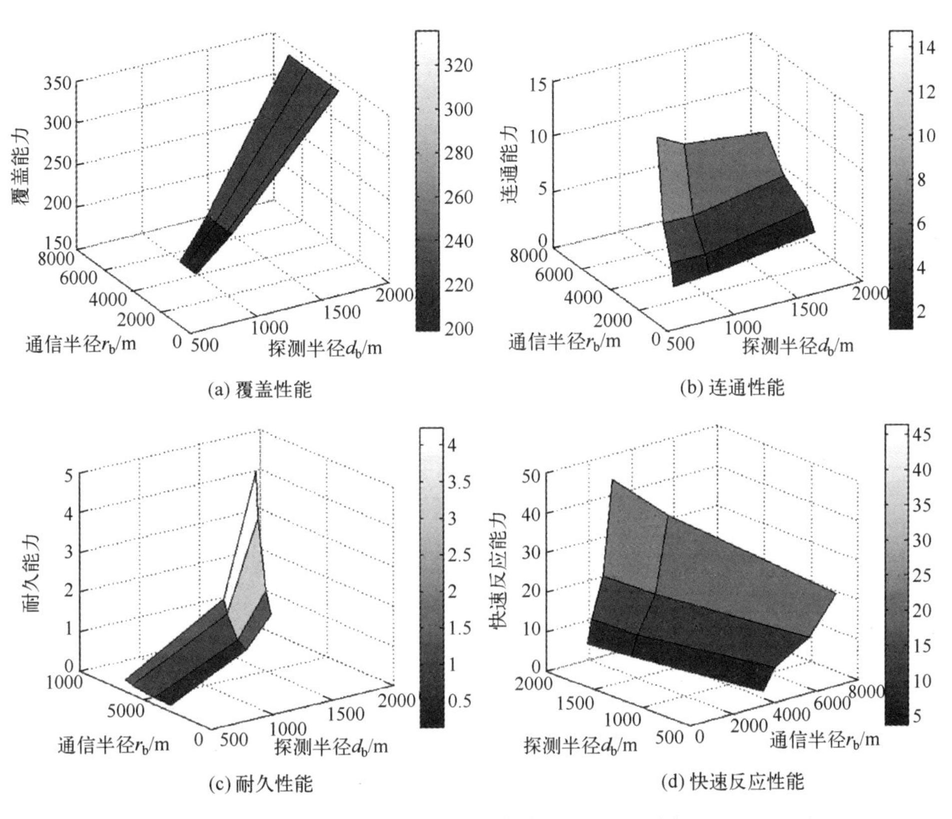

(a) 覆盖性能

(b) 连通性能

(c) 耐久性能

(d) 快速反应性能

图 8-7　整体性能与主要参数的关系(见彩插)

对于图 8-7(d) 中的 r_b 和 d_b，其真实值为 r'_b 和 d'_b，则有：当 $r_b \leqslant 4000$m 时，$r'_b = r_b + 4000$；当 $r_b > 4000$m 时，$r'_b = r_b - 4000$；当 $d_b \leqslant 1000$m 时，$d'_b = d_b + 1000$；当 $d_b > 1000$m 时，$d'_b = d_b - 1000$。由图 8-7(d) 可知，网络的快速反应性能随着节点通信半径的增加而提高，随着节点的探测半径增加(活动节点的数量减少)而降低。这一现象的发生与连通性能有关：当通信半径增加时，网络的连通性能提高，有助于提高网络的快速反应；而当节点数量减少时，网络的连通性能降低，可作为冗余节点的数量减少，导致快速反应性能降低。

从上述试验结果上看，基于第 6 章和本章方法对水下无线传感器网络整体性能进行计算与分析，基于 CODS 部署的网络性能优于 NODS 部署的网络，同时 SQPCM 能够从系统角度较客观全面地对水下无线传感器网络整体性能进行计算评估。

不同的任务要求网络具有不同的能力，如环境监测任务需要在确保基本的覆盖性和连通性情况下，耐久性达到最大，此时组网参数中 d_b、c_b、k_b、p_b、r_b 适当变小，n_b 适当变大。目标跟踪任务要求快速性和覆盖性达到最大，同时确保基本的连通

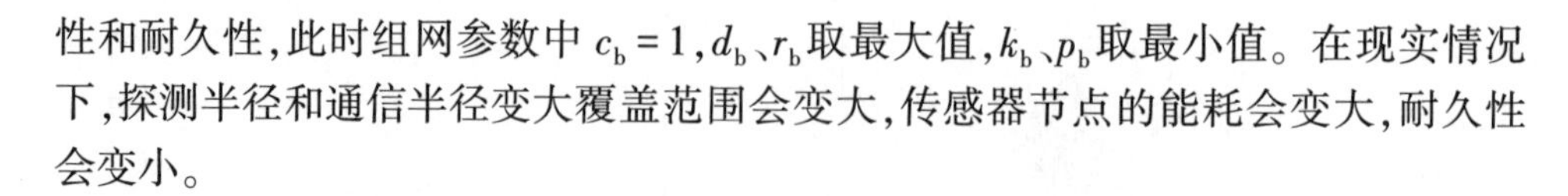

性和耐久性，此时组网参数中 $c_b=1$，d_b、r_b取最大值，k_b、p_b取最小值。在现实情况下，探测半径和通信半径变大覆盖范围会变大，传感器节点的能耗会变大，耐久性会变小。

8.4.3 水下无线传感器网络动态优化调整仿真试验

为了验证水下无线传感器网络性能动态优化调整方法，以图 8-6(b)中参数设置和计算出来的整体性能，并设定优化整体性能目标值为 $\Theta_0=200$、$\Phi_0=3$、$\Psi_0=1$、$\Omega_0=10$ 分别采用仿真平台的优化功能，依据式(8-18)和相应的遗传算法进行优化求解，开展水下无线传感器网络性能优化实验。在试验过程中，各个变量的初始值及优化过程中的中间结果和参数改变如表 8-4 所列。

表 8-4　水下无线传感器网络整体性能优化调整参数

参　数	n_b/个	p_b/J	d_b/m	c_b/个	k_b/个	r_b/m
第一轮	219	0.088974	1000	1.1237	7.559	1903.5
第二轮	219	0.099964	1000	1.1418	7.5763	2000.8
最终状态	219	0.1	1000	1	9	2000

在第一轮中，取 $f(m)=\sqrt{3}$，即节点通信半径与探测半径的最小比率，优化结果如表 8-4 中的第 2 行所示。其中，由于估算方法的问题，k_b高于实际可达到的值，且由于非线性优化函数的实现，导致了 c_b、k_b等为小数。这些参数的实际取值可在后续评估中得出准确结果。第 1 轮结束后，根据提出的优化调整方法，传感器网络进行相应的组网和参数设定，并按照评估方法对各个参数进行评估和计算，发现实际连通度为 5，各项整体性能值实际为 $\Theta_1=227$、$\Phi_1=2.0148$、$\Psi_1=1.1087$、$\Omega_1=6.0261$，无法满足目标要求，因此需要继续调整。

在第二轮中，取 $f(m)=2$，即节点通信半径与探测半径第二小比率，优化结果如表 8-4 中的第 3 行所示。其中，c_b、k_b的结果仍为小数，且优化结果不准确。但是将通信半径、探测半径等信息发布到网络中后，可以得到准确的值为 $c_b=1$、$k_b=9$。此时各项整体性能值实际满足目标要求，因此达到最终状态。从水下无线传感器网络性能优化前和优化后的试验上看，它的整体性能变化如图 8-8 所示。

从试验结果上看，通过对组网参数的优化调整，能够使水下无线传感器网络具有一定的动态自适应能力，使得网络能够花费更小的代价来满足任务的要求。组网评估及动态优化调整过程试验显示了本章提出的方法符合整体性能度量规律，且具有实用价值。在网络部署之前及网络运行过程中，可以随时根据实际情况需要调整优化网络的组网参数，从而改变网络不同维度的整体性能，为实际任务的执行提供有力的保障。

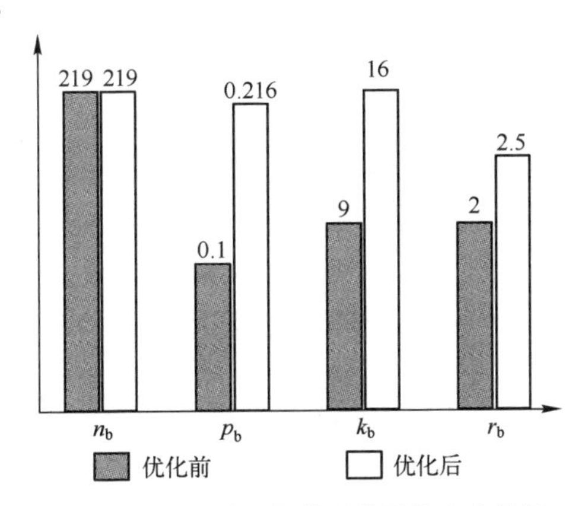

图 8-8　优化前后部分网络性能变化情况

第 9 章

基于水下无线传感器网络的多节点协同目标发现计算模型

9.1 引　言

采用多个节点对水声目标进行自组织协同感知[272]，基本前提是能够发现目标。水下无线传感器网络的一个重要作用是尽可能发现进入感知监视区域的运动目标。进行水下无线传感器网络方案设计时，在确定网络节点部署、工作方式、信息获取、网络性能计算后，还要求根据水声目标感知的具体任务需要，依据水下无线传感器网络的预设工作模式，运用理论计算水下无线传感器网络的多节点协同目标发现效果，分析网络能够完成相应任务的程度。

水下传感器网络因使用目的、承担任务、所处环境的不同，导致网络功能、拓扑结构和工作方式（主动和被动）[273]等方面有所不同，所承担任务的完成效果也有所差异。本章重点研究对象是用于水声目标感知的水下无线传感器网络及其多节点对目标的发现效果。该类型的传感器网络虽然是由传感器节点、可移动节点（UUV、AUV）和主节点（船只）组成的，但承担水声目标感知发现任务的主要是传感器节点，其工作模式目前主要是通过被动方式[274-275]来实现的。

水声探测受到复杂海洋环境的影响，海洋声场环境受到海底底质、温度、盐度、洋流、旋涡、内波和锋面等复杂作用，导致水下传感器节点的感知探测范围、探测精度等在不同时段、区域的差异很大，在水文环境良好的情况下，传感器节点能够探测到很远的目标，在水文环境恶劣的情况下，近距离的目标都无法探测到。正因为如此，相对于单个声纳系统，采用无线传感器网络进行水下目标感知监测能够极大地增加目标的发现概率。

水下无线传感器网络的一个非常重要的作用是尽可能发现进入感知监测区

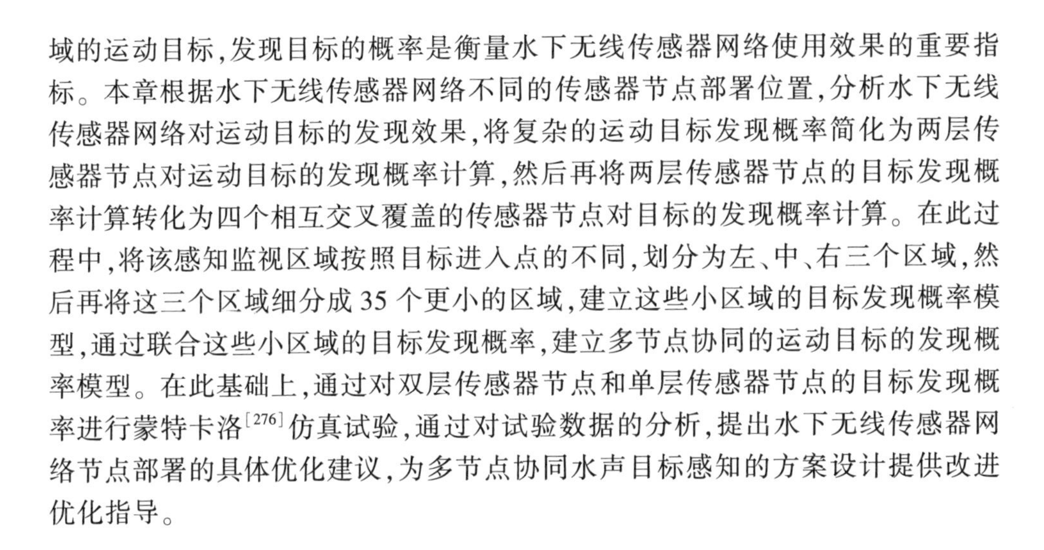

域的运动目标,发现目标的概率是衡量水下无线传感器网络使用效果的重要指标。本章根据水下无线传感器网络不同的传感器节点部署位置,分析水下无线传感器网络对运动目标的发现效果,将复杂的运动目标发现概率简化为两层传感器节点对运动目标的发现概率计算,然后再将两层传感器节点的目标发现概率计算转化为四个相互交叉覆盖的传感器节点对目标的发现概率计算。在此过程中,将该感知监视区域按照目标进入点的不同,划分为左、中、右三个区域,然后再将这三个区域细分成 35 个更小的区域,建立这些小区域的目标发现概率模型,通过联合这些小区域的目标发现概率,建立多节点协同的运动目标的发现概率模型。在此基础上,通过对双层传感器节点和单层传感器节点的目标发现概率进行蒙特卡洛[276]仿真试验,通过对试验数据的分析,提出水下无线传感器网络节点部署的具体优化建议,为多节点协同水声目标感知的方案设计提供改进优化指导。

9.2　水下无线传感器网络感知监测效果分析

前面章节均认为水下无线传感器网络节点的感知发现概率为 1,即进入传感器网络节点探测范围内的目标均认为 100%被探测发现。在实际环境中,由于复杂水文环境和声场环境的作用,传感器节点探测发现目标的概率更接近于一个关于距离和时间的函数,即目标越接近传感器节点,被发现的概率就越高;同样,目标进入探测范围内的时间越长,目标被发现的概率就越高。

在第 6 章中,假设水下无线传感器网络节点采用了基于体心立方格的部署和组网方法来构建网络系统,传感器节点假设是均匀部署的。在当前用于水下目标感知监测的无线传感器网络,主要是对移动目标的感知监测。因此,为了便于对水下无线传感器网络的目标感知监测效果进行分析,本章在第 6 章的水下感知监测区域和传感器节点部署假设的基础上增加以下两项假设:

(1) 目标均匀概率分布在水下无线传感器网络的正前方,垂直传感器网络感知监测区域以匀速直线的方式进入网络。

(2) 传感器节点对于目标的感知监测效果是发现目标,目标发现的概率是关于距离和时间的密度函数。

基于以上假设,将按照 CODS 结构部署的三维网络投影到平面上,水下无线传感器网络的感知监测示意如图 9-1 所示。在图 9-1 中可以看出,一个矩形的平面区域内部署了若干个传感器节点,节点按照正三角形均匀分布在两条线上。因为节点是均匀分布的,所以水下无线传感器网络中有很多一样的部分。例如,图 9-1 中,除了两边的传感器节点以外,其他传感器节点对于目标的感知监测发现概率的计算过程和方法是一样的,这样就能够将复杂的水下无线传感器网络感知监测效果的计算进行简化。因此,图 9-1 区域内目标发现概率的计算可以简化为如图 9-2所示的目标发现概率计算,然后通过线性组合计算出整个水下无线传感器网络对目标的发现结果。

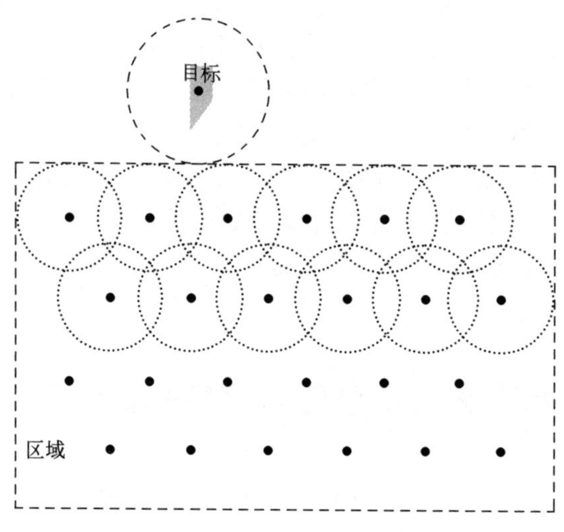

图 9-1　感知监测效果计算示意图

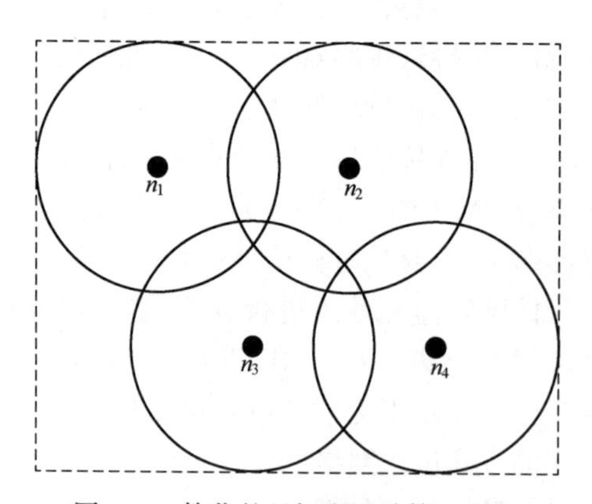

图 9-2　简化的目标发现计算示意图

从图 9-1 和图 9-2 可以看出,对整个水下无线传感器网络的目标感知监测效果分析可以转化为对四个节点的目标发现概率的数学建模问题。可以通过建立这四个节点的目标发现概率数学模型,然后进行线性组合得到整个网络的目标发现效果。

9.3　面向运动目标的发现概率模型

根据图 9-2,因为节点之间感知监测范围的重复覆盖度不同,而且假定目标是均匀分布地垂直进入感知监测区域的,所以目标进行区域的点分布不同,发现目标概率的数学模型也不相同。为了定量地分析计算不同部分的目标发现概率,建立笛卡儿坐标系,并将该感知监测区域按照目标进入点的不同,划分为左、中、右三个区域(以中间两条竖线 h_l 和 w_2 进行划分),然后再将这三个区域细分成 35 个更小的区域,如图 9-3 所示,首先建立这些小区域的目标发现概率模型,然后联合这些小区域的目标发现概率模型,建立水下无线传感器网络面向运动目标的发现概率模型。

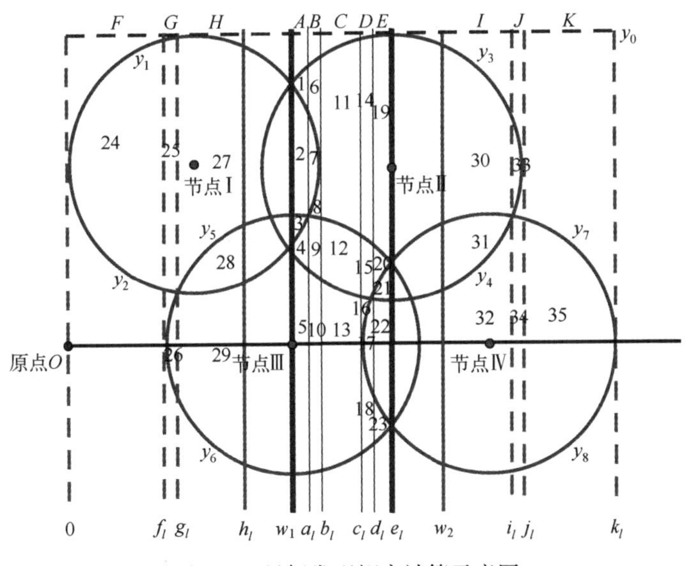

图 9-3　目标发现概率计算示意图

图 9-3 中,假设两节点之间距离为 d,传感器节点的探测半径为 r,在探测范围内的发现目标概率为 f(关于圆心距的函数)。目标以速度 v、方向垂直于 X 轴做直线匀速运动,n_1、n_2、n_3、n_4 分别为四个节点的发现概率密度,t 为目标进入感知监测区域的时间长度(从目标进入监测区域开始计算)。

基于上述假设,根据传感器节点部署的几何分析可得传感器节点Ⅲ中心点的横坐标为

$$w_1=r+\frac{d}{2}$$

a_l 所在直线(与横轴垂直)方程为

$$a_l=w_1+\frac{\sqrt{3}}{2}\sqrt{r^2-\frac{1}{4}d^2}-\frac{d}{4}$$

b_l 所在直线(与横轴垂直)方程为

$$b_l=w_1+r-\frac{d}{2}$$

c_l 所在直线(与横轴垂直)方程为

$$c_l=w_1+d-r$$

d_l 所在直线(与横轴垂直)方程为

$$d_l=w_1+\frac{3d}{4}-\frac{\sqrt{3}}{2}\sqrt{r^2-\frac{1}{4}d^2}$$

e_l 所在直线(与横轴垂直)方程为

$$e_l=w_1+\frac{d}{2}$$

f_l 所在直线(与横轴垂直)方程为

$$f_l=\frac{d}{2}$$

g_l 所在直线(与横轴垂直)方程为

$$g_l=r+\frac{d}{4}-\frac{\sqrt{3}}{2}\sqrt{r^2-\frac{1}{4}d^2}$$

h_l 所在直线(与横轴垂直)方程为

$$h_l=r+\frac{d}{4}$$

w_2所在直线(与横轴垂直)方程为

$$w_2=w_1+\frac{3}{4}d$$

i_l 所在直线(与横轴垂直)方程为

$$i_l=a_l+d$$

j_l 所在直线(与横轴垂直)方程为

$$j_l=b_l+d$$

k_l 所在直线(与横轴垂直)方程为

$$k_l=c_l+2r$$

在图 9-3 的平面坐标系下,目标进入感知监测区域的起点和时间是不一样的。

例如，在 F 区域，目标达到圆弧 y_1 后，认为目标进入感知监测区域，当目标离开圆弧 y_2 后，目标就离开了感知监测区域，因此需要计算相关圆弧的方程。图 9-3 中各圆弧曲线的方程分别为

$$y_0=\frac{\sqrt{3}}{2}d+r$$

$$y_1=\frac{\sqrt{3}}{2}d+\sqrt{r^2-(x-r)^2}$$

$$y_2=\frac{\sqrt{3}}{2}d-\sqrt{r^2-(x-r)^2}$$

$$y_3=\frac{\sqrt{3}}{2}d+\sqrt{r^2-(x-r-d)^2}$$

$$y_4=\frac{\sqrt{3}}{2}d-\sqrt{r^2-(x-r-d)^2}$$

$$y_5=\sqrt{r^2-\left(x-r-\frac{d}{2}\right)^2}$$

$$y_6=-\sqrt{r^2-\left(x-r-\frac{d}{2}\right)^2}$$

$$y_7=\sqrt{r^2-\left(x-r-\frac{3}{2}d\right)^2}$$

$$y_8=-\sqrt{r^2-\left(x-r-\frac{3}{2}d\right)^2}$$

在得到上述方程以后，可以根据目标进入区域点及传感器节点覆盖范围的不同，对每个区域的目标发现概率模型进行建模。

9.3.1　网络区域中间部分目标发现概率模型

从图 9-3 可以看出，中间部分（h_l 和 w_2 竖线之间部分，距离为 d）又可以看成由两个目标发现概率模型相同的部分（w_1 和 e_l 竖线之间部分）组成。下面对 $d/2$ 区域（w_1 和 e_l 竖线之间部分）的发现概率模型进行探讨，另外两侧区域（h_l 和 w_1 之间、e_l 和 w_2 之间）的目标发现概率就可以自然而然地获得。设目标进入网络区域边界 y_0 为 $t_0=0$ 时刻，则经过时间 t 后，目标进入节点感知监测区域的时间为

$$t_1=\max(0,t-(y_0-y_3)/v)$$

1~23 区每个区域的长度 l_i 和面积 $s_i(i=1,2,\cdots,23)$ 分别为

$$\begin{cases} l_1 = y_3 - y_1, s_1 = \int_{w_1}^{a_l} l_1 \mathrm{d}x \\ l_2 = y_1 - y_5, s_2 = \int_{w_1}^{a_l} l_2 \mathrm{d}x \\ l_3 = y_5 - y_2, s_3 = \int_{w_1}^{a_l} l_3 \mathrm{d}x \\ l_4 = y_2 - y_4, s_4 = \int_{w_1}^{a_l} l_4 \mathrm{d}x \\ l_5 = y_4 - y_6, s_5 = \int_{w_1}^{a_l} l_5 \mathrm{d}x \end{cases} \quad (x \in [w_1, a_l])$$

$$\begin{cases} l_6 = y_3 - y_1, s_6 = \int_{a_l}^{b_l} l_6 \mathrm{d}x \\ l_7 = y_1 - y_2, s_7 = \int_{a_l}^{b_l} l_7 \mathrm{d}x \\ l_8 = y_2 - y_5, s_8 = \int_{a_l}^{b_l} l_8 \mathrm{d}x \\ l_9 = y_5 - y_4, s_9 = \int_{a_l}^{b_l} l_9 \mathrm{d}x \\ l_{10} = y_4 - y_6, s_{10} = \int_{a_l}^{b_l} l_{10} \mathrm{d}x \end{cases} \quad (x \in [a_l, b_l])$$

$$\begin{cases} l_{11} = y_3 - y_5, s_{11} = \int_{b_l}^{c_l} l_{11} \mathrm{d}x \\ l_{12} = y_5 - y_4; s_{12} = \int_{b_l}^{c_l} l_{12} \mathrm{d}x \\ l_{13} = y_4 - y_6; s_{13} = \int_{b_l}^{c_l} l_{13} \mathrm{d}x \end{cases} \quad (x \in [b_l, c_l])$$

$$\begin{cases} l_{14} = y_3 - y_5, s_{14} = \int_{c_l}^{d_l} l_{14} \mathrm{d}x \\ l_{15} = y_5 - y_4, s_{15} = \int_{c_l}^{d_l} l_{15} \mathrm{d}x \\ l_{16} = y_4 - y_7, s_{16} = \int_{c_l}^{d_l} l_{16} \mathrm{d}x \\ l_{17} = y_7 - y_8, s_{17} = \int_{c_l}^{d_l} l_{17} \mathrm{d}x \\ l_{18} = y_8 - y_6, s_{18} = \int_{c_l}^{d_l} l_{18} \mathrm{d}x \end{cases} \quad (x \in [c_l, d_l])$$

$$\begin{cases} l_{19} = y_3 - y_5, s_{19} = \int_{d_l}^{e_l} l_{19} \mathrm{d}x \\ l_{20} = y_5 - y_7, s_{20} = \int_{d_l}^{e_l} l_{20} \mathrm{d}x \\ l_{21} = y_7 - y_4, s_{21} = \int_{d_l}^{e_l} l_{21} \mathrm{d}x \quad (x \in [d_l, e_l]) \\ l_{22} = y_4 - y_8, s_{22} = \int_{d_l}^{e_l} l_{22} \mathrm{d}x \\ l_{23} = y_8 - y_6; s_{23} = \int_{d_l}^{e_l} l_{23} \mathrm{d}x \end{cases}$$

在图 9-3 中,设 A、B、C、D、E 五个区域分别发现的概率为 P_A、P_B、P_C、P_D、P_E。在时间 t 内,在 A 区域的一区(即图中区 1)某线路没被发现的概率为

$$q_1 = \exp\left(-\frac{v(\min(vt_1, l_1)/v)(x-w_1)}{s_1} n_2(\min(vt_1, l_1)/v)\right)$$

A 路线在时间 t 内前两区(图 9-3 中区 1、2)没有发现的概率为

$$q_2 = q_1 \exp\left(-\frac{v(\min(\max(0, vt_1 - l_1), l_2)/v)(x-w_1)}{s_2}(n_1+n_2)(\min(\max(0, vt_1 - l_1), l_2)/v)\right)$$

A 路线在时间 t 内前三区没有发现的概率为

$$q_4 = q_3 \exp\left(-\frac{v(\min(\max(0, vt_1 - l_1 - l_2 - l_3), l_4)/v)(x-w_1)}{s_4}(n_2+n_3)(\min(\max(0, vt_1 - l_1 - l_2 - l_3), l_4)/v)\right)$$

A 路线在时间 t 内前四区没有发现的概率为

$$q_4 = q_3 \exp\left(-\frac{v(\min(\max(0, vt_1 - l_1 - l_2 - l_3), l_4)/v)(x-w_1)}{s_4}(n_2+n_3)(\min(\max(0, vt_1 - l_1 - l_2 - l_3), l_4)/v)\right)$$

A 路线在时间 t 内前五区都没有发现的概率为

$$q_5 = q_4 \exp\left(-\frac{v(\min(\max(0, vt_1 - l_1 - l_2 - l_3 - l_4), l_5)/v)(x-w_1)}{s_5} n_3(\min(\max(0, vt_1 - l_1 - l_2 - l_3 - l_4), l_5)/v)\right)$$

因此,A 路线在时间 t 内发现的概率为

$$f_{p_1} = 1 - q_5$$

$$P_A = \int_{w_1}^{a_l} \frac{f_{p_1}}{a_l - w_1} \mathrm{d}x$$

B 路线在时间 t 内前一区没有发现的概率为

$$q_6 = \exp\left(-\frac{v(\min(vt_1, l_6)/v)(x-a_l)}{s_6} n_2(\min(vt_1, l_6)/v)\right)$$

B 路线在时间 t 内前两区没有发现的概率为

$$q_7=q_6\exp\left(-\frac{v(\min(\max(0,vt_1-l_6),l_7)/v)(x-a_l)}{s_7}(n_1+n_2)(\min(\max(0,vt_1-l_6),l_7)/v)\right)$$

B 路线在时间 t 内前三区没有发现的概率为

$$q_8=q_7\exp\left(-\frac{v(\min(\max(0,vt_1-l_6-l_7),l_8)/v)(x-a_l)}{s_8}n_2(\min(\max(0,vt_1-l_6-l_7),l_8)/v)\right)$$

B 路线在时间 t 内前四区没有发现的概率为

$$q_9=q_8\exp\left(-\frac{v(\min(\max(0,vt_1-l_6-l_7-l_8),l_9)/v)(x-a_l)}{s_9}(n_2+n_3)(\min(\max(0,vt_1-l_6-l_7-l_8),l_9)/v)\right)$$

B 路线在时间 t 内前五区都没有发现的概率为

$$q_{10}=q_9\exp\left(-\frac{v(\min(\max(0,vt_1-l_6-l_7-l_8-l_9),l_{10})/v)(x-a_l)}{s_{10}}n_3(\min(\max(0,vt_1-l_6-l_7-l_8-l_9),l_{10})/v)\right)$$

B 路线在时间 t 内发现的概率为

$$f_{p_2}=1-q_{10}$$

$$P_B=\int_{a_l}^{b_l}\frac{f_{p_2}}{b_l-a_l}\mathrm{d}x$$

C 路线在时间 t 内前一区没有发现的概率为

$$q_{11}=\exp\left(-\frac{v(\min(vt_1,l_{11})/v)(x-b_l)}{s_{11}}n_2(\min(vt_1,l_{11})/v)\right)$$

C 路线在时间 t 内前二区没有发现的概率为

$$q_{12}=q_{11}\exp\left(-\frac{v(\min(\max(0,vt_1-l_{11}),l_{12})/v)(x-b_l)}{s_{12}}(n_2+n_3)(\min(\max(0,vt_1-l_{11}),l_{12})/v)\right)$$

C 路线在时间 t 内前三区都没有发现的概率为

$$q_{13}=q_{12}\exp\left(-\frac{v(\min(\max(0,vt_1-l_{11}-l_{12}),l_{13})/v)(x-b_l)}{s_{13}}n_3(\min(\max(0,vt_1-l_{11}-l_{12}),l_{13})/v)\right)$$

C 路线在时间 t 内发现的概率为

$$f_{p_3}=1-q_{13}$$

$$P_C=\int_{b_l}^{c_l}\frac{f_{p_3}}{c_l-b_l}\mathrm{d}x$$

D 路线在时间 t 内前一区没有发现的概率为

$$q_{14}=\exp\left(-\frac{v(\min(vt_1,l_{14})/v)(x-c_l)}{s_{14}}n_2(\min(vt_1,l_{14})/v)\right)$$

D 路线在时间 t 内前两区没有发现的概率为

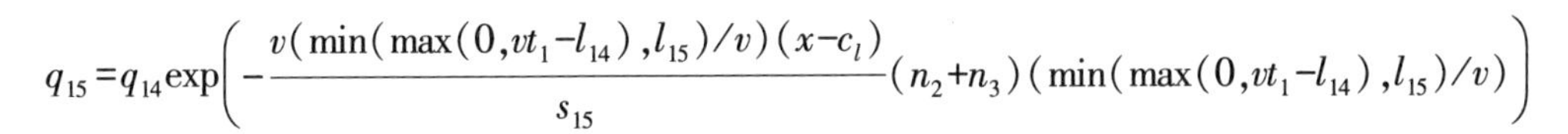

$$q_{15}=q_{14}\exp\left(-\frac{v(\min(\max(0,vt_1-l_{14}),l_{15})/v)(x-c_l)}{s_{15}}(n_2+n_3)(\min(\max(0,vt_1-l_{14}),l_{15})/v)\right)$$

D 路线在时间 t 内前三区都没有发现的概率为

$$q_{16}=q_{15}\exp\left(-\frac{v(\min(\max(0,vt_1-l_{14}-l_{15}),l_{16})/v)(x-c_l)}{s_{16}}n_3(\min(\max(0,vt_1-l_{14}-l_{15}),l_{16})/v)\right)$$

D 路线在时间 t 内前四区都没有发现的概率为

$$q_{17}=q_{16}\exp\left(-\frac{v(\min(\max(0,vt_1-l_{14}-l_{15}-l_{16}),l_{17})/v)(x-c_l)}{s_{17}}(n_3+n_4)(\min(\max(0,vt_1-l_{14}-l_{15}-l_{16}),l_{17})/v)\right)$$

D 路线在时间 t 内前五区都没有发现的概率为

$$q_{18}=q_{17}\exp\left(-\frac{v(\min(\max(0,vt_1-l_{14}-l_{15}-l_{16}-l_{17}),l_{18})/v)(x-c_l)}{s_{18}}n_3(\min(\max(0,vt_1-l_{14}-l_{15}-l_{16}-l_{17}),l_{18})/v)\right)$$

D 路线在时间 t 内发现的概率为

$$f_{p_4}=1-q_{18}$$

$$P_D=\int_{c_l}^{d_l}\frac{f_{p_4}}{d_l-c_l}\mathrm{d}x$$

E 路线在时间 t 内前一区没有发现的概率为

$$q_{19}=\exp\left(-\frac{v(\min(vt_1,l_{19})/v)(x-d_l)}{s_{19}}n_2(\min(vt_1,l_{19})/v)\right)$$

E 路线在时间 t 内前两区都没有发现的概率为

$$q_{20}=q_{19}\exp\left(-\frac{v(\min(\max(0,vt_1-l_{19}),l_{20})/v)(x-d_l)}{s_{20}}(n_2+n_3)(\min(\max(0,vt_1-l_{18}-l_{19}),l_{20})/v)\right)$$

E 路线在时间 t 内前三区都没有发现的概率为

$$q_{21}=q_{20}\exp\left(-\frac{v(\min(\max(0,vt_1-l_{19}-l_{20}),l_{21})/v)(x-d_1)}{s_{21}}(n_2+n_3+n_4)(\min(\max(0,vt_1-l_{18}-l_{19}-l_{20}),l_{21})/v)\right)$$

E 路线在时间 t 内前四区都没有发现的概率为

$$q_{22}=q_{21}\exp\left(-\frac{v(\min(\max(0,vt_1-l_{19}-l_{20}-l_{21}),l_{22})/v)(x-d_l)}{s_{22}}(n_3+n_4)(\min(\max(0,vt_1-l_{18}-l_{19}-l_{20}-l_{21}),l_{22})/v)\right)$$

E 路线在时间 t 内前五区都没有发现的概率为

$$q_{23}=q_{22}\exp\left(-\frac{v(\min(\max(0,vt_1-l_{19}-l_{20}-l_{21}-l_{22}),l_{23})/v)(x-d_l)}{s_{23}}n_3(\min(\max(0,vt_1-l_{18}-l_{19}-l_{20}-l_{21}-l_{22}),l_{23})/v)\right)$$

E 路线在时间 t 内发现的概率为

$$f_{p_5}=1-q_{23}$$

$$P_E = \int_{d_l}^{e_l} \frac{f_{p5}}{e_l - d_l} dx$$

综合上述公式,在图 9-3 中的中间部分,感知监测的发现目标概率为

$$P_{中间} = \frac{a_l - w_1}{e_l - w_1} P_A + \frac{b_l - a_l}{e_l - w_1} P_B + \frac{c_l - b_l}{e_l - w_1} P_C + \frac{d_l - c_l}{e_l - w_1} P_D + \frac{e_l - d_l}{e_l - w_1} P_E$$

9.3.2 网络区域左边部分目标发现概率模型

假设目标是在 $t_0 = 0$ 时刻从图 9-3 的左边区域进入感知监测范围的,则目标进入传感器节点探测范围的时间为

$$t_1 = \max(0, t - (y0 - y1)/v)$$

图 9-3 中 24~29 每个区域的长度 l_i 和面积 $s_i(i = 24, 25, \cdots, 29)$ 分别为

$$l_{24} = y_1 - y_2, s_{24} = \int_0^{f_l} l_{24} dx \quad (x \in [0, f_l])$$

$$\begin{cases} l_{25} = y_1 - y_2, s_{25} = \int_{f_l}^{g_l} l_{25} dx \\ l_{26} = y_5 - y_6, s_{26} = \int_{f_l}^{g_l} l_{26} dx \end{cases} \quad (x \in [f_l, g_l])$$

$$\begin{cases} l_{27} = y_1 - y_5, s_{27} = \int_{g_l}^{h_l} l_{27} dx \\ l_{28} = y_5 - y_2, s_{28} = \int_{g_l}^{h_l} l_{28} dx \quad (x \in [g_l, h_l]) \\ l_{29} = y_2 - y_6, s_{29} = \int_{g_l}^{h_l} l_{29} dx \end{cases}$$

左边界为图 9-3 中 0 到 h_l 之间的区域,又可分成 F、G、H 三条路线。F 路线在时间 t 内前一区没有发现目标的概率为

$$q_{24} = \exp\left(-\frac{v(\min(vt_1, l_{24})/v)x}{s_{24}} n_1(\min(vt_1, l_{24})/v)\right)$$

F 路线在时间 t 内发现的概率为

$$f_{p6} = 1 - q_{24}$$

$$P_F = \int_0^{f_l} \frac{f_{p6}}{f_l} dx$$

G 路线在时间 t 内前一区没有发现的概率为

$$q_{25} = \exp\left(-\frac{v(\min(vt_1, l_{25})/v)(x - f_l)}{s_{25}} n_1(\min(vt_1, l_{25})/v)\right)$$

G 路线在时间 t 内前二区没有发现的概率为

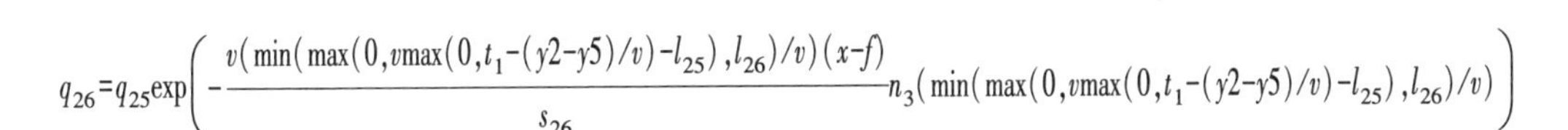

$$q_{26}=q_{25}\exp\left(-\frac{v(\min(\max(0,v\max(0,t_1-(y2-y5)/v)-l_{25}),l_{26})/v)(x-f)}{s_{26}}n_3(\min(\max(0,v\max(0,t_1-(y2-y5)/v)-l_{25}),l_{26})/v)\right)$$

G 路线在时间 t 内发现的概率为

$$f_{p_7}=1-q_{26}$$

$$P_G=\int_{f_l}^{g_l}\frac{f_{p_7}}{g_l-f_l}\mathrm{d}x$$

H 路线在时间 t 内前一区没有发现的概率为

$$q_{27}=\exp\left(-\frac{v(\min(vt_1,l_{27})/v)(x-g_l)}{s_{27}}n_1(\min(vt_1,l_{27})/v)\right)$$

H 路线在时间 t 内前二区没有发现的概率为

$$q_{28}=q_{27}\exp\left(-\frac{v(\min(\max(0,vt_1-l_{27}),l_{28})/v)(x-g_l)}{s_{28}}(n_1+n_3)(\min(\max(0,vt_1-l_{27}),l_{28})/v)\right)$$

H 路线在时间 t 内前三区都没有发现的概率为

$$q_{29}=q_{28}\exp\left(-\frac{v(\min(\max(0,vt_1-l_{27}-l_{28}),l_{29})/v)(x-g_l)}{s_{29}}n_3(\min(\max(0,vt_1-l_{27}-l_{28}),l_{29})/v)\right)$$

H 路线在时间 t 内发现的概率为

$$f_{p_8}=1-q_{29}$$

$$P_H=\int_{g_l}^{h_l}\frac{f_{p_8}}{h_l-g_l}\mathrm{d}x$$

综合上述公式,在图 9-3 中的网络区域左边部分发现目标的概率为

$$P_{左}=\frac{f_l}{h_l}P_F+\frac{g_l-f_l}{h_l}P_G+\frac{h_l-g_l}{h_l}P_H$$

9.3.3　网络区域右边部分目标发现概率模型

网络区域右边部分为图 9-3 中 $W_2\sim k_l$ 之间的区域,又可分成 i、j、k_l 三条路线。假设目标进入该区域的时间为 $t_0=0$,则目标进入 i、j 路线节点的时间 $t_1=\max(0,t-(y_0-y_3)/v)$,进入 K 路线节点的时间 $t_1=\max(0,t-(y_0-y_7)/v)$。

图 9-3 中 30~35 每个区域的长度 l_i 和面积 $s_i(i=30,31,\cdots,35)$ 分别为

$$\begin{cases}l_{30}=y_3-y_7,s_{30}=\int_{w_2}^{i_l}l_{30}\mathrm{d}x\\ l_{31}=y_7-y_4,s_{31}=\int_{w_2}^{i_l}l_{31}\mathrm{d}x\quad x\in[w_2,i_l]\\ l_{32}=y_4-y_8,s_{32}=\int_{w_2}^{i_l}l_{32}\mathrm{d}x\end{cases}$$

$$\begin{cases} l_{33} = y_3 - y_4, s_{33} = \int_{i_l}^{j_l} l_{33} \mathrm{d}x \\ l_{34} = y_7 - y_8, s_{34} = \int_{i_l}^{j_l} l_{34} \mathrm{d}x \end{cases} \quad (x \in [i_l, j_l])$$

$$l_{35} = y_7 - y_8, s_{35} = \int_{j_l}^{k_l} l_{35} \mathrm{d}x \quad (x \in [j_l, k_l])$$

I 路线在时间 t 内前一区没有发现的概率为

$$q_{30} = \exp\left(-\frac{v(\min(vt_1, l_{30})/v)(x-w_2)}{s_{30}} n_2(\min(vt_1, l_{30})/v)\right)$$

I 路线在时间 t 内前二区没有发现的概率为

$$q_{31} = q_{30}\exp\left(-\frac{v(\min(\max(0, vt_1-l_{30}), l_{31})/v)(x-w_2)}{s_{31}}(n_2+n_4)(\min(\max(0, vt_1-l_{30}), l_{31})/v)\right)$$

I 路线在时间 t 内前三区都没有发现的概率为

$$q_{32} = q_{31}\exp\left(-\frac{v(\min(\max(0, vt_1-l_{30}-l_{31}), l_{32})/v)(x-w_2)}{s_{32}} n_4(\min(\max(0, vt_1-l_{30}-l_{31}), l_{32})/v)\right)$$

I 路线在时间 t 内发现的概率为

$$f_{p9} = 1 - q_{32}$$

$$P_I = \int_{w_2}^{I} \frac{f_{p9}}{i_l - w_2} \mathrm{d}x$$

J 路线在时间 t 内前一区没有发现的概率为

$$q_{33} = \exp\left(-\frac{v(\min(vt_1, l_{33})/v)(x-i_l)}{s_{33}} n_4(\min(vt_1, l_{33})/v)\right)$$

J 路线在时间 t 内前二区没有发现的概率为

$$q_{34} = q_{33}\exp\left(-\frac{v(\min(\max(0, v\max(0, t_1-(y_4-y_7)/v)-l_{33}), l_{34})/v)(x-i_l)}{s_{34}} n_4(\min(\max(0, v\max(0, t_1-(y_4-y_7)/v)-l_{33}), l_{34})/v)\right)$$

J 路线在时间 t 内发现的概率为

$$f_{p10} = 1 - q_{34}$$

$$P_J = \int_{i_l}^{j_l} \frac{f_{p10}}{j_l - i_l} \mathrm{d}x$$

K 路线在时间 t 内前一区没有发现的概率为

$$q_{35} = \exp\left(-\frac{v(\min(vt_1, l_{35})/v)(x-k_l)}{s_{35}} n_4(\min(vt_1, l_{35})/v)\right)$$

K 路线在时间 t 内发现的概率为

$$f_{p_{11}}=1-q_{35}$$

$$P_K=\int_{j_l}^{k_l}\frac{f_{p_{11}}}{k_l-j_l}\mathrm{d}x$$

综合上述公式，在图 9-3 中的网络区域右侧部分感知监测发现目标的概率为

$$P_{右}=\frac{i_l-w_2}{k_l-w_2}P_I+\frac{j_l-i_l}{k_l-w_2}P_J+\frac{k_l-j_l}{k_l-w_2}P_K$$

9.3.4　网络的目标发现概率

在图 9-3 中，将水下无线传感器网络感知监测发现目标的概率简化为四个节点的目标发现概率模型，然后再将四个节点的目标发现概率具体划分为左、中、右三部分。根据上述对左、中、右三部分的目标发现概率建模，综合起来的该区域内传感器节点发现概率为

$$P_{节点}=\frac{h_l}{L}P_{左}+\frac{L-2h_l}{L}P_{中间}+\frac{h_l}{L}P_{右}$$

从图 9-1 中可以看出，水下无线传感器网络由很多个传感器节点组成，对水下立体空间实施探测和监视。假设水下无线传感器网络由两行传感器节点组成，每一行传感器节点的数量 $m>2$ 时，此时在传感器节点发现目标概率的计算中，两侧的计算模型与 9.3.2 节和 9.3.3 节的计算模型是一样的；而中间部分其实是由 $m-1$个 9.3.1 节所描述的部分组成的，这样可以很方便地计算整个中间部分的目标发现概率。由此两行传感器节点组成水下无线传感器网络感知监测目标的发现概率模型就很容易获得。同样，当传感器节点的行数大于 2 时，通过线性关系可以计算出相应的目标发现概率。

事实上，水下无线传感器网络有时候也可能只部署一层，其计算模型是两层传感器节点模型的简化，这里不做详细介绍。

9.4　试验与结果分析

针对上述水下无线传感器网络感知监测的目标发现概率模型，采用 MATLAB 进行了蒙特卡洛仿真。仿真参数设置如下：

（1）区域长度为 80km×80km。

（2）水下无线传感器网络包括一个主节点（水面船），假设它的感知监测半径 R = 20km，速度为 10kn，它的感知监测范围是在传感器节点不能覆盖的区域内来

回运动地感知监测(部署在传感器网络的后面),由于水下无线传感器网络受到复杂水文环境和声场环境的影响,目标进入其感知监测半径内是以一定的概率被发现的,这里设定概率 $k=0.8$。

(3) 水下无线传感器网络还包括一个自移动节点,主要作用是辅助主节点进行数据收集和重新部署传感器节点。

(4) 假设传感器节点的感知监测半径为 r,目标距离传感器节点为 d:当 $0.6r \leqslant d \leqslant r$ 时,该节点发现目标的概率 $k=0.6$;当 $d \leqslant 0.6r$ 时,$k=0.7$。

在试验中,忽略传感器节点之间、传感器与主节点之间的信息传输时延。

9.4.1 两层传感器节点的发现概率

基于上述仿真试验参数设定,首先开展水下部署两层传感器节点情况下的蒙特卡罗仿真试验。假设传感器节点感知监测半径 r =8km,此时每层部署的节点传感器为 8 个,不同传感器节点距离和不同目标运动速度下的试验结果如表 9-1~表 9-3 所列,相应的结果如图 9-4~图 9-6 所示。

表 9-1 两层节点目标速度 6kn 发现概率

间距/km	时间/h	发现概率	间距/km	时间/h	发现概率	间距/km	时间/h	发现概率
11	1	0.2677	12	1	0.2468	13	1	0.2224
	2	0.5961		2	0.5610		2	0.5139
	4	0.6964		4	0.6778		4	0.6542
	8	0.7745		8	0.7614		8	0.7448

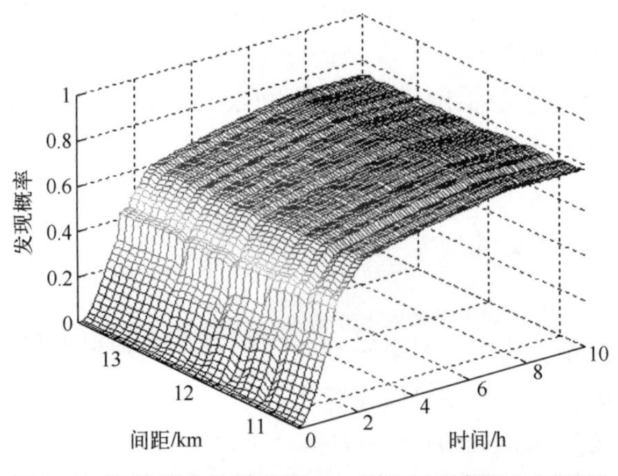

图 9-4 两层节点目标速度 6kn 的发现概率图(见彩插)

表 9-2 两层节点目标速度 8kn 的发现概率

间距/km	时间/h	发现概率	间距/km	时间/h	发现概率	间距/km	时间/h	发现概率
11	1	0.4136	12	1	0.3846	13	1	0.2390
	2	0.5848		2	0.5631		2	0.5365
	4	0.6513		4	0.6338		4	0.6122
	8	0.6956		8	0.6807		8	0.6625

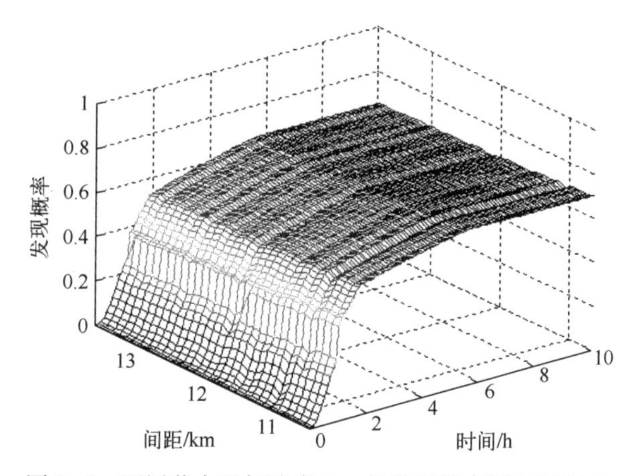

图 9-5 两层节点目标速度 8kn 的发现概率图(见彩插)

表 9-3 两层节点目标速度 10kn 的发现概率

间距/km	时间/h	发现概率	间距/km	时间/h	发现概率	间距/km	时间/h	发现概率
11	1	0.4228	12	1	0.3841	13	1	0.3479
	2	0.5444		2	0.5243		2	0.5001
	4	0.6174		4	0.6013		4	0.5818
	8	0.6320		8	0.6166		8	0.5980

在试验中,当传感器节点感知监测半径发生变化(r = 10km)时,则在相同的部署区域内需要的传感器节点数量将会减少,此时需要的传感器节点数量是 6 个,同时传感器节点间距也发生相应的变化。通过仿真试验,其结果如表 9-4 所列,相应的结果如图 9-7 所示。

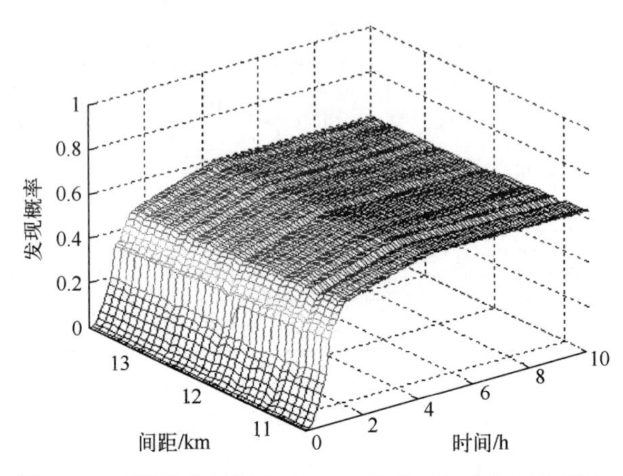

图 9-6　两层节点目标速度 10kn 的发现概率图(见彩插)

表 9-4　两层节点目标速度 6kn 且 $r=10$km 的发现概率

间距/km	时间/h	发现概率	间距/km	时间/h	发现概率	间距/km	时间/h	发现概率
14	1	0. 2104	15	1	0. 1816	16	1	0. 1554
	2	0. 4034		2	0. 3467		2	0. 3431
	4	0. 6827		4	0. 6493		4	0. 6425
	8	0. 7684		8	0. 7450		8	0. 7410

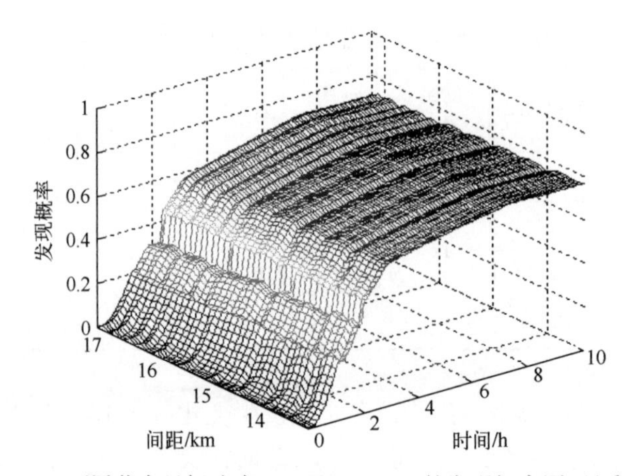

图 9-7　两层节点目标速度 6kn 且 $r=10$km 的发现概率图(见彩插)

9.4.2 单层传感器节点的发现概率

从水下无线传感器网络的感知监测效果分析模型上看，部署不同密度的传感器节点，目标发现的概率也应有所差异，因此这里开展在部署一层传感器下进行感知监测的目标发现效果仿真试验。传感器节点感知监测半径 $r=8\text{km}$ 时，此时传感器节点的数量为 8 个，不同传感器节点距离和不同目标运动速度下的试验结果如表 9-5~表 9-7 所示，相应的结果如图 9-8~图 9-10 所示。

表 9-5 一层节点目标速度 6kn 的发现概率

间距/km	时间/h	发现概率	间距/km	时间/h	发现概率	间距/km	时间/h	发现概率
11	1	0.3857	12	1	0.3769	13	1	0.3696
	2	0.5348		2	0.5281		2	0.5226
	4	0.6093		4	0.6045		4	0.6006
	8	0.7099		8	0.7072		8	0.7052

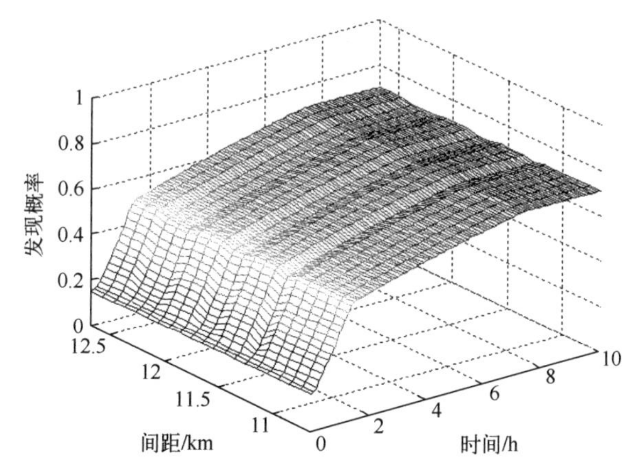

图 9-8 一层节点目标速度 6kn 的发现概率图(见彩插)

表 9-6 一层节点目标速度 8kn 的发现概率

间距/km	时间/h	发现概率	间距/km	时间/h	发现概率	间距/km	时间/h	发现概率
11	1	0.4156	12	1	0.4110	13	1	0.4060
	2	0.4859		2	0.4804		2	0.4761
	4	0.5682		4	0.5645		4	0.5617
	8	0.6231		8	0.6203		8	0.6185

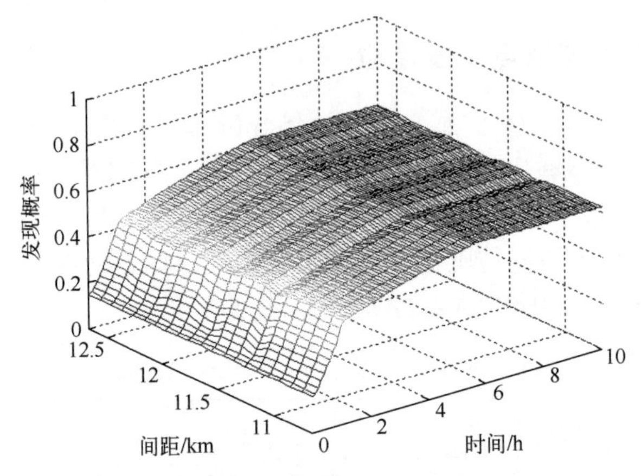

图 9-9　一层目标速度 8kn 的发现概率图(见彩插)

表 9-7　一层节点目标速度 10kn 的发现概率

间距/km	时间/h	发现概率	间距/km	时间/h	发现概率	间距/km	时间/h	发现概率
11	1	0.4026	12	1	0.3971	13	1	0.3929
	2	0.4525		2	0.4480		2	0.4447
	4	0.5402		4	0.5373		4	0.5354
	8	0.5577		8	0.5551		8	0.5534

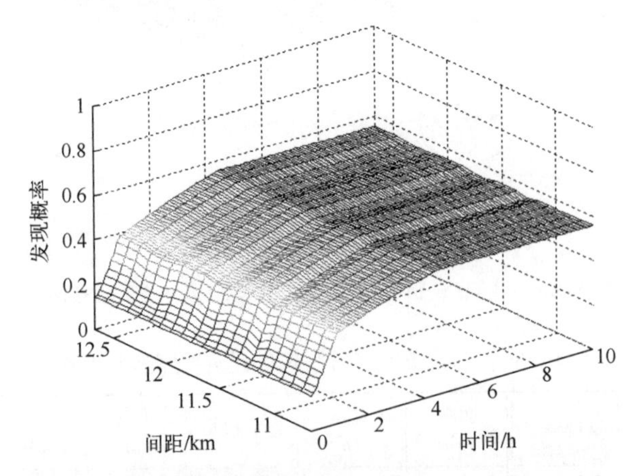

图 9-10　一层节点目标速度 10kn 的发现概率图(见彩插)

同样,设定传感器节点感知监测半径 $r=10\text{km}$,则在相同的部署区域内需要的传感器节点数量也是 6 个,传感器节点间距也发生相应的变化。在此情况下进行仿真试验,其结果如表 9-8 所列,相应的结果如图 9-11 所示。

表 9-8 一层节点目标速度 6kn 且 $r=10$km 的发现概率

间距/km	时间/h	发现概率	间距/km	时间/h	发现概率	间距/km	时间/h	发现概率
14	1	0.3542	15	1	0.3370	16	1	0.3284
	2	0.5652		2	0.5594		2	0.5542
	4	0.6386		4	0.6345		4	0.6310
	8	0.7362		8	0.7342		8	0.7326

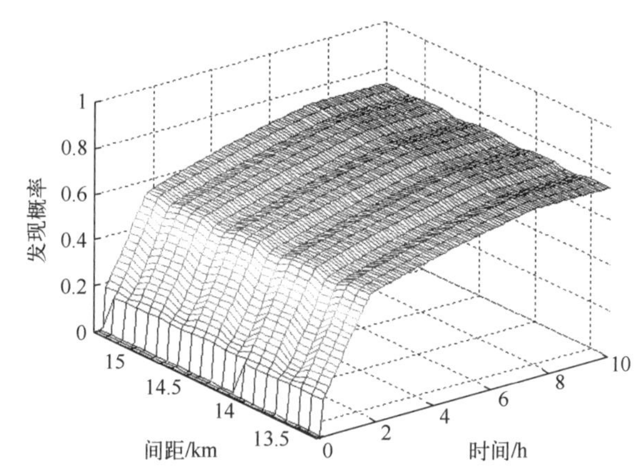

图 9-11 一层节点目标速度 6kn 且 $r=10$km 的发现概率图(见彩插)

9.4.3 试验结果及分析

综合上述两个方面的试验,采用水下无线传感器网络进行目标的探测和监视,关于目标发现效果上可以得到以下结论:

(1) 在目标进入感知监测区域时间和目标被发现的概率关系上,由于在仿真试验中认为传感器节点、主节点对目标的发现概率和时间成比例关系,因此,目标进入传感器网络部署区域的时间越长,发现概率就越大,随着进入时间的不断增加,发现概率达到一个稳定值。

(2) 在传感器节点间距与发现概率的关系上,两层传感器节点部署中,如果传感器节点的感知监测范围相互重叠,传感器节点间距的大小对目标发现概率的影响较小。表 9-4 中,传感器节点感知监测半径 $r=10$km,节点间距为 14km、15km 和 16km 时,仿真试验进行 2h 和 4h 的目标发现概率相差并不大。因此,为了扩大水下探测范围,可以将传感器节点部署间距适当扩大。在单层传感器节点部署中,当节点间距加大时,目标发现概率有所下降,但是下降幅度并不大,如表 9-8 所列,在仿真 4h,节点间距分别为 14km、15km 和 16km,相应的目标发现概率对应为

0.6386、0.6345 和 0.6310。

(3) 在传感器节点探测半径和目标发现概率关系上，在仿真试验中，由于设定在探测半径范围内发现概率是一个设定值，因此对水下无线传感器网络的发现概率并不会产生影响，而会对传感器节点的数量需求产生较大的影响。

(4) 在目标发现概率与目标速度关系上，如果目标通过的速度增加，目标被发现的概率会变小。在两层部署中，如在表 9-1～表 9-3 中目标速度分别为 6kn、8kn 和 10kn，传感器节点间距为 11km、仿真 4h，目标被发现的概率为 0.6964、0.6513 和 0.6174。在单层传感器节点中，如表 9-5～表 9-7 所列，同样的情况下，目标被发现的概率分别为 0.6093、0.5682 和 0.5402。从横向对比上看，单层传感器节点比两层传感器节点的目标发现概率下降得更多些。

第10章

基于声线的多节点协同目标定位跟踪

10.1 引 言

采用多个节点对水声目标进行协同感知，不仅要求发现目标，而且需要对目标进行持续的定位跟踪。就目前的技术状态，被动方式下单个节点难以对目标实施准确定位和持续跟踪，而水下无线传感器网络可以通过多个节点之间的协同，实现被动方式下对目标进行较为精确的定位和持续的跟踪。在海洋环境中，温度、盐度等随着深度的改变而改变，导致声音在海洋中并不是以直线传播的。海洋中声传播理论模型可被粗略地分为基于声线技术的模型和采用某种形式的数值积分求解波动方程的模型（如射线理论模型、抛物方程模型、多路径展开模型、简正波模型和快速场模型[277-278]）。应用传播模型解决实际问题时需要注意各模型的选择准则，即模型的可应用域问题，因为每种模型本身均存在固有的局限，均以一定假设为基础。对于距离较近的应用场景，射线理论模型是比较合适的[279]。由于水下无线传感器网络传感器节点之间的作用距离比水下固定警戒声纳或舰载声纳小，因此采用射线模型来分析多节点协同的目标定位更具合理性。

通过多个节点之间的协同，实现被动方式下对目标进行持续稳定跟踪，需要根据实际应用场景，基于合适的海洋声传播理论模型，建立有效的多节点水声目标定位跟踪方法。由于水下无线传感器网络传感器节点之间的作用距离比水下固定警戒声纳或舰载声纳小，因此，基于声线模型，建立非线性加权最小二乘的多节点信息融合的目标定位方法，通过仿真试验对该方法的误差进行了理论分析，并给出了多节点协同目标定位的误差结果。

10.2 声线模型

声音在水下介质中的传播速度并不是定值,而是随着水的深度、温度、盐度等因素的改变而改变的,声音也不是直线传播的,而是在声场环境中以一定曲率传播,这导致了声音传播距离和传播时间为非线性关系。在水下无线传感器网络中,考虑目标与传感器节点的距离不会太远,深度差距也不会太大,因此对于水下两个节点间的声波轨迹,其数学形式可以表示为 $C(z)=b+az$,其中,z 为深度,b 为水面的声速,a 为依赖于水下环境的常数。

相应的声线模型如图 10-1 所示。设海水介质中声速 $c=C(z)$,深度 z 处的声线掠射角为 α,该处截取足够小的声线微元 $\mathrm{d}s$,有图可知 $\mathrm{d}x=\mathrm{d}z/\tan\alpha$。如 α_0、c_0 是声线初始掠射角和该处声速,并定义 $n(z)=\dfrac{c_0}{c(z)}$,则应用斯涅尔(Snell)定律后可得轨迹方程的微分形式为:$\mathrm{d}x=\dfrac{\cos\alpha_0}{\sqrt{n^2-\cos^2\alpha_0}}\mathrm{d}z$。

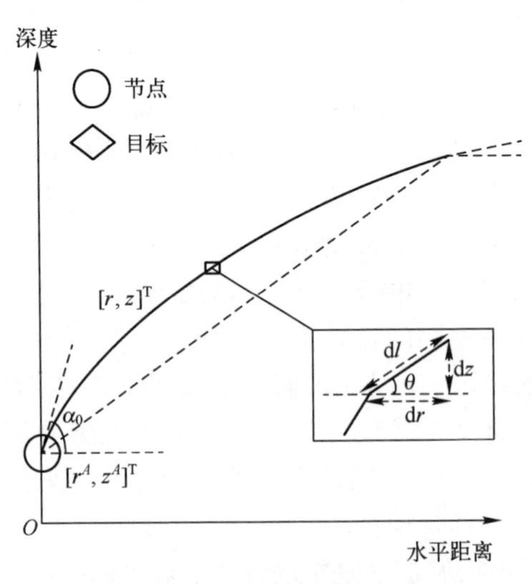

图 10-1　声线模型示意图

如果相对声速梯度 a 等于常数,此时声速 $c=c_0(1+az)$,则 $n(z)=1/(1+az)$,将其式代入可得:

$$x=\int_{z_0}^{z}\cos\alpha_0\frac{(1+az)}{\sqrt{1-(1+az)^2\cos^2\alpha_0}}\mathrm{d}z$$

考虑深度差距不大,可令 $z_0=0$,则有:

$$x=\frac{\tan\alpha_0}{a}-\frac{1}{a\cos\alpha_0}\sqrt{1-(1+az)^2\cos^2\alpha_0}$$

经过整理后得到:

$$\left(x-\frac{1}{a}\tan\alpha_0\right)^2+\left(z+\frac{1}{a}\right)^2=\left(\frac{1}{a\cos\alpha_0}\right)^2$$

这就是 a 为常数时的声线轨迹方程,明显此时声线轨迹满足圆方程,圆心坐标为 $x=\frac{\tan\alpha_0}{a}$,$z=-\frac{1}{a}$,曲率半径 $R=\left|\frac{1}{a\cos\alpha_0}\right|$。

一般情况下 $|a|=10^{-4}\sim10^{-6}$,这决定了声线曲率半径一般是很大的。在此强调,只在相对声速梯度 a 等于常数的情况下,声线轨迹才是圆弧的。

10.3　基于声线的非线性最小二乘多节点的目标定位

当目标进入水下无线传感器网络覆盖的区域时,目标被发现可以分为三种情况:在某一时刻被一个节点探测发现;在某一时刻被两个节点同时探测发现;在某一时刻被三个节点同时探测发现。这里主要研究两个及两个以上节点探测发现目标的基础上,通过不同节点的数据融合实现对目标的协同定位。

本节在水下无线传感器网络假设基础上,增加以下说明:水面船只在$(x_0,y_0,0)$以速度 V,方向角为 Φ_0 行驶,在深度为 z_1 的水下沿直线布置 n 个传感器节点,且坐标分别为(x_i,y_i,z_1),$i=1,2,3,\cdots,n$。在深度为 z_2 的水下有一水下多平台探测器坐标为(x_{n+1},y_{n+1},z_2)沿方向角为 Φ_1 以速度 W 行驶。有一目标在 z_1 和 z_2 之间的区域行驶,分别在 T_1、T_2、T_3 时刻被探测器 n_i 发现,获得的声线方位角信息为$(\alpha_1,\beta_1,\gamma_1,T_1)$、$(\alpha_2,\beta_2,\gamma_2,T_2)$、$(\alpha_3,\beta_3,\gamma_3,T_3)$。

10.3.1　两个节点同时发现目标

两个节点探测发现到目标如图 10-2 所示,其中节点 1、2 为相邻两传感器节点,β_1 和 β_2 分别为传感器节点 1、2 接收到的目标位置信息的声线与水平面的夹角。这两个节点通过数据融合实现定位示意如图 10-3 所示,其全景视图如图 10-4 所示。

通过以上分析,则两个传感器节点的目标定位公式如下:

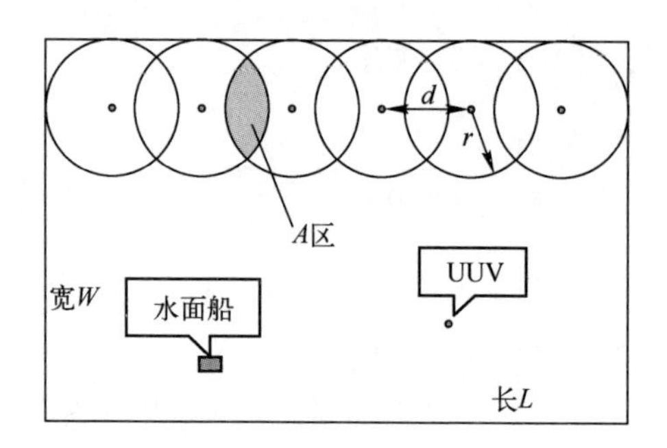

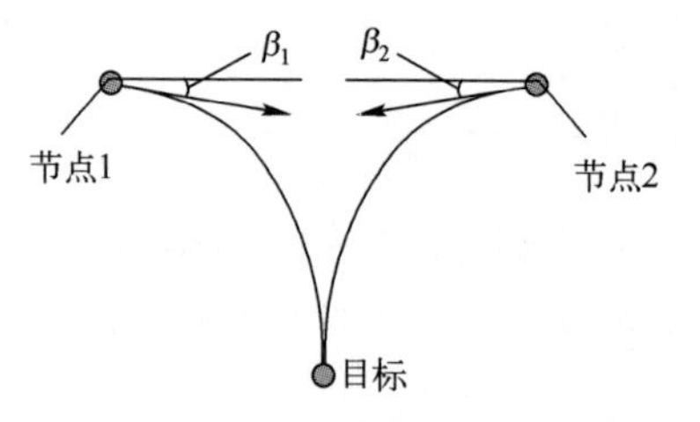

图 10-2　两个节点同时发现目标的示意图

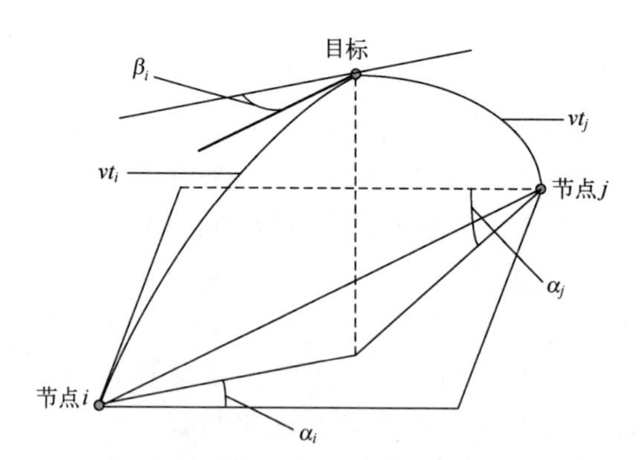

图 10-3　两个节点信息融合结构图

$$
\begin{cases}
(r_1-\tan\beta_1/a)^2+(z+1/a)-1/a^2\cos\beta_1=0 \\
(r_2-\tan\beta_2/a)^2+(z+1/a)-1/a^2\cos\beta_2=0 \\
|r_1\cos\alpha_1|+|r_2\cos\alpha_2|-L=0 \\
|r_1\sin\alpha_1|+|r_2\sin\alpha_2|=0 \\
\sqrt{r_2^2+z^2}-\sqrt{r_1^2+z^2}=v\Delta t_{12} \\
(x-x_1)\tan\alpha_1=y-y_1 \\
(x-x_2)\tan\alpha_2=y-y_2
\end{cases}
\tag{10-1}
$$

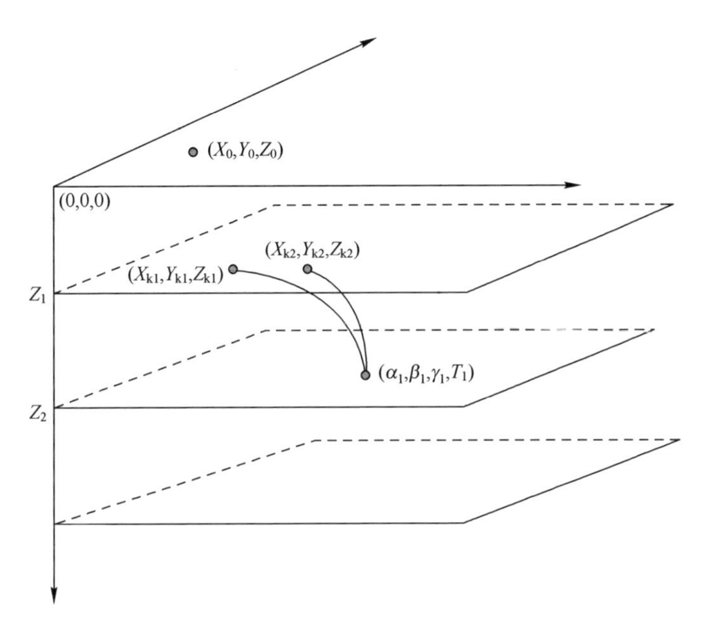

图 10-4 两个节点协同目标定位示意图

方程组为超定方程,由于误差的干扰,方程可能无解。而非线性最小二乘估计就是寻找方程组的最小二乘解,用来作为目标位置的估计。

首先建立最小二乘方程:

$$F(r_1,r_2,z)=\begin{cases}f_1(r_1,r_2,z)=(r_1-\tan\beta_1/a)^2+(z+1/a)-1/a^2\cos\beta_1\\f_2(r_1,r_2,z)=(r_2-\tan\beta_2/a)^2+(z+1/a)-1/a^2\cos\beta_2\\f_3(r_1,r_2,z)=|r_1\cos\alpha_1|+|r_2\cos\alpha_2|-L\\f_4(r_1,r_2,z)=|r_1\sin\alpha_1|+|r_2\sin\alpha_2|\\f_5(r_1,r_2,z)=\sqrt{r_2^2+z^2}-\sqrt{r_1^2+z^2}-v\Delta t_{12}\\f_6(r_1,r_2,z)=(x-x_1)\tan\alpha_1-y-y_1\\f_7(r_1,r_2,z)=(x-x_2)\tan\alpha_2-y-y_2\end{cases}\tag{10-2}$$

求解非线性方程组就化为求解极小值问题:

$$\min_{x_0,y_0}\left\{\sum f_i^2(x_0,y_0)/\omega_i^2\right\}\tag{10-3}$$

式中:ω_i 为最小二乘的权值。这种非线性最小二乘问题一般可采用无约束最优化方法进行求解。

10.3.2 三个节点探测发现目标

当目标进入水下无线传感器网络覆盖的区域,在某一时刻同时被三个探测器发现,其全景视图如图 10-5 所示。

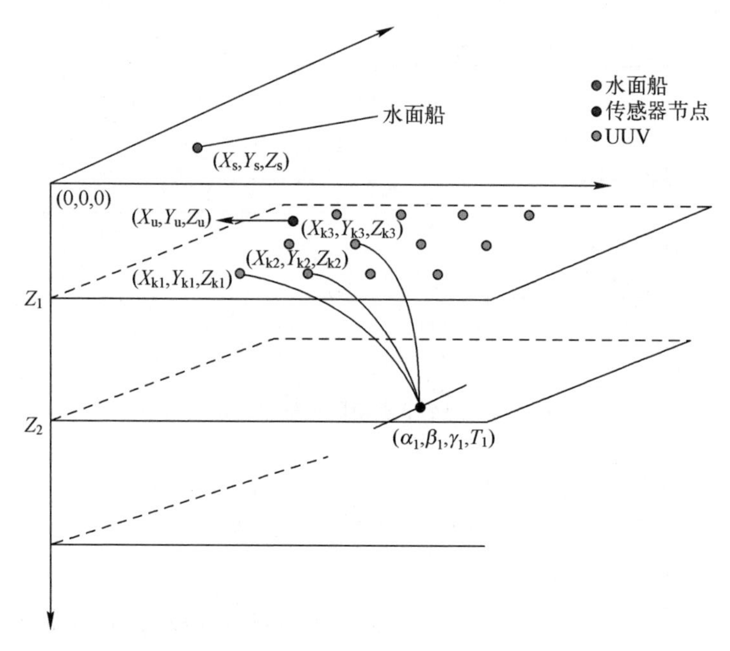

图 10-5　三个节点协同目标定位全景示意图(见彩插)

在此种情境下,将三条声线方程两两组合,分别利用两个传感器节点同时发现目标的数据融合,得到三个结果 X_1、X_2、X_3,同时得到三个误差协方差矩阵 $\boldsymbol{P}_1$、$\boldsymbol{P}_2$ 和 $\boldsymbol{P}_3$,最终结果为

$$\hat{X}=(\boldsymbol{P}_1^{-1}+\boldsymbol{P}_2^{-1}+\boldsymbol{P}_3^{-1})^{-1}(\boldsymbol{P}_1^{-1}X_1+\boldsymbol{P}_2^{-1}X_2+\boldsymbol{P}_3^{-1}X_3) \tag{10-4}$$

相应的方程和求解方法与两个节点同时发现目标的情况是一样的,这里不再详述。

从上述分析看,对目标位置估计的最小二乘方程转化为式(10-3),需要确定最小二乘的权值 ω_i,可采用粒子群优化算法进行求解。粒子群优化(PSO)算法是一种基于种群的随机优化技术,该算法模仿鸟群的觅食行为,群体中的每个成员通过学习其自身的经验及其他成员的经验来不断地改变其搜索方式。利用 PSO 算法对 ω_i 进行求解的步骤过程如下:

（1）随机初始化种群中各微粒的位置和速度。

（2）评价每个微粒的适应度，将当前各微粒的位置和适应值存储在各微粒的 pbest 中，将所有 pbest 中适应值最优个体的位置和适应值存储于 gbest 中。

（3）新粒子的更新速度为

$$v_{i,j}(t+1)=wv_{i,j}(t)+c_1r_1[p_{i,j}-x_{i,j}(t)]+c_2r_2[p_{g,j}-x_{i,j}(t)]$$

更新位移为

$$x_{i,j}(t+1)=x_{i,j}(t)+v_{i,j}(t+1)$$

式中：$j=1,2,\cdots,d$，通常取 c_1 和 c_2 为 2，但也有其他取值，一般 $c_1=c_2$，且范围为 0~4。

（4）更新权重

$$w=w_{\max}-\frac{t(w_{\max}-w_{\min})}{t_{\max}}$$

式中：$w_{\max}$、$w_{\min}$分别为 w 的最大值和最小值，通常取 $w_{\max}=0.9$，$w_{\min}=0.4$；t 为当前迭代步数；$t_{\max}$为最大迭代步数。

（5）对每个微粒，将其适应值与其经历过的最好位置做比较，如果较好，则将其作为当前的最好位置，比较当前所有的 pbest 和 gbest 的值，更新 gbest。

（6）若满足停止条件（通常为预设的运算精度或者迭代次数），搜索停止，输出结果，否则返回步骤（3）继续搜索。

通过上述方法，可以通过水下无线传感器网络不同节点协同对目标进行定位，有效提高水下目标定位的精度和速度。

10.4　试验结果及分析

针对水下无线传感器网络的多节点目标定位估计进行了仿真试验，假设水下无线传感器网络区域（实线长方形）长度为 10n mile、宽度为 5n mile，传感器节点探测半径为 5n mile，试验过程和仿真结果如图 10-6 所示。图中传感器节点与小方块连线的交汇点表示目标定位位置，小方块点的连线表示目标的运动轨迹。

在试验过程中对误差进行分析。为方便分析，假设目标在某一时刻同时被两个探测器检测到，两个探测器的坐标为（0，0，0）和（L，0，0），则有以下方程：

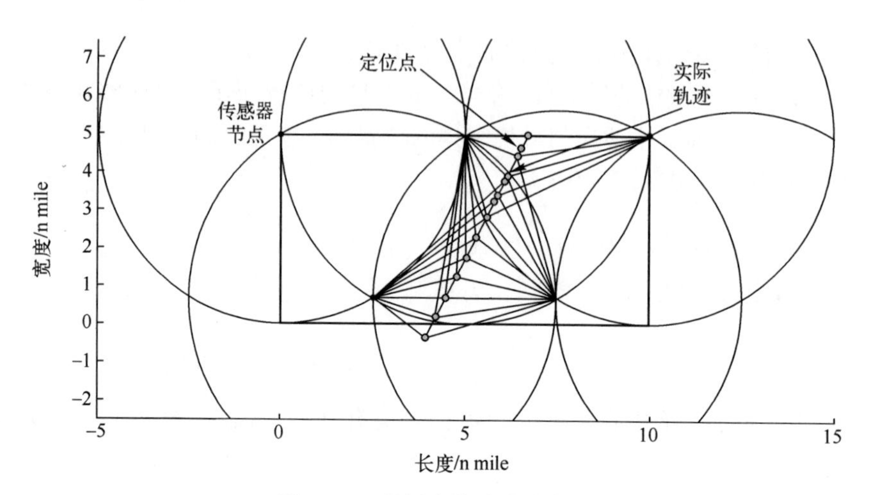

图 10-6　目标定位试验示意图

$$
\begin{cases}
(r_1-\tan\beta_1/a)^2+(z+1/a)-1/a^2\cos\beta_1=0\\
(r_2-\tan\beta_2/a)^2+(z+1/a)-1/a^2\cos\beta_2=0\\
|r_1\cos\alpha_1|+|r_2\cos\alpha_2|-L=0\\
|r_1\sin\alpha_1|+|r_2\sin\alpha_2|=0\\
\sqrt{r_2^2+z^2}-\sqrt{r_1^2+z^2}=v\Delta t_{12}\\
(x-x_1)\tan\alpha_1=y-y_1\\
(x-x_2)\tan\alpha_2=y-y_2
\end{cases}
\tag{10-5}
$$

同样地,构建方程组 $F(r_1,r_2,z)$,并对该方程做泰勒展开,可得到

$$F(X)=F(X_0)+A_0(X-X_0) \tag{10-6}$$

求解方程就可以转化为求解目标函数 $\min|F(X)|$,那么,对于某一时刻的量测值 X,有 $F(X)=0$,即

$$\boldsymbol{A}X=\boldsymbol{A}X_0-F(X_0)\Rightarrow X=\boldsymbol{A}^{-}[\boldsymbol{A}X_0-F(X_0)] \tag{10-7}$$

式中:$\boldsymbol{A}$ 为在 X 处的雅可比矩阵。因为 $\boldsymbol{A}$ 并不是一个方阵,这里的 $\boldsymbol{A}^{-}$是 $\boldsymbol{A}$ 的广义逆。

$\boldsymbol{A}$ 及 $\boldsymbol{A}^{-}$是含有 α_1、α_2、β_1、β_2 的矩阵。由此就可以得到 X 与角度误差之间的关系,即 $X=\boldsymbol{A}^{-}[\boldsymbol{A}X_0-F(X_0)]$,有 $\Delta X=-\boldsymbol{A}^{-}F(X_0)$。

因此,目标轨迹基线长度取 6n mile、探测半径取 56n mile 时,测量精度为±1°。同时采用纯几何关系进行协同定位的计算。理论上的两种方法的最大误差分布如图 10-7 所示。

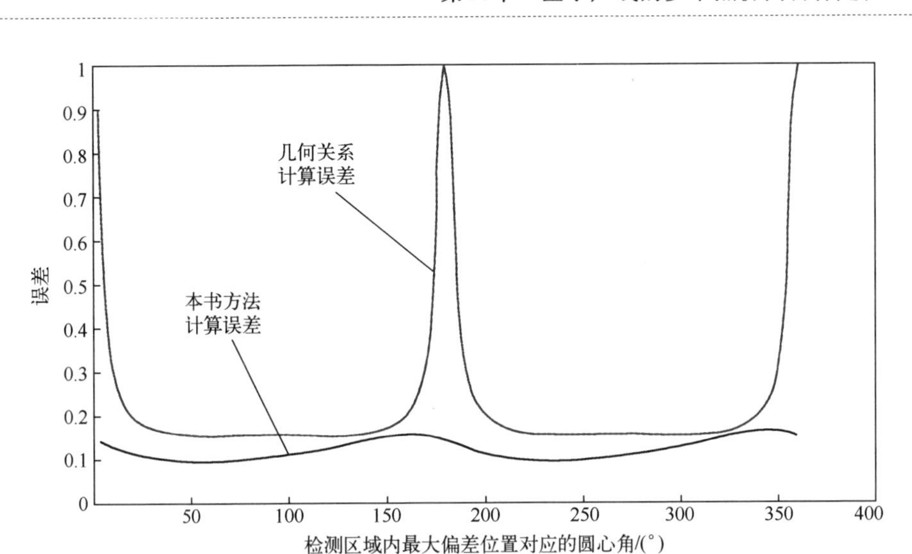

图 10-7　两种定位的误差对比图

从图 10-7 可以看出,通过基于声线的非线性最小二乘多节点目标定位的计算结果不仅误差小,误差跳变性也不大;而通过几何关系进行目标定位,误差普遍更大,同时误差的跳变性也比较大。

参考文献

[1] 卢迎春,桑恩方．基于主动声纳的水下目标特征提取技术综述[J]．哈尔滨工程大学学报,1997,18(6):43-54.

[2] 曾庆军,王菲,黄国建．基于连续谱特征提取的被动声纳目标识别技术[J]．上海交通大学学报,2002,36(3):382-386.

[3] 王本刚,董大群,谢松云．基于功率谱估计的舰船噪声特征提取及声场通过特性仿真[J]．系统仿真学报,2002,14(1):25-26.

[4] 蔡昊鹏,马骋,陈科,等．确定螺旋桨侧斜分布的一种数值优化方法[J]．船舶力学,2014,18(7):771-777.

[5] 刘朝晖．水下声信号处理技术[M]．北京:国防工业出版社,2010.

[6] 刘佳．单通道盲源分离及其在水声信号处理中的应用研究 [D]．哈尔滨:哈尔滨工程大学,2011.

[7] MALLAT S G. A wavelet tour of signal processing: the sparse Way[M]. Academicpress,2009.

[8] 王雄．基于稀疏傅里叶变换的水声快速解调算法研究 [D]．北京:北京理工大学,2015.

[9] KIM J,SHIM B,AHN J-K,et al. Detection of low frequency tonal signal of underwater radiated noise via compressive sensing[J]. Journal of the Acoustical Society of Korea,2018,37(1):39-45.

[10] HE C,YANG K,MA Y,et al. A Direct Approach to Separate Forward-Scattered Waves from the Direct Blast in Doppler Domain for Forward-Scattering Detection [J]. Journal of Theoretical and Computational Acoustics,2018,26(01):1750036.

[11] ZHAO X-H,TAO R,DENG B,et al. New methods for fast computation of fractional Fourier transform[J]. Dianzi Xuebao(Acta Electronica Sinica),2007,35(6):1089-1093.

[12] 李秀坤,郭雪松,徐天杨,等．基于小波变换的水下目标弹性散射提取方法研究[C]．中国声学学会水声学分会 2015 年学术会议论文集,2015.

[13] 李如玮,鲍长春,窦慧晶．基于小波变换的语音增强算法综述[J]．数据采集与处理,2009,24(3):362-368.

[14] 辛光红,杨波．基于声纳图像处理的船用水下目标识别技术研究[J]．舰船科学技术,2018,41(2A):115-117.

[15] 许则富,张绍阳．主动自导水下航行器的高分辨宽带信号检测技术[J]．舰船电子工程,2018,38(1):44-47.

[16] 许传．基于小波变换/分数阶傅里叶变换的声自导方法研究 [D]．北京:中国舰船研究院,2017.

[17] 方晶,冯顺山,冯源．水面航行体对舰船目标的图像检测方法[J]．北京理工大学学报,2017,12(5):1235-1240.

[18] AZIMI-SADJADI M R,YAO D,HUANG Q,et al. Underwater target classification using wavelet packets and neural networks[J]. IEEE Transactions on Neural Networks,2000,11(3):784-794.

[19] LIU M, LI X, GUO X. Approach of elastic scattering extraction of underwater target based on wavelet transform and morphological method[C]. proceedings of the Ocean Acoustics,2016.

[20] ZHAO H,TONG Y,HOU W. Research on underwater target detection based on wavelet transform[C] proceedings of the International Conference on Manufacturing Science and Information Engineering(ICMSIE 2017),2017.

[21] WU Z L,LI J,GUAN Z Y. Feature extraction of underwater target ultrasonic echo based on wavelet transform [J]. Applied Mechanics & Materials,2014,599-601:1517-1522.

[22] SHI M,XI X U,YUE J P. Underwater target recognition based on wavelet transform and probabilistic neural network[J]. Ship Science & Technology,2012,34(1):85-87.

[23] 李秀坤,谢磊,秦宇. 应用希尔伯特黄变换的水下目标特征提取[J]. 哈尔滨工程大学学报,2009,30(5):542-546.

[24] 袁家雯,刘文波,杨孟交,等. 基于希尔伯特黄变换的雷达 HRRP 目标识别[J]. 电子测量技术,2018,41(14):78-82.

[25] 张冰瑞,雷志勇,周海峰,等. 基于 HHT 的高频雷达机动目标参数估计[J]. 系统工程与电子技术,2018,40(3):546-551.

[26] LI X,XIE L,QIN Y. Underwater target feature extraction using Hilbert-Huang transform[J]. Journal of Harbin Engineering University,2009,30(5):542-546.

[27] LIU J C,CHENG Y T,HUNG H S. Joint Bearing and Range Estimation of Multiple Objects from Time-Frequency Analysis[J]. Sensors,2018,18(1):291-305.

[28] TUCKER S,BROWN G J,Investigating the perception of the size,shape and material of damped and free vibrating plates[R]. University of Sheffield,Department of Computer Science Technical Report CS-02-10,2002.

[29] 陈文青. 线性预测编码和支持向量机在目标识别中的应用[J]. 舰船科学技术,2016(2):172-174.

[30] 康春玉,章新华. 基于 LPC 谱和支持向量机的船舶辐射噪声识别[J]. 计算机工程与应用,2007,43(12):215-217.

[31] 刘丽,匡纲要. 图像纹理特征提取方法综述[J]. 中国图像图形学报,2009,14(4):622-635.

[32] 郭丽华,刘超华,丁士圻. 水下目标特征提取方法比较研究[J]. 吉林大学学报(信息科学版),2008,26(4):359-363.

[33] 郭丽华,王大成,丁士圻. 水下目标特征提取方法研究[J]. 声学技术,2005,24(3):148-151.

[34] 李秀坤,杨士莪. 水下目标特征提取方法研究[J]. 哈尔滨工程大学学报,2001,22(1):25-29.

[35] LEE J H,PARK C S,SHIN Y H. Destructive frequency of oblate spheroidal air-balloon for suppression of propeller cavitation induced hull excitation[J]. The Journal of the Acoustical Society of America,2018,144(1):186-197.

[36] 杜晓旭,张正栋. 串列螺旋桨空化特性数值分析[J]. 西北工业大学学报,2018,36(3):509-515.

[37] 曹红丽. 舰船辐射噪声的改进波形结构特征提取和分类[C]. 中国声学学会水声学分会全国水声学学术会议,2011.

[38] 李秀坤,李婷婷,夏峙. 水下目标特性特征提取及其融合[J]. 哈尔滨工程大学学报,2010,31(7):903-908.

[39] 徐新洲,罗昕炜,方世良,等. 基于听觉感知机理的水下目标识别研究进展[J]. 声学技术,2013,32(2):151-158.

[40] TEOLIS A,SHAMMA S,Classification of the transient signals via auditory representations [R]. Syst. Res. Center,University of Maryland,College Park,Tech. Rep. TR91-99,1991.

[41] TUCKER S,BROWN G J. Modelling the Auditory Perception of Size,Shape and Material: Applications to the

Classification of Transient Sonar Sounds [C] . proceedings of the Audio Engineering Society Convention,2003.

[42] TUCKER S. An ecological approach to the classification of transient underwater acoustic events : perceptual experiments and auditory models[J]. University of Sheffield,2003,1345-1351.

[43] TUCKER S,BROWN G J. Classification of transient sonar sounds using perceptually motivated features[J]. IEEE Journal of Oceanic Engineering,2006,30(3): 588-600.

[44] TUCKER S,BROWN G J. Timbral segregation of sonar transients using auditory processing techniques[C]. proceedings of the Underwater Defence Technology Europe,La Spezia,Italy,2011.

[45] CHEN K A. Subjective evaluation experiments of timbre attribute based acoustic target identification[J]. Chinese Science Bulletin,2010,55(8): 7330-7338.

[46] HUBEL D H,WIESEL T N. Receptive fields,binocular interaction and functional architecture in the cat's visual cortex[J]. Journal of Physiology,1962,160(1): 106-154.

[47] LEE H,GNOSSE R,RANGANATH R,et al. Convolutional deep belief networks for scalable unsupervised learning of hierarchical representations[C]. Proceedings of the Proceedings of the 26th Annual International Conference on Machine Learning,2009.

[48] HINTON G E,OSINDERO S,TEH Y W. A fast learning algorithm for deep belief nets[J]. Neural Computation,2006,18(7): 1527-1554.

[49] KRIZHEVSKY A,SUTSKEVER I,HINTON G E. ImageNet classification with deep convolutional neural networks[C]. proceedings of the International Conference on Neural Information Processing Systems,2012.

[50] DENG J,DONG W,SOCHER R,et al. ImageNet: A large-scale hierarchical image database[C] Proceedings of the Computer Vision and Pattern Recognition,2009 CVPR 2009 IEEE Conference on,2009.

[51] GIRSHICK R,DONAHUE J,DARRELL T,et al. Rich feature hierarchies for accurate object detection and semantic segmentation [C] Proceedings of the IEEE Conference on Computer Vision and Pattern Recognition,2014.

[52] SHELHAMER E,LONG J,DARRELL T. Fully Convolutional networks for semantic segmentation[J]. IEEE Transactions on Pattern Analysis & Machine Intelligence,2017,39(4): 640-651.

[53] SIMONYAN K,ZISSERMAN A. Very deep convolutional networks for large-scale image recognition[J]. Computing Research Repository(CoRR),abs/14091556,2015.

[54] AADITHYA K V,RAVINDRAN B,MICHALAK T P,et al. Centrality in social networks conceptual clarification[J]. Social Networks,2010,1(3): 215-239.

[55] LAWRENCE S,GILES C L,TSOI A C,et al. Face recognition: a convolutional neural-network approach[J]. IEEE Transactions on Neural Networks,1997,8(1): 98-113.

[56] SZEGEDY C,LIU W,JIA Y,et al. Going deeper with convolutions[C]. Proceedings of the IEEE Conference on Computer Vision and Pattern Recognition,2015.

[57] HE K,ZHANG X,REN S,et al. Deep residual learning for image recognition[C]. 2016 IEEE Conferedce on Computer vision and pattem Recogvition(CVRR). IEEE,2016.

[58] DONAHUE J,HENDRICKS L A,ROHRBACH M,et al. Long-term recurrent convolutional networks for visual recognition and description[J]. IEEE Transactions on Pattern Analysis & Machine Intelligence,2014,39(4): 677-691.

[59] VINYALS O,TOSHEV A,BENGIO S,et al. Show and tell: A neural image caption generator[C]. Proceedings of the IEEE Conference on Computer Vision and Pattern Recognition,2015.

[60] MALINOWSKI M, ROHRBACH M, FRITZ M. Ask your neurons: a neural-based approach to answering questions about images[C]. Proceedings of the ICCV, 2015.

[61] AGRAWAL A, LU J, ANTOL S, et al. VQA: visual question answering[J]. International Journal of Computer Vision, 2017, 123(1): 4-31.

[62] ZEILER M D, FERGUS R. Visualizing and understanding convolutional networks[C] Proceedings of the European Conference on Computer Vision, Springer, Cham, 2014.

[63] VAPNIK V. The nature of statistical learning theory[M]. Springer Science & Business Media, 2013.

[64] VAPNIK V N. 统计学习理论的本质[M]. 北京:清华大学出版社, 2000.

[65] FRIEDMAN J, HASTIE T, TIBSHIRANI R. The Elements of Statistical Learning[M]. USA: Springer, 2001.

[66] 袁见,李国辉,徐新文. 一种基于组合核函数支持向量机的水下目标小波特征提取与识别方法[J]. 小型微型计算机系统, 2007, 28(10): 1891-1897.

[67] 徐锋,邹早建,宋鑫. 基于支持向量机的水下机器人操纵运动参数辨识[J]. 船舶力学, 2011, 15(9): 981-987.

[68] 徐锋,邹早建,宋鑫. 基于支持向量机的水下运载器平面操纵运动建模[J]. 上海交通大学学报, 2012, 46(3): 358-362.

[69] 张为民,钟碧良. 基于最小二乘支持向量机的船舶水下焊接质量在线监测[J]. 中国造船, 2009, 50(1): 117-121.

[70] 李秀坤,孟祥夏. 水下目标回波和混响在听觉感知特征空间的分类[J]. 哈尔滨工程大学学报, 2015(9): 1183-1187.

[71] 申昇,杨宏晖,王芸,等. 联合互信息水下目标特征选择算法[J]. 西北工业大学学报, 2015, (4): 639-643.

[72] LI H, CHENG Y, DAI W, et al. A method based on wavelet packets-fractal and SVM for underwater acoustic signals recognition[C]. Proceedings of the International Conference on Signal Processing, 2015.

[73] XU F, ZOU Z J, YIN J C, et al. Identification modeling of underwater vehicles' nonlinear dynamics based on support vector machines[J]. Ocean Engineering, 2013, 67(1): 68-76.

[74] FISCHELL E M, SCHMIDT H. Supervised machine learning for real time classification of underwater targets from sampled scattered acoustic fields[J]. Journal of the Acoustical Society of America, 2011, 130(130): 2384-2384.

[75] MENG Q, YANG S, PIAO S. The classification of underwater acoustic target signals based on wave structure and support vector machine[J]. Journal of the Acoustical Society of America, 2014, 136(4): 2255-2265.

[76] 杨超,郭佳,张铭钧. 基于 RBF 神经网络的作业型 AUV 自适应终端滑模控制方法及实验研究[J]. 机器人, 2018, 40(3): 336-345.

[77] 唐旭东,朱炜,庞永杰,等. 水下机器人光视觉目标识别系统[J]. 机器人, 2009, 31(2): 171-178.

[78] SHEN Z, FENG L. Applying improved BP neural network in underwater targets recognition[C]. Proceedings of the IEEE International Joint Conference on Neural Network Proceedings, 2006.

[79] KANG C, ZHANG X, ZHANG A, et al. Underwater acoustic targets classification using welch spectrum estimation and neural networks[C]. Proceedings of the International Symposium on Neural Networks, 2004.

[80] YUAN J, ZHANG M M, SUN J C. Underwater targets recognition based on PCA and BP neural network[J]. Journal of Naval University of Engineering, 2005, 17(1): 101-104.

[81] 王念滨,何鸣,王红滨,等. 基于卷积神经网络的水下目标特征提取方法[J]. 系统工程与电子技术, 2018, 40(6): 1197-1203.

[82] 张伟,滕延斌,魏世琳,等. 欠驱动 UUV 自适应 RBF 神经网络反步跟踪控制[J]. 哈尔滨工程大学学报,2018,39(1):93-99.

[83] LEE S. Deep learning of submerged body images from 2D sonar sensor based on convolutional neural network [C]. Proceedings of the 2017 IEEE Underwater Technology (UT),2017.

[84] SUN X,LIU L,DONG J. Underwater image enhancement with encoding-decoding deep CNN networks[C]. Proceedings of the 2017 IEEE SmartWorld,Ubiquitous Intelligence & Computing,Advanced & Trusted Computed,Scalable Computing &Communications,Cloud & Big Data Computing,Internet of People and Smart City Innovation (SmartWorld/SCALCOM/UIC/ATC/CBDCom/IOP/SCI),2017.

[85] WANG Y,ZHANG J,CAO Y,et al. A deep CNN method for underwater image enhancement[C]. Proceedings of the 2017 IEEE International Conference on Image Processing (ICIP),2017.

[86] MEDINA E,PETRAGLIA M R,GOMES J G R C,et al. Comparison of CNN and MLP classifiers for algae detection in underwater pipelines[C]. Proceedings of the 2017 Seventh International Conference on Image Processing Theory,Tools and Applications (IPTA),2017.

[87] 彭玉青,赵翠翠,高晴晴. 基于 RBF 神经网络的集成增量学习算法[J]. 计算机应用与软件,2016,33(6):246-250.

[88] TAN A H. Adaptive resonance associative map[M]. Elsevier Science Ltd.,1995.

[89] KASABOV N. Evolving fuzzy neural networks for supervised/unsupervised online knowledge-based learning [J]. IEEE Transactions on Systems Man & Cybernetics Part B Cybernetics A Publication of the IEEE Systems Man & Cybernetics Society,2001,31(6):902-918.

[90] POLIKAR R,UPDA L,UPDA S S,et al. Learn++: an incremental learning algorithm for supervised neural networks[J]. IEEE Transactions on Systems Man & Cybernetics Part C,2001,31(4):497-508.

[91] MINKU F L,INOUE H,YAO X. Negative correlation in incremental learning[M]. Netherlands: Kluwer Academic Publishers,2009.

[92] SYED N A,LIU H,SUNG K K. Handling concept drifts in incremental learning with support vector machines [C]. Proceedings of the Acm Sigkdd International Conference on Knowledge Discovery & Data Mining,1999.

[93] XIAO T,ZHANG J,YANG K,et al. Error-driven incremental learning in deep convolutional neural network for large - scale image classification [C]. Proceedings of the Acm International Conference on Multimedia,2014.

[94] HE H,CHEN S,LI K,et al. Incremental learning from stream data[J]. IEEE Transactions on Neural Networks,2011,22(12):1901-1914.

[95] PURTON L,KOUROUSIS K I,CLOTHIER R,et al. Mutual recognition of national military airworthiness authorities: a streamlined assessment process[J]. International Journal of Aeronautical & Space Sciences,2014,15(1):54-62.

[96] XIAO H G,ZHONG C C,LIAO K J. Recognition of military vehicles by using acoustic and seismic signals[J]. Systems Engineering-Theory & Practice,2006,26(4):108-113.

[97] ARAGHI L F,KHALOOZADE H,ARVAN M R. Ship identification using probabilistic neural networks (PNN)[M]. International Multi Conference of Engineers & Computer Scientists. 2009.

[98] GUOQING W,JING L,CHEN Y,et al. Ship radiated-noise recognition(I) the overall framework,analysis and extraction of line-spectrum[J]. Acta Acustica,1998,23(05):394-400.

[99] WU G,LI J,CHEN Y. Ship radiated-noise recognition(Ⅱ)-stability and uniqueness of line spectrum[J].

Acta Acustica,1999,24(1):6-10.

[100] GULIN O,YANG D. On the certain semi-analytical models of low-frequency acoustic fields in terms of scalar-vector description[J]. Chinese Journal of Acoustics,2004,25(1):58-70.

[101] LI S,YANG D. DEMON feature extraction of acoustic vector signal based on 3/2-D spectrum[C]. proceedings of the Industrial Electronics and Applications,2007 Iciea 2007 IEEE Conference on,2007.

[102] SHU X,HAN S P. Improvement of DOA estimation using wavelet denoising[M]. IEEE,2009.

[103] 叶阳,杨凯弘,姜楠. 用子波分析修正检测壁湍流猝发的 VITA 法[J]. 实验力学,2017,32(2):202-208.

[104] XIE H S,ZOU K,YANG C Y,et al. Sea clutter covariance matrix estimation and its impact on signal detection performance[J]. Systems Engineering & Electronics,2011,33(10):2174-2178.

[105] 王森,王余,王易川,等. 水下高速目标声谱图特征提取及分类设计[J]. 电子与信息学报,2017,39(11):2684-2689.

[106] WANG F. Research on technique of passive sonar target recognition based on data fusion[J]. China Water Transport,2007,5(4):123-125.

[107] WANG J,ZUO Y,HUANG Y,et al. Arc sound recogniting penetration state using LPCC features[M]. Springer Berlin Heidelberg,2011.

[108] HE K,ZHANG X,REN S,et al. Delving deep into rectifiers: surpassing human-level performance on imageNet classification[C]. Proceedings of the Proceedings of the IEEE conference on computer vision and pattern recognition,2016.

[109] OUYANG W,Wang X,Zeng X,et al. DeepID-net: deformable deep convolutional neural networks for object detection[C]. proceedings of the Computer Vision and Pattern Recognition,2015.

[110] SALEHINEJAD H,VALAEE S,DOWDELL T,et al. Image augmentation using radial transform for training deep neural networks[M]. ArXiv e-prints. 2018.

[111] KOLá M,HRADI M, ZEMíK P. Deep learning on small datasets using online image search [C]. Proceedings of the The Spring Conference,2016.

[112] CHEN G,LIU T,TANG Y,et al. A regularization approach for instance-based superset label learning[J]. IEEE Transactions on Cybernetics,2017,48(3):967-978.

[113] SRIVASTAVA N,HINTON G,KRIZHEVSKY A,et al. Dropout: a simple way to prevent neural networks from overfitting[J]. Journal of Machine Learning Research,2014,15(1):1929-1958.

[114] ERHAN D,BENGIO Y,COURVILLE A,et al. Why does unsupervised pre-training help deep learning[J]. Journal of Machine Learning Research,2010,11(3):625-660.

[115] PAINE T L,KHORRAMI P,HAN W,et al. An analysis of unsupervised pre-training in light of recent advances[M]. ArXiv e-prints. 2014.

[116] GOODFELLOW I J,POUGET-ABADIE J,MIRZA M,et al. Generative adversarial nets[C]. Proceedings of the International Conference on Neural Information Processing Systems,2014.

[117] LEDIG C,THEIS L,HUSZáR F,et al. Photo-realistic single image super-resolution using a generative adversarial network [C]. Proceedings of the IEEE Conference on Computer Vision and Pattern Recognition,2017.

[118] AZAD R,AHMADZADEH E,AZAD B. Real-time human face detection in noisy images based on skin color fusion model and eye detection[J]. International Journal of Intelligent Systems,2015,309(1):435-447.

[119] SHRIVASTAVA A,PFISTER T,TUZEL O,et al. Learning from simulated and unsupervised images through

adversarial training[C]. Proceedings of the 2017 IEEE Conference on Computer Vision and Pattern Recognition (CVPR)(2017),2017.

[120] LI J, MONROE W, SHI T, et al. Adversarial learning for neural dialogue generation[M]. ArXiv e-prints. 2017.

[121] ZHANG Y, GAN Z, FAN K, et al. Adversarial feature matching for text generation[M]. Arxiv e-print. 2017.

[122] YU L,ZHANG W,WANG J,et al. SeqGAN: sequence generative adversarial nets with policy gradient[M]. ArXiv e-prints. 2016.

[123] REED S,AKATA Z,LEE H,et al. Learning deep representations of fine-grained visual descriptions[C]. Proceedings of the IEEE Conference on Computer Vision & Pattern Recognition,2016.

[124] KIM C,STERN R M. Power-normalized cepstral coefficients(PNCC) for robust speech recognition[J]. IEEE/ACM Transactions on Audio,Speech and Language Processing (TASLP),2016,24(7): 1315-1329.

[125] NG A, NGIAM J, FOO C Y, et al. UFLDL Tutorial[EB/OL]. 2013[10 April 2013]. http://ufldl. stanford. edu/wiki/index. php/UFLDL_Tutorial.

[126] 杨西林,王炳和. 水下运动目标谱特征提取与增强技术综述[J]. 水声及物理声学,2007,26(4): 69-72.

[127] ZHANG H L,YE X C,ZHAO Q,et al. Astronomical data indexing technologies review[J]. SCIENTIA SINICA Physica,Mechanica & Astronomica,2017,47(5): 059505.

[128] 宋振宇,丁勇鹏,赵秀丽,等. 基于 LOFAR 谱图的水下目标识别方法[J]. 海军航空工程学院学报,2011,26(3): 283-286.

[129] LIU J,HE Y,LIU Z,et al. Underwater target recognition based on line spectrum and support vector machine[C]. Proceedings of the International Conference on Mechatronics, Control and Electronic Engineering, 2014.

[130] ZHONG Z,LI J,CUI W,et al. Fully convolutional networks for building and road extraction: Preliminary results[C]. Proceedings of the Geoscience and Remote Sensing Symposium,2016.

[131] OLSHAUSEN,BRUNO A, DAVID J. How close are we to understanding V1[J]. Neural Computation, 2005,17(8): 1665-1699.

[132] 陈燕. 神经元的突触可塑性与学习和记忆[J]. 生物化学与生物物理进展,2008,35(6): 610-619.

[133] 郎泽宇. 基于卷积神经网络的水下目标特征提取方法研究[D]. 哈尔滨:哈尔滨工程大学,2017.

[134] 李金才,马自辉,彭宇行,等. 基于图像熵的各向异性扩散相干斑噪声抑制[J]. 物理学报,2013,62(9): 574-583.

[135] 李子高,李淑秋,闻疏琳. 基于无人平台的水下目标自动检测方法[J]. 哈尔滨工程大学学报,2017,38(1): 103-108.

[136] FARGUES M P,BENNETT R. Comparing wavelet transforms and AR modeling as feature extraction tools for underwater signal classification[C]. Proceedings of the Signals, Systems and Computers, 1995 Conference Record of the Twenty-Ninth Asilomar Conference on,1995.

[137] IOANA C,QUINQUIS A,STEPHAN Y. Feature extraction from underwater signals using time-frequency warping operators[J]. IEEE Journal of Oceanic Engineering,2006,31(3): 628-645.

[138] CAO X,ZHANG X,YU Y,et al. Deep learning-based recognition of underwater target[C]. Proceedings of the IEEE International Conference on Digital Signal Processing,2017.

[139] WANG W,LI S,YANG J,et al. Feature extraction of underwater target in auditory sensation area based on

MFCC[C]. Proceedings of the Ocean Acoustics,2016.
[140] 朱世才．目标通过特性的 LOFAR 及 DEMON 分析 [D]. 哈尔滨:哈尔滨工程大学,2011.
[141] 王念滨,何鸣,王红滨,等．适用于水下目标识别的快速降维卷积模型[J]. 哈尔滨工程大学学报,2019,40(7):894-900.
[142] HU D. An introductory survey on attention mechanisms in NLP problems[C]. Intelligent Systems and Applications. Intellisys 2019. Advances in Intelligent Systems and Computing,Vol 1038. Springer,Cham.
[143] VINYALS O,TOSHEV A,BENGIO S,et al. Show and tell: a neural image caption generator[C]. Proceedings of the IEEE Conference on Computer Vision & Pattern Recognition,2015.
[144] BENGIO Y, LECUN Y. Convolutional networks for images, speech, and time-series[M]. US: MIT Press,1998.
[145] COHEN N,SHARIR O,SHASHUA A. On the expressive power of deep learning: a tensor analysis[C]. proceedings of the Conference on Learning Theory,2016.
[146] MASCI J,MEIER U. Stacked convolutional auto-encoders for hierarchical feature extraction[C]. Proceedings of the International Conference on Artificial Neural Networks,2011.
[147] HE K, ZHANG X, REN S, et al. Spatial pyramid pooling in deep convolutional networks for visual recognition[J]. IEEE Transactions on Pattern Analysis & Machine Intelligence,2014,37(9):1904-1916.
[148] MNIH V,HEESS N,GRAVES A,et al. Recurrent models of visual attention[J]. Advances in Neural Information Processing Systems 2014,3(4):2204-2212.
[149] LIN M,CHEN Q,YAN S. Network in network[C]. proceedings of the 2nd International Conference on Learning Representations,(ICLR 2014),Banff,Canada,2014.
[150] BARDDAL J P,BARDDAL J P,BIFET A. A survey on ensemble learning for data stream classification[J]. Acm Computing Surveys,2017,50(2):1-36.
[151] 孙博,王建东,陈海燕,等．集成学习中的多样性度量[J]. 控制与决策,2014(3):385-395.
[152] 付忠良．通用集成学习算法的构造[J]. 计算机研究与发展,2013,50(4):861-872.
[153] LIU J J,WEI-DONG H U,WEN-XIAN Y U. A survey of research work on incremental learning based on feedforward neural networks[J]. Computer & Modernization,2009,1(7):1-4,43.
[154] QIANG X,CHENG G,ZHEN L. A survey of some classic self-organizing maps with incremental learning [C]. Proceedings of the International Conference on Signal Processing Systems,2010.
[155] ZHOU Z H,TANG W. Selective ensemble of decision trees[C]. Proceedings of the Rough Sets,Fuzzy Sets, Data Mining,and Granular-Soft Computing,Springer Berlin Heidelberg,2003. (2639):476-483.
[156] 郭忠文,罗汉江,洪锋,等．水下无线传感器网络的研究进展[J]. 计算机研究与发展,2010,47(3):377-389.
[157] WANG Y,LIU Y,GUO Z. Three-dimensional ocean sensor networks: a survey[J]. Journal of Ocean University of China,2012,11(4):436-450.
[158] AYAZ M,BAIG I,ABDULLAH A,et al. A survey on routing techniques in underwater wireless sensor networks[J]. Journal of Network & Computer Applications,2011,34(6):1908-1927.
[159] CHEN Y S,LIN Y W. Mobicast routing protocol for underwater sensor networks[J]. IEEE Sensors Journal, 2013,13(2):737-749.
[160] ABBAS W B,AHMED N,USAMA C,et al. Design and evaluation of a low-cost,DIY-inspired,underwater platform to promote experimental research in UWSN[J]. Ad Hoc Networks,2015,34(C):239-251.
[161] CONLON D M. Dual uses of the Navy undersea surveillance system[J]. Journal of the Acoustical Society of

America,1994,95(5):2852-2852.

[162] SURHONE L M, TENNOE M T, HENSSONOW S F. Sound surveillance system [M]. Betascript Publishing,2013.

[163] STAMNITZ T,NRAD S K R. Technical document 2959 design and manufacturing final report for alternate fixed distributed systems(FDS) deep water trunk cable[J]. Phases I and II,1997.

[164] 李汉清,戴修亮. 美国海军正在发展的水下探测系统[J]. 指挥控制与仿真,2004,26(4):37-38.

[165] CHIAPPETTA C K. Record of decision for surveillance towed array sensor system low frequency active sonar [J]. Federal Register,2012.

[166] SUBMARINES C W. History of IUSS: timeline[EB/OL]. (2005-12-10)[2020-07-15]. http://www. cus. navy. mill timeline. htm.

[167] SHEA P J,OWEN M W. Fuzzy control in the deployable autonomous distributed system[C]. Insternational Sociaty for Optics and Photonics,1999,3720:239-248.

[168] MCGIRR S,RAYSIN K,IVANCIC C,et al. Simulation of underwater sensor networks[C]. Oceans '99 Mts/ieee. Riding the Crest Into the,Century. IEEE,2002,2:945-950.

[169] RICE J,DIEGO S. SeaWeb acoustic communication and navigation networks[J]. Intl. conf. underwater Acoustic Measurements,2005,28.

[170] RICE J,CREBER B,FLETCHER C,et al. Evolution of Seaweb underwater acoustic networking[C]// Oceans. IEEE,2002,3:2007-2017.

[171] 张海燕,丛键,罗秋霞. 水下战术网络和安全技术研究[J]. 通信技术,2017,50(5):944-949.

[172] BAGGEROER A B. From acoustic observatories to robust passive sonar[J]. Journal of the Acoustical Society of America,2003,113(4):2262-2262.

[173] 边信黔,陈伟,施小成. 自主式水下潜器海洋环境监测系统技术概念[J]. 船舶工程,2000(3):61-63.

[174] MONACO A. Special issue-european commission-marine science and technology program(MASTIII) mediterranean targeted project (MTPII)-MATER: MAss transfer and ecosystem response-an integrated and multiscale approach of the mediterranean system-preface[J]. Journal of Marine Systems,2002,33(1).

[175] CANO D,VAN GIJZEN M B,WALDHONST A. Long Range Shallow water Robust Communication Links ROBLINKS. In Third Furopean Marine Science and Technology Conference, Lisbon, Volume III, 1998, 1133-1136.

[176] 刘华峰,陈果娃,金士尧. 三维水下监视传感器网络的拓扑生成算法[J]. 计算机工程与科学,2008,44(2): 163-168.

[177] ZHENG C,SUN SX,HUANG TY. Constructing distributed connected dominating sets in wireless ad hoc and sensor networks[J]. Journal of Software,2011,22(5): 1053-1066.

[178] RATNASAMY S,KARP B,YIN L,et al. GHT: a geographic hash table for data-centric storage[C]// ACM International Workshop on Wireless Sensor Networks and Applications. ACM,2002:78-87.

[179] SARKAR R,ZENG W,GAO J,et al. [C]// International Conference on Information Processing in Sensor Networks. IPSN 2010,April 12-16,2010,Stockholm,Sweden. DBLP,2010:232-243.

[180] BIAGIONI E S,SASAKI G. Wireless sensor placement for reliable and efficient data collection[C]// Hawaii International Conference on System Sciences. IEEE Computer Society,2003:127. 2.

[181] 刘丽萍,王智,孙优贤. 无线传感器网络部署及其覆盖问题研究[J]. 电子与信息学报,2006,28(9):1752-1757.

[182] PODURI S,PATTEM S,KRISHNAMACHARI B,et al. Sensor network configuration and the curse of dimensionality[J]. The Third IEEE Workshop on Embedded Networked Sensors,2006.

[183] SHAKKOTTAI S,SRIKANT R,SHROFF N. Unreliable sensor grids: coverage,connectivity and diameter [C]// Joint Conference of the IEEE Computer and Communications. IEEE Societies. IEEE,2003,e: 1073-1083.

[184] DHILLON S S,CHAKRABARTY K. Sensor placement for effective coverage and surveillance in distributed sensor networks[C]// Wireless Communications and Networking,2003. WCNC 2003. IEEE,2003,3: 1609-1614.

[185] 蔺智挺,屈玉贵,翟羽佳,等. 一种高效覆盖的节点放置算法[J]. 中国科学技术大学学报,2005,35(3):411-416.

[186] GONZÁLEZ-BANOS H. A randomized art-gallery algorithm for sensor placement[M]. DBLP,2001.

[187] NAVARRO-SERMENT L E,DOLAN J M,KHOSLA P K. Optimal sensor placement for cooperative distributed vision[C]// IEEE International Conference on Robotics and Automation,2004. Proceedings. ICRA. IEEE,2004:939-944 Vol. 1.

[188] ZHANG H,HOU J C. Is Deterministic Deployment Worse than Random Deployment for Wireless Sensor Networks? [J]. Proceedings-IEEE INFOCOM,2005:1-13.

[189] LEOW W L,PISHRO-NIK H. Results on coverage for finite wireless networks[C]// International Conference on Wireless Communications and Mobile Computing, Iwcmc 2007, Honolulu, Hawaii, Usa, August. DBLP,2007:364-369.

[190] SESH C,MOHAMED K W. Coverage Strategies in Wireless Sensor Networks[J]. International Journal of Distributed Sensor Networks,2014,2(4):333-353.

[191] SHEN X,CHEN J,SUN Y. Grid Scan: A Simple and Effective Approach for Coverage Issue in Wireless Sensor Networks[C]// IEEE International Conference on Communications. IEEE,2006:3480-3484.

[192] AKKAYA K,NEWELL A. Self-deployment of sensors for maximized coverage in underwater acoustic sensor networks[J]. Computer Communications,2009,32(7-10):1233-1244.

[193] ZHANG C,BAI X,TENG J,et al. Constructing low-connectivity and full-coverage three dimensional sensor networks[J]. IEEE Journal on Selected Areas in Communications,2010,28(7):984-993.

[194] DASGUPTA K,KUKREJA M,KALPAKIS K. Topology-Aware Placement and Role Assignment for Energy-Efficient Information Gathering in Sensor Networks[C]// Eighth IEEE International Symposium on Computers and Communications. IEEE Computer Society,2003:341.

[195] XING G,WANG X,ZHANG Y,et al. Integrated coverage and connectivity configuration for energy conservation in sensor networks[J]. Acm Transactions on Sensor Networks,2005,1(1):36-72.

[196] CHEN Y,CHUAH C N,ZHAO Q. Sensor placement for maximizing lifetime per unit cost in wireless sensor networks[C]// MILCOM 2005-2005 IEEE Military Communications Conference. IEEE,2005:1097-1102 Vol. 2.

[197] HOWARD A,MATARI M J,SUKHATME G S. Mobile Sensor Network Deployment using Potential Fields: A Distributed,Scalable Solution to the Area Coverage Problem[J]. 2002:299-308.

[198] HOWARD A,MATARI M J,SUKHATME G S. Mobile Sensor Network Deployment using Potential Fields: A Distributed,Scalable Solution to the Area Coverage Problem[M]// Distributed Autonomous Robotic Systems 5. Springer Japan,2002:299-308.

[199] ZOU Y,CHAKRABARTY K. Sensor deployment and target localization based on virtual forces[C]// Joint

Conference of the IEEE Computer and Communications. IEEE Societies. IEEE,2003:1293-1303 vol. 2.

[200] CAYIRCI E,TEZCAN H,DOGAN Y,et al. Wireless sensor networks for underwater survelliance systems[J]. Ad Hoc Networks,2006,4(4):431-446.

[201] WU J,WANG Y,LIU L. A Voronoi-Based Depth-Adjustment Scheme for Underwater Wireless Sensor Networks[J]. International Journal on Smart Sensing & Intelligent Systems,2013,6(1):244-258.

[202] BOKSER V,OBERG C,SUKHATME G S,et al. A small submarine robot for experiments in underwater sensor networks[J]. Symposium on Intelligent Autonomous Vehicles,2004.

[203] JAFFE J,SCHURGERS C. Sensor networks of freely drifting autonomous underwater explorers[C]// ACM International Workshop on Underwater Networks. ACM,2006:93-96.

[204] XIE P,CUI J H,LAO L. VBF: vector-based forwarding protocol for underwater sensor network[A]. Proc of IFIPnetworking'06. Coimbra,Portugal,2006,228-235.

[205] JORNET J M,STOJANNOVIC M,ZRZI M. Focused beam routing protocol for underwater acoustic networks [A]. Proc of the Third ACM International Workshop on Underwater Networks(WuWNet'08)[C]. New York,USA: ACM Press,2008,75-82.

[206] YAN H, SHI Z J, CUI J H. DBR: Depth-Based Routing for Underwater Sensor Networks[C]// International Ifip-Tc6 NETWORKING Conference on Adhoc and Sensor Networks,Wireless Networks,Next Generation Internet. Springer-Verlag,2008:72-86.

[207] DHURANDHER S K,OBAIDAT M S,GOEL S,et al. Optimizing Energy through Parabola Based Routing in Underwater Sensor Networks[J]. 2011:1-5.

[208] CHEN Y D,LIEN C Y,WANG C H,et al. DARP: A depth adaptive routing protocol for large-scale underwater acoustic sensor networks[C]// Oceans. IEEE,2012:1-6.

[209] COUTINHO R,VIEIRA L,LOUREIRO A. DCR: depth-controlled routing protocol for underwater sensor networks[A]. 2013 IEEE Symposium on Computers and Communication(ISCC)[C]. Split: IEEE press, 2013,453-458.

[210] SUUBRALLE J W,TARJAN R E. A quick method for finding shortest pairs of disjoint paths[J]. Networks, 1984,14(2) : 325-336.

[211] MA X,ZHENG C. Decision fractional fast Fourier transform Doppler compensation in underwater acoustic orthogonal frequency division multiplexing[J]. Journal of the Acoustical Society of America,2016,140(5): EL429-EL433.

[212] FELEMBAN E,SHAIKH F K,QURESHI U M,et al. Underwater sensor network applications: a comprehensive survey[J]. International Journal of Distributed Sensor Networks,2015,(2015-11-1),2015,2015 (11):1-14.

[213] HEIDEMANN J,STOJANOVIC M,ZORZI M. Underwater sensor networks: applications,advances and challenges[J]. Philosophical Transactions,2012,370(1958):158.

[214] DESNOYERS P,GANESAN D,SHENOY P. TSAR: a two tier sensor storage architecture using interval skip graphs[C]// International Conference on Embedded Networked Sensor Systems. ACM,2005:39-50.

[215] ZHANG W,CAO G,LA PORTA T. Data dissemination with ring-based index for wireless sensor networks [C]// IEEE International Conference on Network Protocols,2003. Proceedings. IEEE,2003:305-314.

[216] DIALLO O,RODRIGUES J J P C,SENE M. Real-time data management on wireless sensor networks: A survey[J]. Journal of Network & Computer Applications,2012,35(3):1013-1021.

[217] JABEEN F,NAWAZ S. In-network wireless sensor network query processors: State of the art,challenges

and future directions[J]. Information Fusion,2015,25:1-15.

[218] YU Z,XIAO B,ZHOU S. Achieving optimal data storage position in wireless sensor networks[J]. Computer Communications,2010,33(1):92-102.

[219] LIAO W H,YANG H C. A power-saving data storage scheme for wireless sensor networks[M]. Academic Press Ltd. 2012.

[220] KONG B,ZHANG G,ZHANG W,et al. Efficient distributed storage strategy based on compressed sensing for space information network[J]. International Journal of Distributed Sensor Networks,2016,12(8).

[221] KONG B,ZHANG G,ZHANG W,et al. Efficient Distributed Storage for Space Information Network Based on Fountain Codes and Probabilistic Broadcasting[J]. Ksii Transactions on Internet & Information Systems, 2016,10(6):2606-2626.

[222] AMINIAN M,AKBARI M K,SABAEI M. A Rate-Distortion Based Aggregation Method Using Spatial Correlation for Wireless Sensor Networks[M]. Kluwer Academic Publishers,2013,71: 1837-1877.

[223] TRAN T M,OH S H,BYUN J Y. Well-Suited Similarity Functions for Data Aggregation in Cluster-Based Underwater Wireless Sensor Networks[J]. International Journal of Distributed Sensor Networks, 2013, (2013-8-7),2013,2013(1):441-460.

[224] WANG D,XU R,HU X,et al. Energy-efficient distributed compressed sensing data aggregation for cluster-based underwater acoustic sensor networks[J]. International Journal of Distributed Sensor Networks. 2016, 2016,1-14.

[225] LIU C,GUO Z,HONG F,et al. DCEP: Data Collection Strategy with the Estimated Paths in Ocean Delay Tolerant Network[J]. International Journal of Distributed Sensor Networks,2014,2014(1):155-184.

[226] ZHOU Z B,XING R,GAALOUL W,et al. A three-dimensional sub-region query processing mechanism in underwater WSNs[J]. Personal & Ubiquitous Computing,2015,19(7):1075-1086.

[227] SHEU J P,TU S C,YU C H. A Distributed Query Protocol in Wireless Sensor Networks[J]. Wireless Personal Communications,2007,41(4):449-464.

[228] LEE K C K,ZHENG B,LEE W C,et al. Materialized In-Network View for spatial aggregation queries in wireless sensor network[J]. Isprs Journal of Photogrammetry & Remote Sensing,2007,62(5):382-402.

[229] YUNSUNG K,SOO-HYUN P. A Query Result Merging Scheme for Providing Energy Efficiency in Underwater Sensor Networks[J]. Sensors,2011,11(12):11833-11855.

[230] SHEN H,ZHAO L,LI Z. A Distributed Spatial-Temporal Similarity Data Storage Scheme in Wireless Sensor Networks[J]. IEEE Transactions on Mobile Computing,2011,10(7):982-996.

[231] 蔚赵春,周水庚,关佶红. 无线传感器网络中数据存储与访问研究进展[J]. 电子学报,2008,36(10):2001-2010.

[232] SHENKER S. Data-centric storage in sensornets[J]. Mobile Networks & Applications,2003,8(4): 427-442.

[233] 付雄,王汝传,邓松. 无线传感器网络中一种能量有效的数据存储方法[J]. 计算机研究与发展, 2009,46(12):2111-2116.

[234] LI X,KIM Y J,GOVINDAN R,et al. Multi-dimensional range queries in sensor networks[C]. in: SenSys'03: Proceedings of the First International Conference on Embedded Networked Sensor Systems. Los Angeles,CA,United states: Association for Computing Machinery,2003. 63-75.

[235] GIL T M,MADDEN S. Scoop: An Adaptive Indexing Scheme for Stored Data in Sensor Networks[C]// IEEE,International Conference on Data Engineering. IEEE,2006:1345-1349.

[236] SAXENA S. Analytical Study of Data Localization Probability in SFBA-Tree Topology[J]. IEEE Communications Letters,2016,20(9):1868-1871.

[237] MONTES-DE-OCA M,GOMEZ J,LOPEZ-GUERRERO M. DISAGREE: disagreement-based querying in wireless sensor networks[J]. Telecommunication Systems,2014,56(3):399-416.

[238] CHEN T S,CHANG Y S,TSAI H W,et al. Data Aggregation of Range Querying for Grid-based Sensor Networks[J]. Journal of Information Science & Engineering,2007,23(4):1103-1121.

[239] SHEN H,LI Z,CHEN K. A Scalable and Mobility-Resilient Data Search System for Large-Scale Mobile Wireless Networks[J]. IEEE Transactions on Parallel & Distributed Systems,2014,25(5):1124-1134.

[240] JINDAL H,SAXENA S,SINGH S. Challenges and issues in underwater acoustics sensor networks: A review [C]// International Conference on Parallel,Distributed and Grid Computing. IEEE,2015:251-255.

[241] LLORET J. Underwater sensor nodes and networks[J]. Sensors,2013,13(9): 11782-11796.

[242] TRAN T M,OH S H. UWSNs: A Round-Based Clustering Scheme for Data Redundancy Resolve[J]. International Journal of Distributed Sensor Networks,2014,2014(2):1-6.

[243] GOYAL N,DAVE M,VERMA A K. Fuzzy based clustering and aggregation technique for Under Water Wireless Sensor Networks [C]// International Conference on Electronics and Communication Systems. IEEE,2014:1-5.

[244] ZHOU Z,XING R,DUAN Y,et al. Event Coverage Detection and Event Source Determination in Underwater Wireless Sensor Networks[J]. Sensors,2015,15(12):31620-31643.

[245] XING R,ZHOU Z B. Sub-region Query Processing in Underwater Wireless Sensor Networks[C]// International Conference on Identification, Information, and Knowledge in the Internet of Things. IEEE, 2015: 105-109.

[246] DHURANDHER S K,KHAIRWAL S,OBAIDAT M S,et al. Efficient data acquisition in underwater wireless sensor Ad Hoc networks[J]. Wireless Communications IEEE,2009,16(6):70-78.

[247] DHURANDHER S K,MISRA S,KHAIRWAL S,et al. Algorithms for power-efficient data acquisition in underwater sensor networks[C]// Conference on, Wseas International Conference on Applied Computer Science. 2007:420-423.

[248] LI S,GAO H,WU D. An energy-balanced routing protocol with greedy forwarding for WSNs in cropland [C]// IEEE International Conference on Electronic Information and Communication Technology. IEEE, 2017:1-7.

[249] BIAGI M,PETRONI A,COLONNESE S,et al. On Rethinking Cognitive Access for Underwater Acoustic Communications[J]. IEEE Journal of Oceanic Engineering,2016,41(4):1045-1060.

[250] NARANJO P G,SHOJAFAR M,MOSTAFAEI H,et al. P-SEP: a prolong stable election routing algorithm for energy-limited heterogeneous fog-supported wireless sensor networks[J]. Journal of Supercomputing, 2017,73(2):1-23.

[251] AHMADI A,SHOJAFAR M,HAJEFOROSH S F,et al. An efficient routing algorithm to preserve k-coverage in wireless sensor networks[J]. Journal of Supercomputing,2014,68(2):599-623.

[252] DIALLO O, RODRIGUES J J P C, SENE M, et al. Distributed Database Management Techniques for Wireless Sensor Networks [J]. IEEE Transactions on Parallel & Distributed Systems, 2015, 26 (2): 604-620.

[253] ZHU C,WANG Y,HAN G,et al. LPTA: location predictive and time adaptive data gathering scheme with mobile sink for wireless sensor networks[J]. Scientific World Journal. 2014,2014(2014):476253.

[254] PARRA L, SENDRA S, LLORET J et al. Design and deployment of a smart system for data gathering in aquaculture tanks using wireless sensor networks[J]. International Journal of Communication Systems, 2017 (12), doi: 10. 1002/ dac. 3335

[255] KARP B, KUNG H T. Gpsr: Greedy perimeter stateless routing for wireless networks[C]. In Proceedings of the 6th Annual International Conference on Mobile Computing and Networking, Boston, MA, USA, 6-10 August 2000.

[256] 谢磊,陈力军,陈道蓄,等. 基于环结构的传感器网络多分辨率数据存储机制[J]. 软件学报,2009,20(12):3163-3178.

[257] ALAM S M N, HAAS Z J. Coverage and connectivity in three-dimensional underwater sensor networks[J]. Wireless Communications & Mobile Computing, 2008, 8(8): 995-1009.

[258] ALAM S M N, HAAS Z J. Coverage and connectivity in three-dimensional networks with random node deployment[J]. Ad hoc networks, 2015, 34(8): 157-169.

[259] DHURRANDHER S K, OBAIDAT M S, GUPTA M. An efficient technique for geocast region holes in underwater sensor networks and its performance evaluation[J]. Simulation modelling practice and theory, 2011, 19 (9): 2102-2116.

[260] DHURRANDHER S K, OBAIDAT M S, GUPTA M. Providing reliable and link stability based geocasting model in underwater environment[J]. John wiley and sons Ltd, 2012, 25(3): 356-375.

[261] YU HY, YAO NM, CAI SB, et al. Analyzing the performance of aloha in string multi-hop underwater acoustic sensor networks[J]. Eurasip journal on wireless communications and networking, 2013, 2013(1): 1-10.

[262] STEFANOV A, STOJANOVIC M. Design and performance analysis of underwater acoustic networks[J]. IEEE journal on selected areas in communications, 2011, 29(10): 2012-2021.

[263] WAHID A, LEE S, KIM D, et al. MRP: A localization-free multi-layered routing protocol for underwater wireless sensor networks[J]. Wireless personal communications an international journal, 2014, 77(4): 2997-3012.

[264] COUTINHO R W L, BOUKERCHE A, VIEIRA L F M, et al. A novel void node recovery paradigm for long-term underwater sensor networks[J]. Ad hoc networks, 2015, 34(C): 144-156.

[265] PENG J, LIU S, LIU J, et al. A Depth-Adjustment Deployment Algorithm Based on Two-Dimensional Convex Hull and Spanning Tree for Underwater Wireless Sensor Networks[J]. Sensors, 2016, 16(7): 1087-1106.

[266] JHA D K, WETTERGREN T A, RAY A, et al. Topology optimisation for energy management in underwater sensor networks[J]. International Journal of Control, 2015, 88(9): 1-14.

[267] JIANG P, LIU J, WU F. Node Non-Uniform Deployment Based on Clustering Algorithm for Underwater Sensor Networks[J]. Sensors, 2015, 15(12): 29997-30010.

[268] NIE J, LI D, HAN Y. Optimization of Multiple Gateway Deployment for Underwater Acoustic Sensor Networks[J]. Computer Science & Information Systems, 2011, 8(4): 1073-1095.

[269] GARCIA M, SENDRA S, ATENAS M, et al. Underwater wireless ad-hoc networks: a survey. In Mobile Ad Hoc Networks: Current Status and Future Trends[M]. CRC Press Inc.: Boca Raton, FL, USA, 2011; Chapter 14, pp. 379-411.

[270] 王文鹏,李万庆,李文华,等. 应用遗传算法求解函数优化问题的程序实现[J]. 计算机技术与发展,2002,12(3):27-29.

[271] 王德意,罗兴锜,张宇峰,等. 改进遗传算法在水电站 AGC 中的应用研究[J]. 水力发电学报,2004,

23(6):35-39.

[272] Kim H W,Cho H S. SOUNET: Self-Organized Underwater Wireless Sensor Network[J]. Sensors,2017,17(2):0283.

[273] 柴鹏. 主动声纳水下探测实时并行仿真系统[D]. 哈尔滨:哈尔滨工程大学,2016.

[274] 宋宏健. 水下运动小目标被动探测识别关键技术研究[D]. 北京:中国科学院大学,2016.

[275] 丛红日,褚政,粘松雷. 网格形声纳浮标阵及其搜索效能评估[J/OL]. 电光与控制,2017,08. 1-12. http://kns.cnki.net/kcms/detail41.1227.TN.20170828.1730.022.html.

[276] 徐俊艳,邱立军,杨日杰. 基于蒙特卡罗方法的水下目标搜索技术[J]. 火力与指挥控制,2009,34(11):12-14.

[277] PAUL C H. 水声建模与仿真[M]. 3版. 蔡志明,等译. 北京:电子工业出版社,2005: 103-106.

[278] JENSEN F B ,KUPERMAN W A,et al. Computational Ocean Acoustics[M]. Springer-Verlag,2000.

[279] 余赟. 浅海低频声场干涉结构及其应用研究[D]. 哈尔滨:哈尔滨工程大学博士学位论文. 2010.

内容简介

本书从两个方面开展水声目标感知研究，一方面，基于深度学习具有从大体量低价值数据中寻找模糊稀疏特性的天然优势，及其在处理非线性问题上显示出巨大的潜力，通过建立合适的深度学习算法对水声信号进行分析处理来辨识判断目标；另一方面，通过多水声传感器节点部署与自主组网、自动事件发现和数据传递、多节点自主协同目标探测发现和定位，实现基于水下无线传感器网络的水声目标感知。书中内容丰富，层次分明，学术水平高，模型方法具有独创性，在水声目标感知、探测和识别的基础研究上具有重要的理论价值和实践意义。

本书可作为高等院校海洋目标感知、探测与识别专业以及人工智能专业师生的参考书，对从事水声信息处理和人工智能等研究的科研人员，以及在此领域内从事生产、实验和应用的技术人员应具有一定的参考价值。

As a theoretical monograph of underwater acoustic target intelligent perception, this book discusses the models and methods from two aspects. On one hand, appropriate deep learning algorithms are established to analyze and process the data of underwater acoustic signal to detect the existence of the target and identify its features, because deep learning has the natural advantage of finding fuzzy sparse target features from big data with low value. On the other hand, the underwater acoustic target perception based on underwater wireless sensor networks is realized by deploying multiple underwater acoustic sensor nodes, autonomous networking, automatic event discovery and data transmission, multi-nodes autonomous cooperative target detection, localization and tracking. The models and methods in this book are original, they have important theoretical value and practical significance in the research of underwater acoustic target detection, recognition and tracking.

Potential readers of this book can be professional researchers, engineers, technicians who are engaged in underwater acoustic target sensing, detection and recognition. The experts and scholars who interested in artificial intelligence and machine learning can get useful reference value from this book.

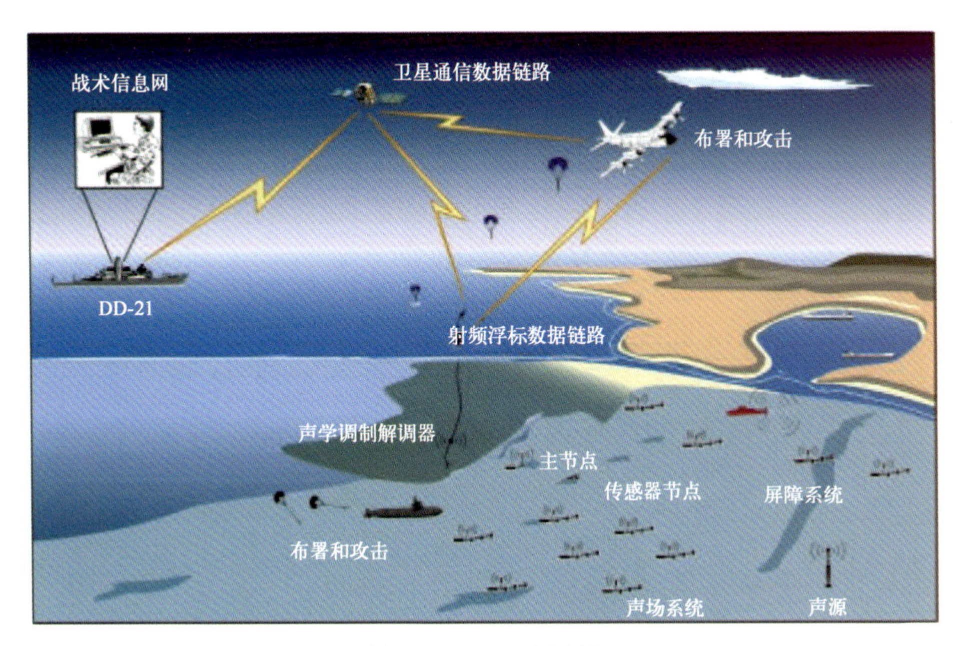

图 1-11　DADS 概念图

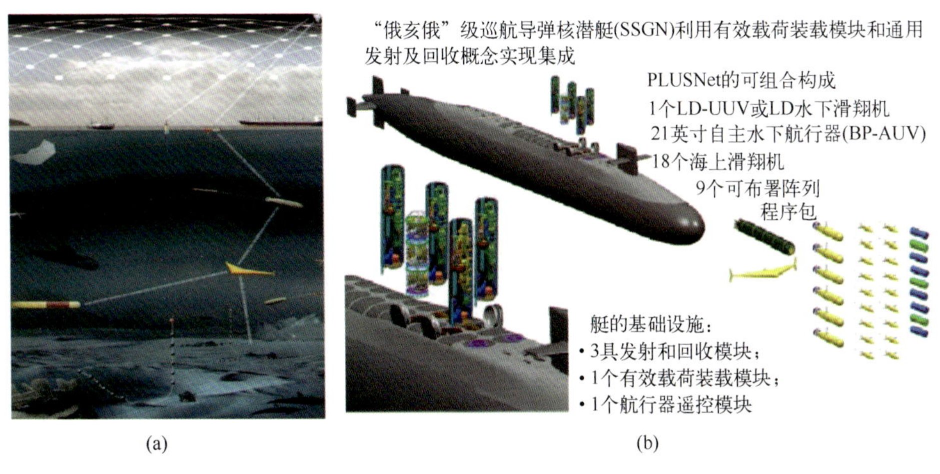

图 1-12　PLUSNet 示意图

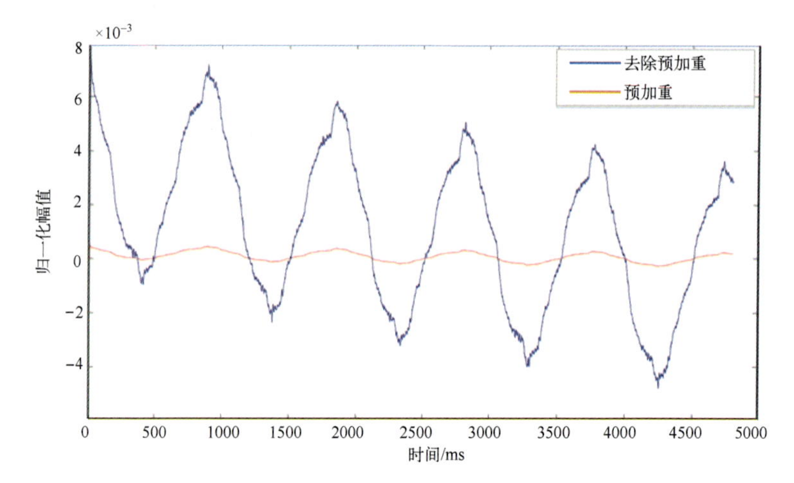

图 2-3　去除预加重后的频谱图与正常处理的频谱图对比

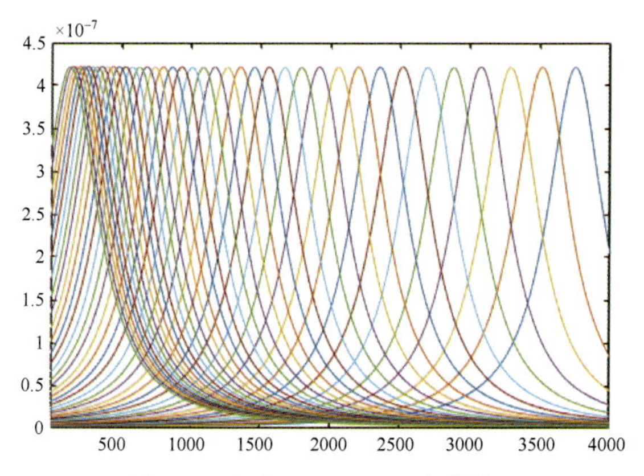

图 2-4　标准 Gammatone 滤波器组

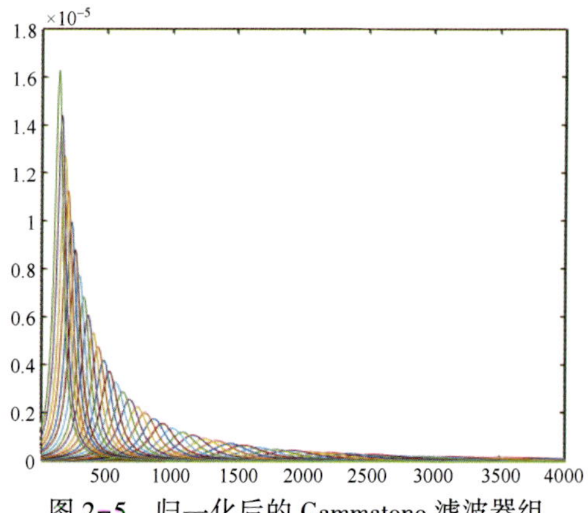

图 2-5　归一化后的 Gammatone 滤波器组

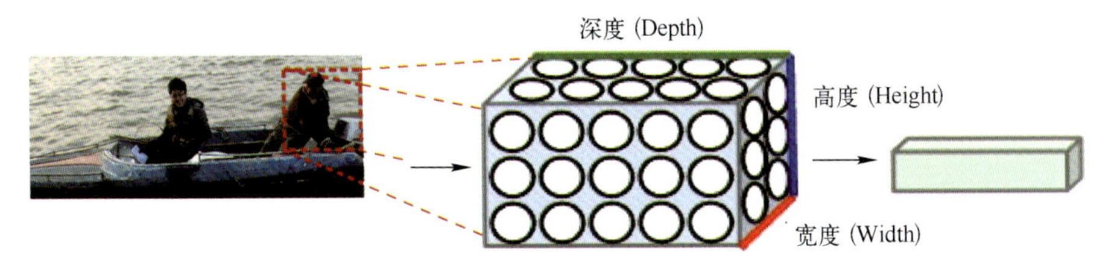

图 3-3　特征图层空间划分

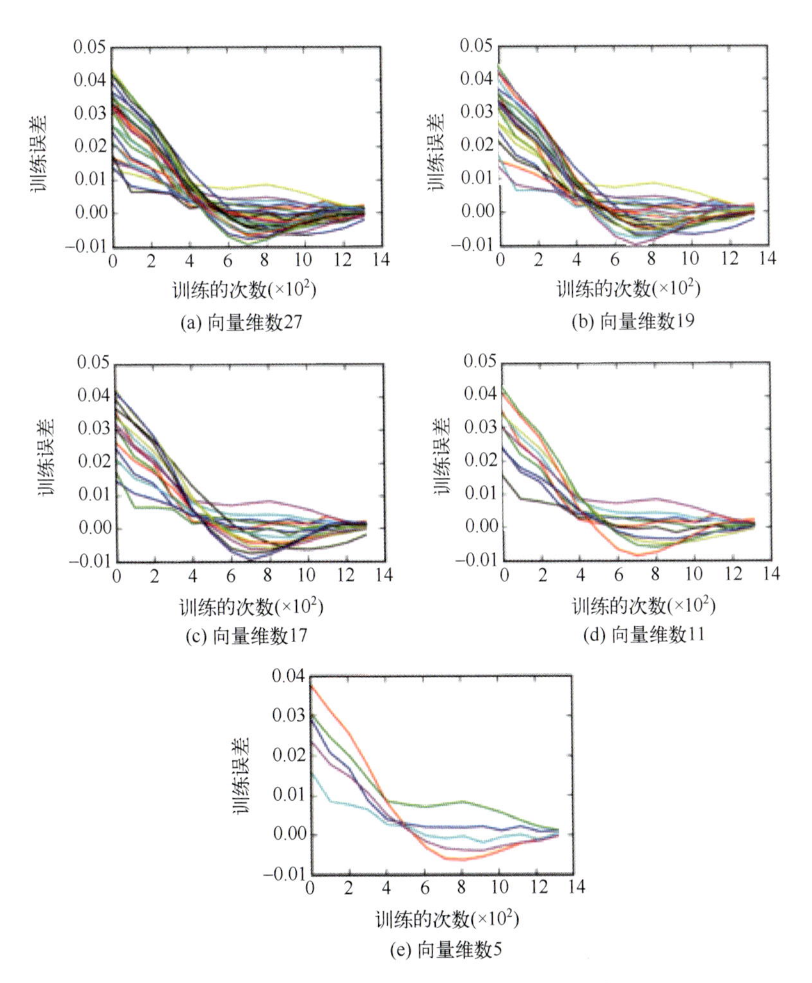

图 5-6　不同特征向量选择对结果的影响

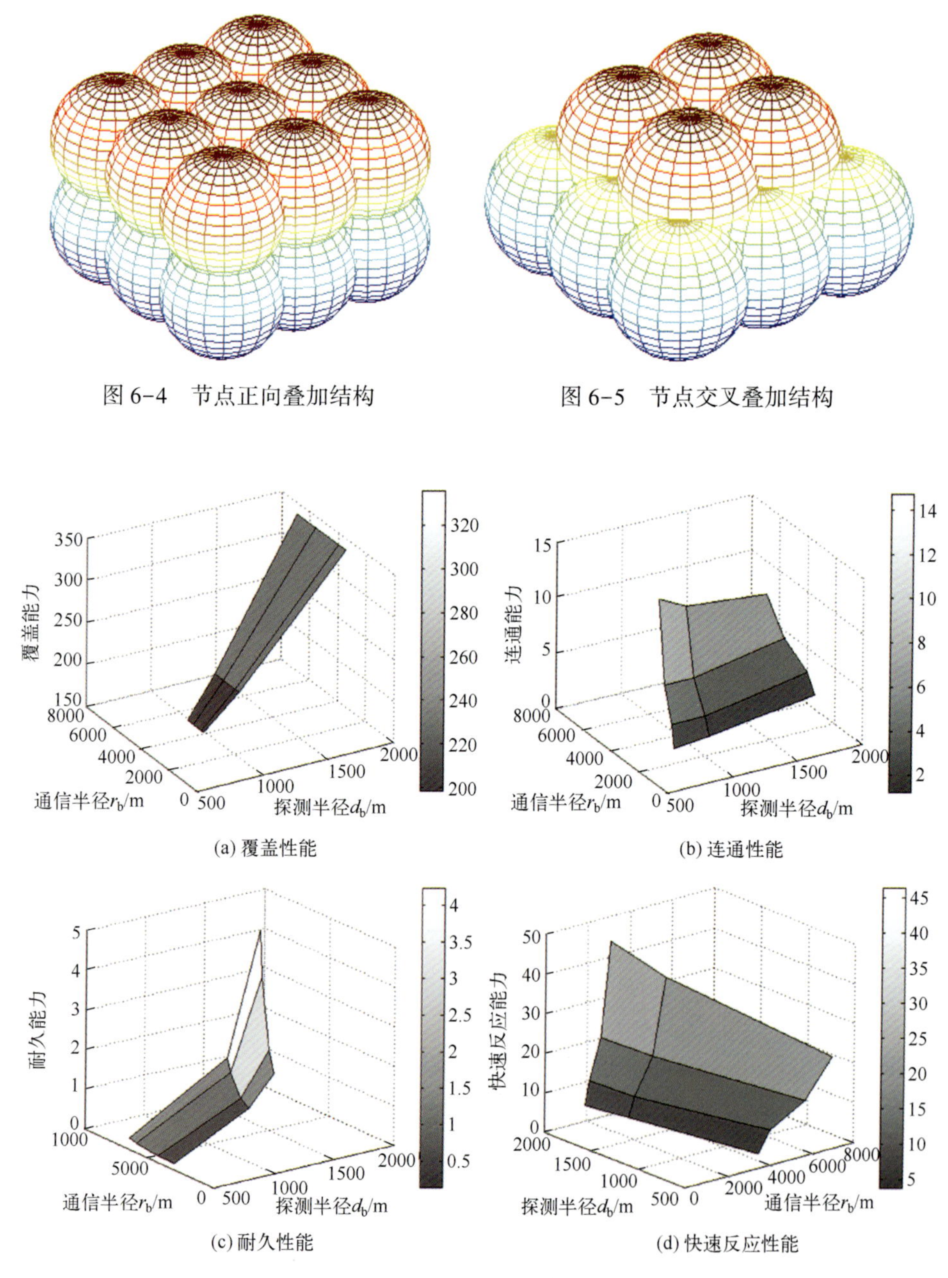

图 6-4　节点正向叠加结构

图 6-5　节点交叉叠加结构

图 8-7　整体性能与主要参数的关系

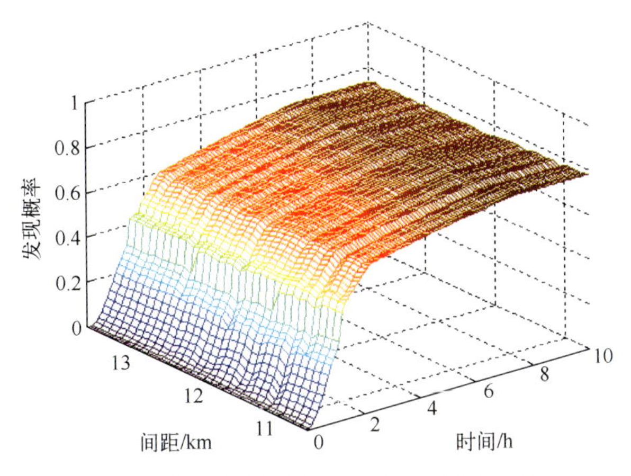

图 9-4　两层节点目标速度 6kn 的发现概率图

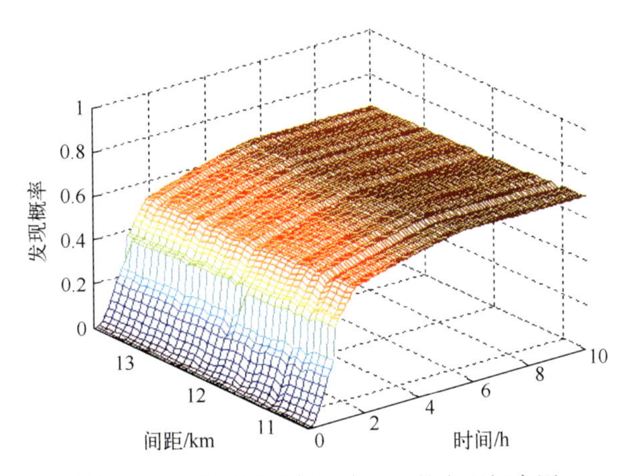

图 9-5　两层节点目标速度 8kn 的发现概率图

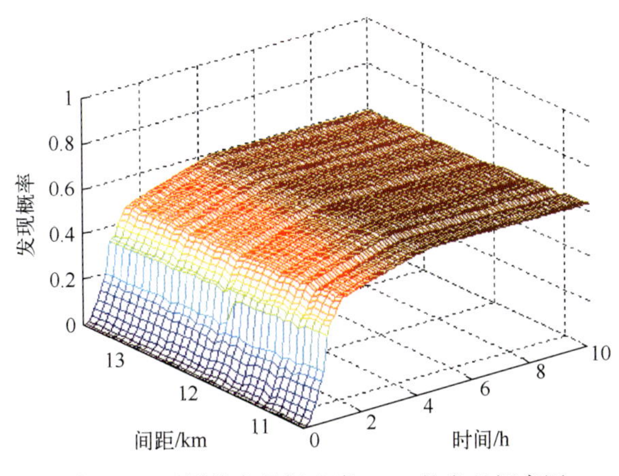

图 9-6　两层节点目标速度 10kn 的发现概率图

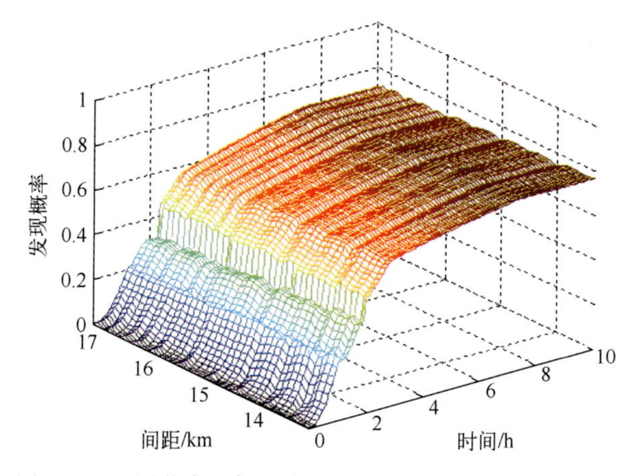

图 9-7　两层节点目标速度 6kn 且 $r=10$km 的发现概率图

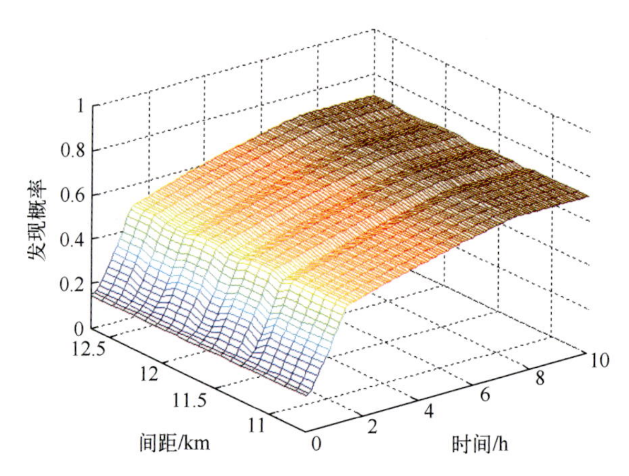

图 9-8　一层节点目标速度 6kn 的发现概率图

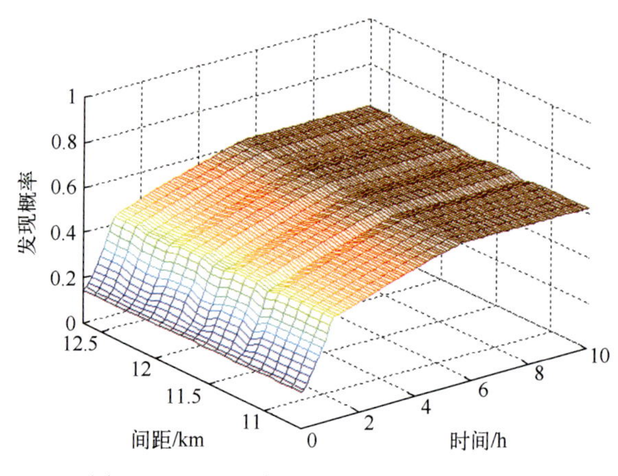

图 9-9　一层目标速度 8kn 的发现概率图

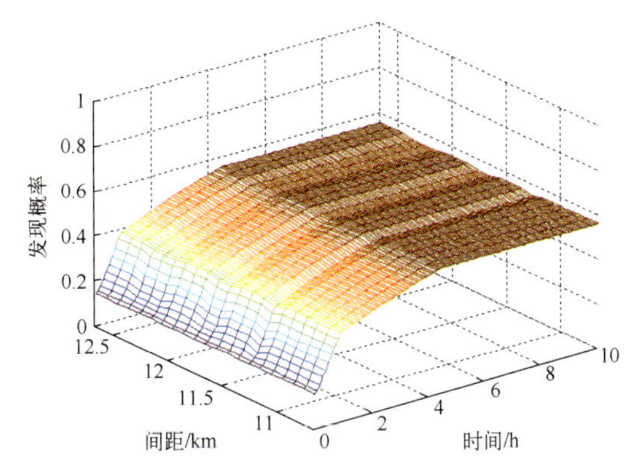

图 9-10　一层节点目标速度 10kn 的发现概率图

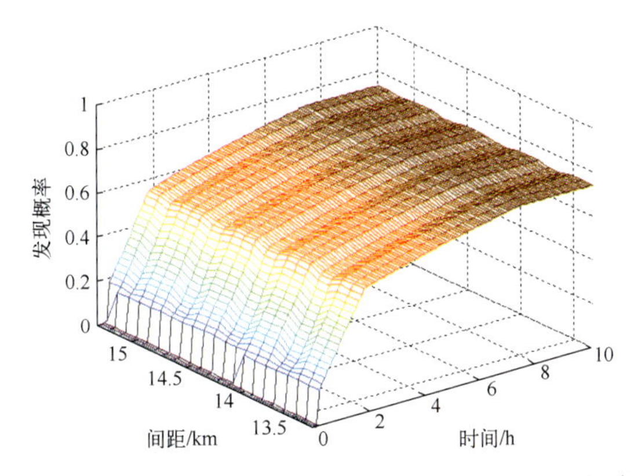

图 9-11　一层节点目标速度 6kn 且 $r=10$km 的发现概率图

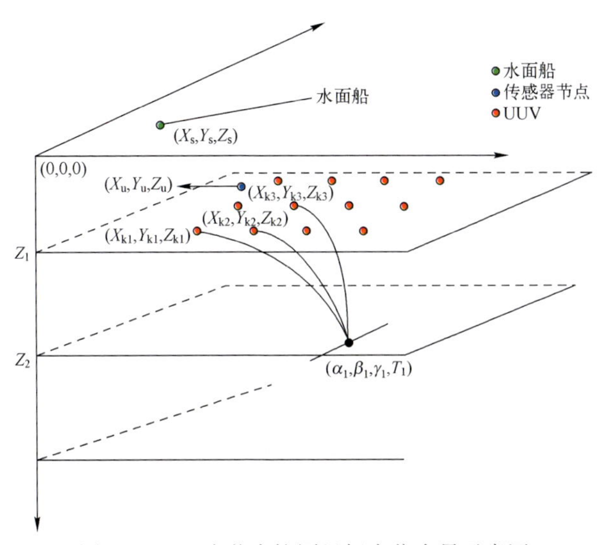

图 10-5　三个节点协同目标定位全景示意图